钼酸盐/钴酸盐基电极材料的电容性能优化与仿真研究

智 慧 肖 玮 陈东华 王 晶 ◎著

·北京·

图书在版编目（CIP）数据

钼酸盐/钴酸盐基电极材料的电容性能优化与仿真研究 / 智慧等著. -- 北京：科学技术文献出版社，2024.12. -- ISBN 978-7-5235-2139-7

I . O646

中国国家版本馆 CIP 数据核字第 2024767QH0 号

钼酸盐/钴酸盐基电极材料的电容性能优化与仿真研究

策划编辑：秦 源　　责任编辑：孙江莉　　责任校对：张永霞　　责任出版：张志平

出 版 者	科学技术文献出版社
地　　　址	北京市复兴路15号　　邮编　100038
出 版 部	（010）58882950，58882087（传真）
发 行 部	（010）58882868，58882870（传真）
官方网址	www.stdp.com.cn
发 行 者	科学技术文献出版社发行　全国各地新华书店经销
印 刷 者	北京厚诚则铭印刷科技有限公司
版　　　次	2024 年 12 月第 1 版　2024 年 12 月第 1 次印刷
开　　　本	710×1000　1/16
字　　　数	301千
印　　　张	20.5
书　　　号	ISBN 978-7-5235-2139-7
定　　　价	59.00元

版权所有　违法必究

购买本社图书，凡字迹不清、缺页、倒页、脱页者，本社发行部负责调换

前言
preface

近年来，随着全球能源危机和环境问题的日益严峻，寻找高效、环保的能源存储解决方案变得尤为迫切。传统的电池技术虽然在能量存储方面取得一定的成就，但其在循环寿命、充放电速度和环境影响等方面存在诸多不足。因此，科研界和工业界纷纷将目光投向了新型储能装置，希望通过技术创新来满足现代社会对能源存储的高要求。在这一背景下，超级电容器因其独特的性能优势逐渐崭露头角，成为能源存储领域的重要研究方向。

超级电容器作为一种新型储能装置，因其循环寿命长、充放电速度快、环境友好及功率密度高等优点，已经在新能源汽车、智能工业等领域得到了广泛应用。然而，超级电容器的能量密度相对较低，这一特性显著限制了其在商业化应用中的发展。为了克服这一难题，提升超级电容器的能量密度成为研究的重点，而电极材料的选择和优化则是其中的关键。电极材料是超级电容器性能的核心，其容量主要受材料本身的性能、形貌和结构的影响。在众多电极材料中，多元金属氧化物因其具有更多的反应活性位点和不同金属之间的协同效应，显著提高了电化学性能，成为研究热点。特别是钼酸盐基双金属氧化物（如 $CoMoO_4$、$NiMoO_4$）因其优异的电化学性能和稳定性，受到了广泛关注。

近年来，随着纳米技术和材料科学的发展，多元金属氧化物在超级电容器中的应用研究取得了显著进展。纳米结构材料因其独特的物理和化学性质，能够显著提升电极材料的比表面积和电化学活性，从而提高超级电容器的能量密度和功率密度。例如，多孔纳米片、纳米花和纳米线等不同形貌的材料在电化学性能上展现出独特的优势。多孔结构可以提供更多的反应位点，有利于电解质离子的快速扩散；纳米花结构则能够增加材料的比表面积，显著提升比电容；纳米线结构则有助于提高材料的机械稳定性和导电性。在形貌和结构的优化方面，研究人员通过控制材料的合成条件，制备出具有特定形貌和结构的多元金属氧化物。例如，通过水热法、溶胶-凝胶法、化学气相沉积法等多种方法，可以精确控制材料的形貌和结构，从而最大化其电化学性能。此外，稀土元素的掺杂也被证明是一种有效的优化策略。稀土元素的引入可以显著提高材料的电导率和离子转移速率，从而提升超级电容器的性能。在超级电容器的实际应用方面，研究人员不仅关注电极材料的性能提升，还致力于开发新型的超级电容器器件结构。例如，非对称超级电容器通过将不同电极材料组合在一起，可以同时实现高能量密度和高功率密度。此外，固态超级电容器因其安全性高、环境友好等优点，也成为研究的热点。采用固态电解质，可以进一步提升超级电容器的循环稳定性和安全性能。为了进一步探讨多元金属氧化物在超级电容器中的实际应用价值，研究人员还进行了大量的仿真分析和系统设计。例如，通过构建超级电容器等效电路模型，可以准确模拟电化学过程中的复杂电路行为，获得系统的电压、电流等重要参数，并评估其性能、效率和稳定性。这一方法有助于全面理解超级电容器的性能特征，并为优化设计提供指导。此外，随着物联网和智能设备的快速发展，超级电容器在这些领域中的应用前景也愈发广阔。智能传感器、可穿戴设备和无线通信设备等对能量存储装置提出了更高的要求，超级电容器因其快速充放电和长寿命等特性，成为理想的选择。通过与先进的电极材料和新型电解质的结合，超级电容器在这些新兴领域中的应用潜力将得到进一步释放。

　　从全球范围来看，超级电容器的研究和应用已经进入一个快速发展的阶段。各国政府和科研机构纷纷投入大量资源，推动超级电容器技术的创新和产业化进程。例如，中国、日本、美国和欧洲等国家和地区在超级电容器领域的研究成果不断涌现，推动了这一技术的快速进步。同时，产业界也积极参与，通过产学研合作，加速超级电容器的商业化应用。然而，要实现超级电容器的全面商业化应用，仍需解决一系列技术挑战。首先，需要进一步提升超级电容器的能量密度，使其能够满足更多应用场景的需求。其次，需要降低超级电容器的制造成本，使其具有更高的经济性和市场竞争力。最后，需要提升超级电容器的循环稳定性和安全性，确保其在长期使用中的可靠性。

　　本书通过系统的理论讲解和翔实的实验研究内容，旨在为读者提供全面的超级电容器电极材料知识和技能。本书内容涵盖从材料制备、表征到电化学性能测试的各个环节,力求为读者提供全面的知识和技能。本书作者智慧撰写第1章到第6章,字数10万;肖玮撰写第7章到第10章,字数10万;陈东华撰写第11章到第16章,字数10万;王晶撰写第17章,字数5000。

希望读者在学习本书后,能够深入理解多元金属氧化物电极材料在超级电容器中的应用,并能够将所学知识应用于实际研究和开发中,为新型储能技术的发展贡献力量。在未来,随着科技的不断进步和创新,超级电容器必将在更多领域中发挥重要作用,推动能源存储技术的不断发展和进步。

本书的撰写得到了许多人的支持和帮助。首先,感谢科学技术文献出版社的编辑们,他们提供了宝贵的建议和帮助,让本书得以顺利出版。其次,感谢实验室的同事们,他们在实验设计和结果分析等方面给予了很大的帮助。特别感谢那些在实验过程中提供技术支持和数据分析的研究人员,他们的智慧和努力是本书得以完成的重要保障。同时,我们也要感谢各位同行和专家学者,他们在讨论和交流中提供了宝贵的意见和建议,使得本书的内容更加丰富和完善。感谢那些在学术会议和研讨会上分享研究成果的学者们,他们的前沿研究为本书提供了重要的参考和灵感。

此外,在本书的撰写过程中,我们尽可能地收集最新的研究成果和资料,但难免存在不足之处。如有遗漏或错误,敬请读者谅解并提出宝贵意见。我们真诚地希望本书能够为读者提供有价值的参考,并在超级电容器领域的研究和应用中发挥积极作用。

最后,再次感谢所有为本书的出版付出努力和提供支持的朋友们。希望本书能够为读者带来启发和帮助,并期待大家反馈的宝贵意见和建议。

目录
Contents

上篇
钼酸盐基纳米材料的设计及其在超级电容器中的仿真研究

1 绪 论 3
   1.1 课题背景及意义 4
   1.2 国内外研究进展 5
   1.3 超级电容器的储能方式和原理 7
   1.4 超级电容器的电极材料 9
   1.5 研究内容 14

2 实验材料和分析方法 16
   2.1 实验化学试剂 17
   2.2 实验仪器 18
   2.3 材料的表征 19
   2.4 材料的电化学测试方法 20
   2.5 本章小结 23

3 恒温搅拌法制备多孔 $CoMoO_4$ 纳米片及其电容性能研究 24
   3.1 引言 25
   3.2 材料与方法 27

3.3 结果分析与讨论	29
3.4 本章小结	43

4 掺杂 La 元素的 CoMoO₄ 纳米花用于高性能电极材料 44
4.1 引言	45
4.2 材料与方法	46
4.3 结果分析与讨论	49
4.4 本章小结	58

5 Sc 掺杂的钼酸钴/碳纤维复合多孔片状材料的制备及电容性能研究...59
5.1 引言	60
5.2 材料与方法	61
5.3 结果分析与讨论	63
5.4 本章小结	70

6 Ce 掺杂纳米钼酸钴的制备及其电容性能研究 71
6.1 引言	72
6.2 材料与方法	73
6.3 结果分析与讨论	74
6.4 本章小结	85

7 溶胶-凝胶法制备的 Nd-NiMoO₄ 纳米复合材料及其电容性能研究....86
7.1 引言	87
7.2 材料与方法	88
7.3 结果分析与讨论	91
7.4 本章小结	105

8 多孔片状 CoMoO₄+NiMoO₄ 的制备及其电化学性能分析 106
8.1 引言	107

8.2　材料与方法 108
　　8.3　结果分析与讨论 111
　　8.4　本章小结 124

9　采用共沉淀和煅烧法制备具有高电化学性能的 Sm–NiMoO$_4$–
　　CoMoO$_4$ 杂化纳米花 125
　　9.1　引言 126
　　9.2　材料与方法 127
　　9.3　结果分析与讨论 130
　　9.4　本章小结 143

10　Nd 掺杂型花状 CoMoO$_4$@NiMoO$_4$ 材料的合成及其电化学性能
　　分析 144
　　10.1　引言 145
　　10.2　材料与方法 146
　　10.3　结果分析与讨论 148
　　10.4　本章小结 167

11　超级电容器的车用动力系统仿真 169
　　11.1　超级电容器系统的确定 170
　　11.2　非对称超级电容器的动力系统仿真 171
　　11.3　电动汽车等速工况续驶里程仿真 176
　　11.4　本章小结 178

结论与展望 179

附　录 184

参考文献 188

下 篇
掺杂调控钴酸锌电极材料的电容性能优化及其储能系统仿真研究

- 12 绪 论 217
  - 12.1 课题研究目的及意义 218
  - 12.2 超级电容器国内外研究现状 219
  - 12.3 超级电容器简介 220
  - 12.4 超级电容器的电极材料 225
  - 12.5 仿真系统介绍 228
  - 12.6 研究内容 230

- 13 实验材料与分析方法 232
  - 13.1 实验仪器 233
  - 13.2 实验试剂 233
  - 13.3 材料的表征 234
  - 13.4 电化学测试方法 238
  - 13.5 本章小结 242

- 14 Ni 掺杂的钴酸锌/碳纤维复合多孔网状材料的制备及电容性能研究 ... 244
  - 14.1 引言 245
  - 14.2 材料与方法 246
  - 14.3 结果分析与讨论 248
  - 14.4 本章小结 254

- 15 Ce 掺杂的 $ZnCo_2O_4$ 多孔网状材料的制备及性能研究 255
  - 15.1 引言 256
  - 15.2 材料与方法 256

15.3　结果分析与讨论 259
　　15.4　本章小结 266

16　不同百分比 Sm 掺杂 $ZnCo_2O_4$ 多孔网状材料的研究：合成、结构和电容性能分析 268
　　16.1　引言 269
　　16.2　材料与方法 270
　　16.3　结果分析与讨论 271
　　16.4　本章小结 290

17　超级电容器储能系统的仿真与分析 291
　　17.1　引言 292
　　17.2　电化学性能模拟 292
　　17.3　电化学交流阻抗谱模拟 294
　　17.4　恒电流充放电模拟 294
　　17.5　本章小结 299

结　论 300

参考文献 303

上 篇

钼酸盐基纳米材料的设计及其在超级电容器中的仿真研究

1 绪 论

1.1 课题背景及意义

能源的开发和利用与人类社会的发展紧密相连。随着社会的发展和进步，化石能源的枯竭和环境污染问题日益凸显。特别是自20世纪以来，我国经济快速发展导致能源消耗大增，主要依赖化石燃料的能源结构已无法满足我国的可持续发展需求[1]。作为能源消耗的主要行业之一，汽车产业是实现"双碳"目标的重点领域。作为战略性新兴产业的新能源汽车，它代表了汽车产业的未来发展趋势，对于优化我国的能源消费结构和减轻空气污染具有积极的影响。此外，这也是实现"双碳"目标的重要手段，对于推动汽车产业和交通运输行业转型升级具有积极意义[2-4]。

为了推动新能源汽车产业的发展，我国实施了一系列的优惠政策和措施。在这些政策的推动下，2022年我国新能源汽车的销量达到了688.7万辆，连续数年在全球销量中排名第一。基础零部件、电机、电控、动力电池作为新能源汽车的重要组成部分，我国在这些领域均取得了不错的成就，新能源汽车产业链得到了高质量发展。在电动化时代，动力电池市场繁荣发展。比亚迪、宁德时代、亿纬锂能等国内动力电池企业也靠着过硬的技术和研发实力，逐步在国际上具备影响力。在国内新能源汽车产业的发展进程中，除了传统汽车厂商逐步稳定转型之外，还涌现了一批造车新势力，以蔚来、小鹏、理想、威马等厂商为代表。这些造车新势力不断在市场上取得佳绩。积极推进新能源汽车产业的发展，将助力我国电动汽车产业化迈向新的发展阶段。大力发展新能源汽车产业不仅有助于实现交通运输的节能减排和汽车工业的可持续发展，而且也能提高汽车企业的研发实力，推动汽车产业的进步。积极推动汽车产业结构的转型升级，是振兴中国汽车制造工业的重大战略举措[5-7]。

超级电容器因其高功率密度的优势，当其应用在纯电动汽车时，一般与发动机或其他动力电池并联，形成一种混合储能系统。这种配置充分利用了各自的优势，提高了系统的整体性能。在车辆启动、爬坡和加速等特殊工况下，超级电容器能提供高功率输出，以满足行驶需求。同时，它还能在刹车制动时回收制动能量，并可在某些情况下作为汽车的主要电源[8-9]。尽管超级电容器的功率密度非常出色，但其能量密度较低，这是其作为车载动力源的一个主要缺点。为了解决当前电动汽车电池单一储能装置的问题，研究人员提出了一种以高能量密度为主，同时具有高功率密度和瞬时响应性能的混合储能系统。混合储能系统的能量密度直接决定了电动汽车的续航里程，而功率密度则直接影响了电动车的加速性能和速度[10]。这种设计充分考虑了电动汽车的实际需求，有望提高电动汽车的整体性能。因此，为了让电动汽车与燃油车竞争，我们必须开发出具有高能量、高比功率和长使用寿命的能量存储设备。超级电容器有望在新能源汽车领域取代电池，关于提高超级电容器的能量密度的研究，将为电动汽车的更好发展打下坚实基础。

1.2 国内外研究进展

随着我们对超级电容器的研究越来越深入，以及汽车行业的转型和升级，超级电容器已经开始在工业领域得到商业化应用。

美国的 Maxwell、日本的 NEC、松下、TOKIN 等公司凭借多年的技术积累，在超级电容器领域内取得了领先地位，占据了大部分的市场份额[11-12]。此外，我国的科研机构和公司也在积极研究和推进超级电容器作为车载储能系统的应用和发展，并取得了一些不错的成绩。

日本在超级电容器领域的研究目前处于领先地位。多家日本公司和研究机构积极投入资源进行超级电容器的研发和创新，其生产的超级电容器被广泛应用于工业、交通等领域[13-14]。例如丰田的 Mirai 氢燃料电池汽车，它采用了超级电容器作为辅助电源，用于支持电池系统，提高汽车的加速性能和响应性能。这能提供更高的能量输出和更长的使用寿命，提高汽车的能源效率。除此之外，像丰田 PRIUS、本田 Clarity Hybrid 和日产轩逸等车型，这些配备了超级电容器的混合动力新能源汽车，已成为日本重点研发的重点工程。

美国在超级电容电动汽车的研究和应用方面也取得了不错的成就。美国的 Maxwell 是全球著名的超级电容生产公司，其研发的超级电容已应用在许多电动汽车之中，例如：宝马 i8、保时捷 918 Spyder、特斯拉 Model S、标致

308等。此外，高端跑车也将目光转向了超级电容器。保时捷918 Spyder超级跑车能够在2.6秒加速到60英里①/小时，最高时速为214英里/小时。

目前，我国在超级电容电动汽车的研究方面也取得了一些成果。2006年，我国上海奥威科技开发有限公司在上海建成超级电容公交车运行示范线11路，这是世界首条投入商业化运营的超级电容公交线路[15]。2019年，一汽红旗生产的红旗H5采用了烯晶碳能的车规级超级电容作为辅助储能系统，可以提高发动机效率，降低油耗和排放[16]。2021年5月苏州金龙南通江海超级电容纯电动客车在苏州下线，客车只需充电5分钟便可续航30公里，且该车充电装置安装在公交站台以实现半空中充电，既节约用地又安全环保[5]。另外，一些著名大学与科技实力雄厚的汽车制造商和电池供应商联手，共同研发新能源电池管理系统，并已获得了一些成效。

苏州金龙客车公司作为我国中大型客车的领航者，产品畅销海内外。其生产的超级电容客车（KLQ6109GHEV）是一种配备了超级电容并使用混联技术的客车。超级电容能够减少车辆的充电时间，当车辆以低速行驶时，会使用串联模式以提升车辆的效率。而在高速行驶时，会切换到并联模式以满足功率的需求。

烟台大学[17]以复合储能系统为研究对象，建立了由超级电容器和蓄电池组成的系统模型。在典型工况的动力要求前提下，利用遗传算法对复合电源参数进行匹配，并提出改进的逻辑门限控制策略。最后通过MATLAB/Simulink搭建策略的仿真模型，验证复合储能系统的工作模式及控制策略的可行性和有效性。

哈尔滨工业大学[18]以混合动力汽车为研究对象，从能量流和功率链的角度对复合储能系统进行建模。合理而有效的控制策略可以提高系统效率，延长蓄电池的使用寿命，增加整车的续驶里程，降低车辆的开发成本。此外，在特定工况下对复合储能系统进行了性能测试，对实验参数及控制策略等理论进行了验证，保证参数最优化以满足性能指标要求。

东南大学[19]以半主动式智能电动车辆复合电池系统为研究目标，建立了面向能量管理的智能电动车辆参数化动力学模型，包括储能容量衰退模型及

---

① 1英里≈1.069千米。

DC/DC 直流转换器模型。基于能量管理控制策略，针对不同工况下的不同储能元件参数进行优化，实现了不同构型方案复合电池系统在典型循环测试工况下的能量管理。在复合电池系统中，电池的容量衰退已降低超 30%，并且单位距离的使用成本也减少超 20%，从而实现了既考虑实时性又兼顾经济性的复合电池系统控制。

1.3 超级电容器的储能方式和原理

超级电容器主要由电极、电解质和隔膜等部分构成[20]。根据储能机制的差异，超级电容器可以划分为双电层电容器和法拉第赝电容器。对于后者，根据正负极材料是否相同，又可以进一步分为对称超级电容器和非对称超级电容器。目前，超级电容器的能量密度较低，这一缺点限制了其在商业领域的应用。因此，我们必须在保持超级电容器功率密度不变的情况下，进一步探索如何提高其能量密度。

1.3.1 双电层电容器

双电层电容器的工作原理是基于物理吸附。当电势被施加到电容器的电极上时，电解液中的离子会向电极表面迁移，形成一个电荷分离的双电层结构来储存能量[21]。在放电过程中，正负电荷从极板表面脱附并分散到电解质溶液中，从而释放电荷。在充电过程中，正负离子会分别在正负极板上聚集，形成双电层。在充放电过程中，电极材料没有发生氧化还原反应，正负电荷的聚合仅仅是一种简单的物理过程[22]。因此，电极材料具有良好的循环稳定性、高功率特性和快速充放电的特点，但比容量较低是其存在的主要问题。

1.3.2 法拉第赝电容器

法拉第赝电容器的工作原理是基于法拉第反应，其活性材料在电解质溶液中进行可逆的氧化还原反应以储存电荷[23]。这种设计不仅可以提高工作电压,还可以提升其比电容和能量密度。通常,法拉第赝电容器的容量是双电层电容器的 10~100 倍。但是,由于氧化还原反应的速度通常比物理吸附过程慢,并且氧化还原反应是在电极表面进行的,因此其循环稳定性不如双电层电容器。法拉第赝电容电极材料主要包括导电聚合物(如聚苯胺、聚吡咯等)和金属氧化物及其化合物(如氧化铁、氧化镍、钼酸钴等)[24]。

1.3.3 性能指标

超级电容器的性能好坏主要取决于电极材料中的活性材料。超级电容器的性能指标可以分为活性材料与器件(超级电容器)。对于活性材料的评估,一般包括以下几个指标[25-27]。

(1)比电容:评估单位质量或单位体积活性材料储存电荷能力的指标。比电容越高,活性材料的能量存储能力越强。

(2)循环稳定性:衡量活性材料在反复充放电过程中性能衰减的指标。一个良好的活性材料应该在大量的充放电循环后仍能保持高的比电容。

(3)工作电压:工作电压范围决定了超级电容器的能量密度。活性材料应具有较宽的稳定电压窗口。

(4)电导率:活性材料的电导率直接影响电荷的传输效率,从而影响超级电容器的功率性能。

(5)倍率性能:倍率性能是用来描述电极材料在不同测试条件下性能的变化。例如,在进行恒电流充放电测试时,比电容在不同电流密度下的测试结果会有所不同。

对于超级电容器器件的评估,我们不仅要考虑比电容,还要关注循环稳定性和倍率性能。此外,器件的性能还包括两个重要的指标:能量密度和功率密度。

1.3.4 超级电容器的特点

(1)高功率密度:超级电容器具有非常高的功率密度,能够在短时间内快速充放电。相较于传统的化学电池,超级电容器的能量输出速率更快。

（2）长循环寿命：超级电容器的循环稳定性能非常优异，能够进行数十万次的充放电循环而不会明显降低性能。

（3）优异的温度特性：超级电容器在宽温度范围内都能够表现出良好的性能，无论是在极寒的环境下还是在高温环境中都能够正常工作。

（4）低维护成本：超级电容器不需要周期性的深度充放电或特殊的维护，相对于化学电池而言，维护成本更低。

（5）可持续性和环保：环保无污染，不涉及有害物质的排放，退役后容易回收再利用，非常环保。

1.4 超级电容器的电极材料

目前，超级电容器的电极材料主要为碳材料、导电聚合物和金属氧化物及其复合物。超级电容器电极材料的组成如图 1-1 所示。

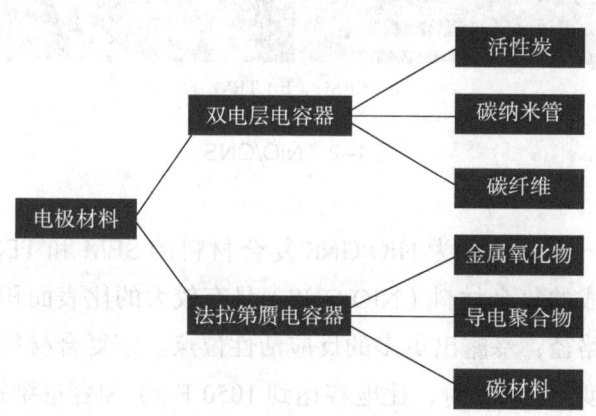

图 1-1 超级电容器电极材料的组成

1.4.1 碳材料

碳材料是目前研究和应用最为广泛的超级电容器电极材料。碳材料具有丰富的储备性能、价格低廉、环保无污染及良好的导电性等优点。目前，超级电容器中主要使用的碳材料包括活性炭、碳纳米管及石墨烯等。由于碳材料不会发生任何化学反应，因此纯碳材料的比容量相对较低，一般在 200 F/g 左右。当前，碳材料的主要研究方向是对其进行修饰和改性，以提高其作为电极材料的性能。Qiu 等[28]用一种简单的方法成功地将石墨烯纳米片（GNS）负载到 NiO 纳米片之中，其形貌如图 1-2 所示。

（a）SEM；（b）TEM。

图 1-2 NiO/GNS

图 1-2（a～b）分别为 NiO/GNS 复合材料的 SEM 和 TEM 图，从图中可以看出所组成的复合材料（NiO/GNS）具有较大的比表面积，这有效地缩短了离子扩散路径，暴露出更多的反应活性位点。该复合材料具有优异的比容量（电流密度为 2 A/g 时，比电容达到 1050 F/g）和容量维持率（在 5 A/g 的大电流密度下，容量维持率达到 60%）。

1.4.2 导电聚合物

导电聚合物是一种 π-π 共轭结构的高分子材料，具有优异的电导率和较高的理论比容量，因此成为储能器件领域具有发展潜力的电极材料。常见的导电聚合物有聚苯胺（PANI）、聚吡咯（PPy）、聚乙炔（PA）等[29]。作为电极材料，导电聚合物在充放电过程中，聚合物分子链往往会发生膨胀和收缩。这导致在经过长时间的充放电循环测试后，其分子链结构可能会发生不可逆的损坏，从而进一步降低其循环寿命。此外，该材料具有一定的毒性，不符合绿色环保的理念。以上的种种原因，严重阻碍了它们的大规模商用。

1.4.3 金属氧化物

金属氧化物因其高容量、低成本和环保等特点而被广泛地用作超级电容器电极材料。传统的过渡金属氧化物，例如 Co_3O_4、MnO_2、Fe_2O_3 等，具有价格低廉且性能较为优异等特点，研究人员对单一金属氧化物做了各种研究，提升了其电化学性能。但是其实际比电容值和理论比容量具有较大差距，距离商业化应用还具有较大的差距。在众多二元过渡金属氧化物中，$CoMoO_4$、$NiMoO_4$ 具有理论比电容高、毒性低、价格低廉、晶体结构稳定等优点[30]。此外，二元金属氧化物拥有丰富的多重价态和独特的晶体结构，同时不同元素间还存在显著的协同效应，比单一的金属氧化物具有更好的电化学性能[31-32]。为了进一步提高电极材料的电化学性能，科研人员进行了大量的尝试。通过调控多元金属氧化物的形貌，成功设计出了具有卓越性能的电极材料。与此同时，掺杂稀土元素可以使材料形成缺陷结构，增大材料的比表面积。因此掺杂型多元金属氧化物如何成为超级电容器潜在的优异电极材料，已成为目前的研究热点。

杨旭[33]采用水热法成功地制备出由钼酸钴片紧密堆积形成的花状结构，如图1-3所示。

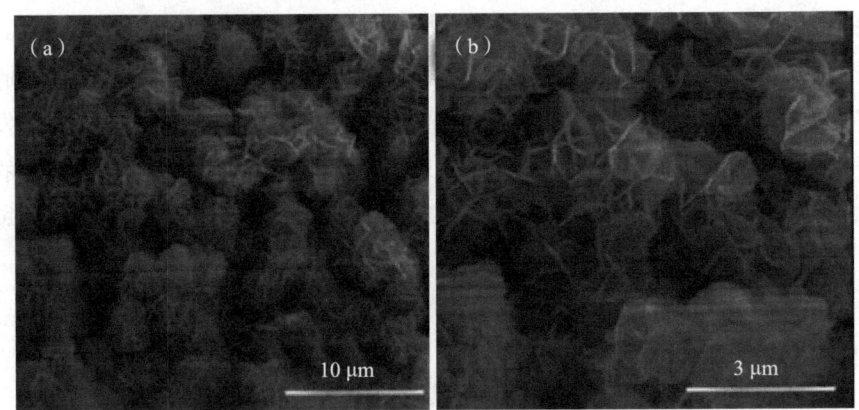

（a）放大 10 000 倍；（b）放大 33 000 倍。

图 1-3　不同放大倍数下的 CoMoO$_4$ 纳米花的 SEM 图

图 1-3（a～b）为不同放大倍数下的 CoMoO$_4$ 纳米花 SEM 图，从图中可以看出，片与片之间的通道，使材料具有了较大的比表面积，为离子的传输提供便利，有利于提高活性材料与电解质溶液的接触能力。此外，该产物具有较低的 R_s（串联阻抗）值，达到 0.729 Ω。通过电化学性能测试，CoMoO$_4$ 纳米花在 1 A/g 的电流密度下，比电容达到 410 F/g，2000 次循环后，容量保持率达到 80.6%。

陈晓等[34]通过水热法成功地通过磷化辅助界面工程策略制备了磷掺杂 NiMoO$_4$ 电极材料（P-NiMoO$_4$），如图 1-4 所示。

图 1-4（a～b）为不同放大倍数下的 P-NiMoO$_4$ 电极材料 SEM 图，从图中可以看出制备的产物表面富含氧空位，提升了活性材料的电导率，可提供更多的活性位点。这对于提高产物电子转移效率、加快化学反应速率具有积极的意义。P-NiMoO$_4$ 电极材料在 10 mA/cm^2 的电流密度下表现出较高的面积比电容，为 4.76 F/cm^2。在相同条件下，大约是 NiMoO$_4$ 电极面积比电容（0.77 F/cm^2）的 6 倍。此外，该产物还具有优异的循环稳定性（4000 次循环后的面积比电容保持率为 91.5%）。

（a）放大 10 000 倍；（b）放大 40 000 倍。

图 1-4　不同放大倍数下的 P-NiMoO$_4$ 电极材料的 SEM 图

Wang 等[35]通过两步简单的水浴加热法，成功合成了以 ZnCo$_2$O$_4$ 纳米线为核心，NiMoO$_4$ 纳米片为外壳的 3D 核壳结构，如图 1-5 所示。

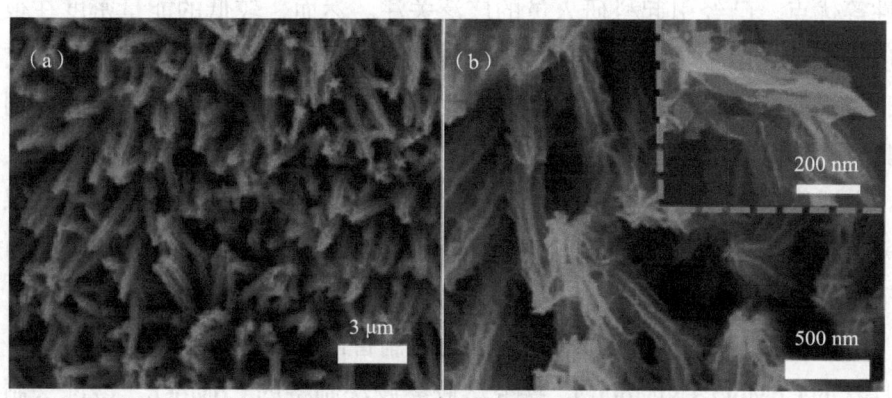

（a）放大 10 000 倍；（b）放大 60 000 倍。

图 1-5　不同放大倍数下的 3D ZnCo$_2$O$_4$@NiMoO$_4$ 核壳结构的 SEM 图

图 1-5（a～b）分别为不同放大倍数下的 3D ZnCo$_2$O$_4$@NiMoO$_4$ 核壳结构的 SEM 图，从图中可以看出微观结构为纳米线。这些 NiMoO$_4$ 纳米片相互交织形成网络多孔结构，这种结构有利于提高电极材料的比表面积，使得

电极材料与电解液充分接触，从而提高电化学反应速率，加快电化学反应进程。图 1-5（a）为该核壳结构材料的低倍 SEM 图，图 1-5（b）为相应的高倍 SEM 图，从图中可以看出 NiMoO$_4$ 片状结构包覆在 ZnCo$_2$O$_4$ 纳米线表面。实验结果表明，3D ZnCo$_2$O$_4$@NiMoO$_4$ 具有高比电容（1912 F/g，电流密度为 1 A/g）和优异的倍率能力（在 20 A/g 时初始容量保持 55%）。其比电容远远大于 NiMoO$_4$ 和 ZnCo$_2$O$_4$，分别高于 38% 和 36%。此外，3D ZnCo$_2$O$_4$@NiMoO$_4$//CNTs 在储能方面表现出优异的性能。最大能量密度达到 57.5 Wh/kg，最大功率密度达到 18 000 W/kg，在 5 A/g 的电流密度下，10 000 次循环，容量保持率达到 84%。

1.5 研究内容

超级电容器因其高功率密度、良好的循环稳定性、快速充电能力及环保特性等优点，已经引起科研人员的广泛关注。然而，较低的能量密度在很大程度上限制了其在商业领域的应用。电极材料是超级电容器的关键组成部分，对提升超级电容器的性能至关重要。通过研发高性能的电极材料，制备出具有优异储能性能的装置，对我国新能源汽车的发展具有深远的影响。

本课题以多元钼酸盐基双金属氧化物为主要研究对象，制备出多元双金属氧化物并组装成微型器件，仿真模拟其实际的应用价值。具体研究内容如下：

（1）采用溶胶凝胶法和冷冻法成功地制备出钼酸钴和钼酸镍共混物（多孔片状的 CoMoO$_4$+NiMoO$_4$）。探究溶胶凝胶法制备的 CoMoO$_4$、冷冻法制备的 NiMoO$_4$ 和热处理对材料的形貌、结构及电化学性能的影响。使用电化学工作站对材料进行电化学性能测试，包括产物的比电容、倍率性能、循环稳定性能。此外，还将 CoMoO$_4$+NiMoO$_4$-1.5 作为正极材料、活性炭作为负极材料组装成超级电容器器件（CoMoO$_4$+NiMoO$_4$-1.5//AC），并研究了其电容性能和循环稳定性能。

（2）为了进一步优化和改进 CoMoO$_4$ 及 NiMoO$_4$ 复合结构的电化学性能，

我们在实验中掺杂稀土元素和优化产物的形貌。通过添加结构导向剂 BPDA 和掺杂稀土元素 Nd，成功地制备出具有大比表面积的花状 Nd–CoMoO$_4$@NiMoO$_4$ 纳米材料。探究单一多元金属氧化物，结构导向剂 BPDA 和稀土元素掺杂对材料的形貌、结构及电化学性能的影响。此外，还将花状 0.8% Nd–CoMoO$_4$@NiMoO$_4$ 纳米材料作为正极材料，以碳纳米管为负极材料组装成超级电容器器件（0.8% Nd–CoMoO$_4$@NiMoO$_4$//CNTs），并研究其电容性能和循环稳定性能。

（3）通过我们所制备的非对称超级电容器，利用电路的串并联，使超级电容器模组的电压和额定容量达到目标汽车的行驶条件。由于后者的比容量更大，能量密度更高，串并联超级电容器单体时的数量更少。考虑到实际的应用情况，我们以第 11 章制备的器件为例。在 MATLAB 程序中输入各项参数，模拟分析车辆在理想条件下的动力性能和续驶里程。

2 实验材料和分析方法

本章将详细介绍在实验过程中所涉及的药品和生产厂家,以及在测试和表征过程中所使用的相关设备和电化学测试的主要内容。

2.1 实验化学试剂

在本研究中,我们使用的化学试剂及生产厂家详见表2-1。

表2-1 实验所用主要化学试剂

药品名称	化学式	规格	生产厂家
钼酸铵	$(NH_4)_6Mo_7O_{24}$	分析纯	天津市致远化学试剂有限公司
六水合氯化钴	$CoCl_2 \cdot 6H_2O$	分析纯	国药集团化学试剂有限公司
钼酸钠	Na_2MoO_4	分析纯	天津市化学试剂四厂凯达化工厂
柠檬酸	$C_6H_8O_7$	分析纯	山东柠檬生化有限公司
P123	$EO_{20}PO_{70}EO_{20}$	分析纯	湖北日升昌新材料科技有限公司
乙基纤维素	$[C_6H_7O_2(OC_2H_5)_3]_n$	分析纯	山东赫达集团股份有限公司
六水合硝酸镍	$Ni(NO_3)_2 \cdot 6H_2O$	分析纯	湖北日升昌新材料科技有限公司
二水合钼酸钠	$Na_2MoO_4 \cdot 2H_2O$	分析纯	江苏东台峰峰钨钼制品有限公司
四水合钼酸铵	$(NH_4)_6Mo_7O_{24} \cdot 4H_2O$	分析纯	湖北鸿鑫瑞宇精细化工有限公司
六水合硝酸钴	$Co(NO_3)_2 \cdot 6H_2O$	分析纯	武汉克米克生物医药技术有限公司
六水合硝酸钕	$Nd(No_3)_3 \cdot 6H_2O$	分析纯	上海麦克林生化科技有限公司

续表

药品名称	化学式	规格	生产厂家
N,N-二甲基甲酰胺	C_3H_7NO	分析纯	华鲁恒升化工有限公司
乙酰丙酮镍	$C_{10}H_{14}NiO_4$	分析纯	武汉荣灿生物科技有限公司
乙酰丙酮钼	$C_{10}H_{14}MoO_6$	分析纯	湖北兴琰新材料科技有限公司
苯二甲酸	$C_8H_6O_4$	分析纯	绍兴华威化工有限公司
联苯二酐（BPDA）	$C_{16}H_6O_6$	分析纯	天津众泰材料科技有限公司
聚偏二氟乙烯（PVDF）	$(CH_2CF_2)_n$	—	赣州立昌新材料股份有限公司
乙醇	CH_3CH_2OH	分析纯	天津市大茂化学试剂厂
泡沫镍	Ni	—	昆山比泰祥电子有限公司

2.2 实验仪器

本书材料制备过程中所使用的实验仪器、型号和生产厂家如表 2-2 所示。

表 2-2 实验所需仪器

仪器名称	型号	生产厂家
超声波清洗机	KQ-3200E	上海森信实验仪器有限公司
电子分析天平	JH2104	上海佳禾衡器有限公司
磁力搅拌器	SZCL-4	巩义市予华仪器有限责任公司
电化学工作站	CHI660E	上海辰华仪器有限公司
马弗炉	SRJX-8-13	绍兴市景迈仪器设备有限公司
冷冻干燥机	FDU-2110	深圳市京都玉崎电子有限公司
真空干燥箱	DZF-6096	上海一恒科学仪器有限公司

2.3 材料的表征

2.3.1 扫描电子显微镜

扫描电子显微镜（scanning electron microscope，SEM），简称扫描电镜，是一种利用电子束对样品表面进行扫描并获取图像的显微镜。在 SEM 的工作过程中，电子束从电子枪中射出，经过几个电子透镜的聚焦和缩小，最后在样品表面形成焦点，产生各种信号。这些信号包括二次电子、反射电子、散射电子和 X 射线等。SEM 能够检测这些信号，并将它们转化为图像和谱图，从而提供样品的表面形态、成分和结构等信息。在进行扫描电镜测试之前，需要对电极材料进行表面喷金处理，以提高其导电性。此外，SEM mapping 能够同时获取多个元素的信号，并将其转化为像素级别的图像，从而定向判断元素的种类、含量及分布。

2.3.2 透射电子显微镜

在透射电子显微镜（transmission electron microscope，TEM），简称透射电镜，其中电子束由电子枪产生，经过电子透镜和样品，最终投射到投影屏或 CCD 相机上，形成透射电子显微图像。TEM 的图像可以提供样品的内部结构和成分信息，包括晶体结构、晶格缺陷、原子位置、元素分布等。这些参数能够帮助我们对材料的微观细节结构进行更精确的分析。

2.3.3 X射线衍射仪

X 射线衍射仪（X-ray diffraction，XRD）是一种基于 X 射线与晶体之间的相互作用进行分析的仪器。当 X 射线通过晶体时，它会与晶体内的原子或离子发生相互作用，从而产生散射。如果晶体中的原子或离子排列具有一定的规则性，那么散射的 X 射线将会以特定的方向和角度发生衍射，形成衍射图样。通过分析样品的衍射图样，可以确定样品的晶体结构和晶体参数。

2.3.4　比表面积及孔径分析仪

比表面积及孔径分析是基于气体吸附和脱附过程。在测量前，样品被处理成细小的颗粒，并在低温下去除水分和其他气体。然后，通过吸附分析，将一种惰性气体（如氮气）吸附到样品表面，产生吸附等温线。接着，通过改变气体压力或温度，使气体脱附，并测量气体脱附的量。通过分析吸附等温线和脱附等温线，可以得到样品的比表面积和孔径分布等重要参数。

2.3.5　X射线光电子能谱

X射线光电子能谱（X-ray photoelectron spectroscopy，XPS）是一种表面分析技术，能够提供关于化学元素组成、化学状态和电子结构等信息。当高能X射线照射样品表面时，这会使得样品中的原子产生光电子束，从而产生电子能谱。通过对这些电子的能量和数量进行测量，我们可以获取样品表面的化学元素、化学价态以及电子态等相关信息。

2.3.6　能量色散X射线光谱仪

能量色散X射线光谱仪（energy dispersive X-ray spectroscopy，EDS）是一种利用X射线能谱进行表面分析的技术。EDS技术利用高能电子或X射线激发样品表面，使得样品中的原子产生特定的X射线谱线。通过测量这些X射线的能量和数量，可以确定样品表面元素种类和相对含量等信息。

2.4　材料的电化学测试方法

2.4.1　电化学测试体系

电化学性能表征是一种通过电化学测试方法，对材料或化合物的电化学性能进行定量评估和描述的过程。电化学性能表征可以提供有关材料的电化学反应性能、电化学稳定性等信息，对于材料的应用和性质研究具有重要意义。在对合成材料进行电化学测试时，采用三电极测试体系。在实验中，我们采用上海辰华电化学工作站来进行电化学性能的测试，所有的测试都在室温下进行。三电极体系用于测试我们制备的活性材料，工作电极、对电极和参比电极分别为制备的产物、铂片和饱和甘汞电极。主要的电化学性能测试包括循环伏安测试、恒流充放电测试、交流阻抗测试及倍率和循环稳定性能测试。

2.4.2 循环伏安法

循环伏安法（cyclic voltammetry，CV）是一种常用的电化学测试方法。通过记录电极在施加交变电压的过程中的电流响应来研究材料的电化学反应行为和电化学催化性能。通过循环伏安曲线可以得到一系列电化学参数，如峰电位、峰电流、峰电流比、扫描速率等，这些参数可以提供有关材料的电化学反应行为和电化学催化性能的信息。例如，峰电位可以提供材料的氧化还原电位信息；峰电流可以提供反应速率信息；峰电流比可以提供电子转移系数信息，表征电子传递的效率。在循环伏安曲线上，法拉第赝电容性材料通常会展示出氧化峰和还原峰。通过对氧化峰和还原峰的对称性进行观察，能够评估出电极材料电化学反应的可逆性。

2.4.3 恒电流充放电测试

恒电流充放电测试（galvanostatic charge-discharge，GCD）是一种电化学测试方法，通常用于评价电化学储能材料和器件的性能。常见的充放电曲线如图2-1所示。

电化学测试系统会施加一个恒定的电流，使工作电极发生充电或放电反应。通过记录电极材料和器件的电压和电流随时间的变化，可以获得电化学储能材料的充电和放电曲线。通过恒电流充放电曲线可以得到很多关键的性能参数，如比容量、比能量、循环稳定性、功率密度等。

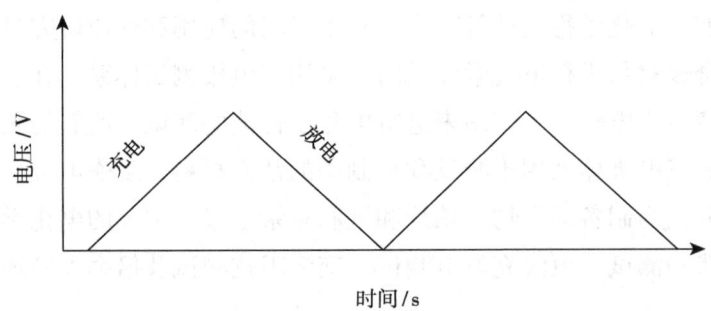

图 2-1　电容器充放电曲线

2.4.4　电化学阻抗测试

电化学阻抗测试（electrochemical impedance spectroscopy，EIS）输入的是正弦交流信号，输出是被测系统的阻抗。阻抗是一个复数，包含实部和虚部。试验中，通过仪器获取的数据需要用软件进行等效电路模拟，然后计算电化学参数。在不同频率下，以交流阻抗的实部作为横坐标，虚部作为纵坐标，得到的数据曲线即为奈奎斯特曲线。奈奎斯特曲线通常由高频区的半圆弧形状和低频区的直线形状组成。高频区的圆弧大小反映了活性物质的内部阻抗，而低频区的曲线斜率则表明了离子和电子在电极材料表面扩散的难度。常见的奈奎斯特曲线如图 2-2 所示。

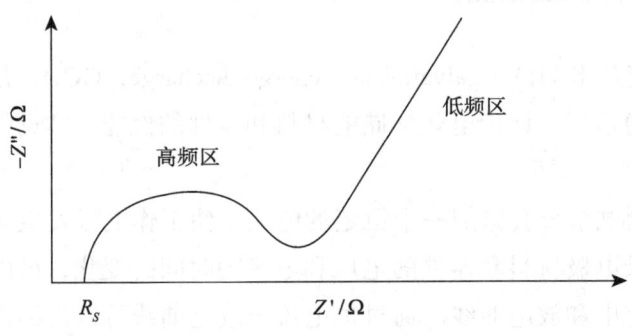

图 2-2　电化学奈奎斯特图

2.5 本章小结

本章主要阐述实验过程中所需的化学试剂和设备,并对电极材料的表征手段和电化学测试方法进行了概述。

3 恒温搅拌法制备多孔 CoMoO$_4$ 纳米片及其电容性能研究

3.1 引言

由于工业化的快速发展,严重的环境污染和能源供应紧缺给人类的生产和生活带来诸多不便。电能具有经济实用、清洁、易于控制和转换的能量形式,可满足不同场合的需要。然而,电能难以储存却限制了它在实际生活中的使用。因此,需要高效、稳定的储能装置来实现能量的存储和利用。随着不可再生能源的消耗量不断增加,经济规模的不断增大,全球变暖和化石燃料的日益枯竭,电能源的开发和研究变得至关重要[36];学者们因此纷纷投身新能源领域,在寻找既清洁高效又可再生能源的同时,也积极发展储存领域。超级电容器作为一种新型的储能装置引起人们的注意,它比电池拥有更大的充放电功率,而且比可充电电池拥有更多的充电和放电循环[37-38],但受限于能量密度低的缺点。在不改变超级电容器优势的情况下,提高它的能量密度,是未来扩大其应用前景的关键[39]。

根据电荷存储机理,超级电容器可分为双电层电容器和法拉第赝电容器两大类,超级电容器中的法拉第赝电容器,能够进行氧化还原反应,从而提高能量密度。电化学性能和催化效率与材料的微观结构密切相关。纳米片、纳米线、纳米针和纳米管等微结构会影响材料的比表面积和离子扩散距离,因为它们具有更大的表面积、更好的渗透性和更多的表面活性位点。电极材料的选择对于电容性能也有一定的影响。在众多的电极材料种类中,过渡金属氧化物因其具有较高的电容特性,且来源丰富,已成为电容器电极材料的研究热点之一。近年来,二元金属氧化物因其具有多价态并且具有较高的比容量和循环稳定性等优点而备受关注[40-41]。与单一的金属氧化物相比,钼酸钴作为二元金属氧化物在电化学能源存储方面具有强氧化还原反应能力、较好的导电性、优异的倍率性能和循环稳定性等特点[42-43]。例如:Prabhu等用一步水热法制备出花瓣状 $CoMoO_4$/r-Go 复合材料,$CoMoO_4$/r-GO 复合物在电流密度为 1 A/g 时表现出 425 C/g 的高比电容,在电流密度为 10 A/g 时,在 10 000 次充放电循环中保持了 92.2% 的优异倍率性能[44];Alsadat Mohammadi M 等用水热法制备出异质结构 $CoMoO_4$/$CoMoO_4$ 类似蒲公英的纳米阵列，准备好的 $CoMoO_4/CoMoO_4$ NDs 电极在 1 A/g 时具有 1548 F/g 的高比电容，出色的倍率性能（8 A/g 时容量保持率为 69.3%），以及出色的循环稳定性（5000 次循环后比电容保持率为 94%）[45]。以上结果表明，$CoMoO_4$ 作为电极材料具有优异的电化学性能[11]。因此，设计和开发具有优异电化学性能的电极材料和微观电极调控，有助于提高超级电容器的电化学性能。

超级电容器作为一种功率密度高、循环寿命长的新型储能器件，其性能很大程度上依赖性质优异的电极材料，因此探究具有优良特性的电极材料一直是该领域的研究热点。过渡金属氧化物具有多种氧化价态，用作储能器件的电极时往往以法拉第反应为主，在界面处储存电荷，进而实现较高能量存储。$CoMoO_4$ 是一种双金属氧化物半导体，在催化和电极材料中具有潜在的应用。因制备工艺的不同，$CoMoO_4$ 具有不同的形貌，当用作超级电容器电极时，比电容变化较大。$CoMoO_4$ 粉体电极因电导率低，活性位点利用率低，体积变化大等缺点，电化学性能较差。针对其不足，本章进一步探索 $CoMoO_4$ 的制备条件和生长环境对电化学性能的影响；在本章中，采用恒温搅拌法制备 $CoMoO_4$ 电极材料，通过对材料进行表征测试，发现所制备的产物为多孔 $CoMoO_4$ 纳米片状结构。这种多孔纳米结构增加了材料的表面积，有利于缩短离子和电子的扩散路径，促进电子的快速转移，有益于提高电化学反应速率并存储更多的电荷。在实验中探究不同反应时间条件下 $CoMoO_4$ 电极材料的电化学性能。研究结果表明，多孔 $CoMoO_4$ 纳米片电极材料具有优异的电化学性能。在电流密度为 1 A/g 时，比电容为 1982 F/g。在 3 A/g 电流密度下经过 10 000 次的循环充放电后，电容保持率为 99.3%，说明多孔 $CoMoO_4$ 纳米片结构具有优异的循环稳定性。此外，还研究了以多孔 $CoMoO_4$ 纳米片作为正极、碳纳米管（CNTs）作为负极组装而成的非对称 $CoMoO_4$//CNTs 器件。该器件具有较高的比电容（292 F/g，1 A/g）和循环稳定性（在 1 A/g 下 10 000 次循环后为 98%）。非对称型器件具有较高的能量密度（对应的功率密度为 840 W/kg）和功率密度（对应的能量密度为 73.2 Wh/kg）。本章制备的电极材料方法简单、快速、环保，电化学性能优异，是一种很有发展潜力的电极材料。

3.2 材料与方法

3.2.1 多孔CoMoO₄纳米片的制备

首先,取 3.5 mmol $CoCl_2 \cdot 6H_2O$ 溶于 35 mL 的去离子水中,随后,取 3.5 mmol $Na_2MoO_4 \cdot 2H_2O$ 溶于 35 mL 的去离子水中,然后,将 $CoCl_2 \cdot 6H_2O$ 溶液逐滴地加入 $Na_2MoO_4 \cdot 2H_2O$ 溶液中,使两者完全混合溶解,再加入 1 cm^2 的碳布(CC)导电基底,调节搅拌器温度为 60 ℃,磁力搅拌 5 h。取出制备样品,然后使用无水乙醇和去离子水进行反复洗涤。将清洗后的样品转移到烘箱中于 50 ℃干燥 6 h,得到 $CoMoO_4$ 纳米片/CC 的前驱体。最后,将 $CoMoO_4$ 前驱体置于马弗炉中,室温加热至 400 ℃,保温 2 h,得到多孔 $CoMoO_4$ 纳米片/CC 电极材料。

实验中多孔 $CoMoO_4$ 纳米片的制备过程如图 3-1 所示。

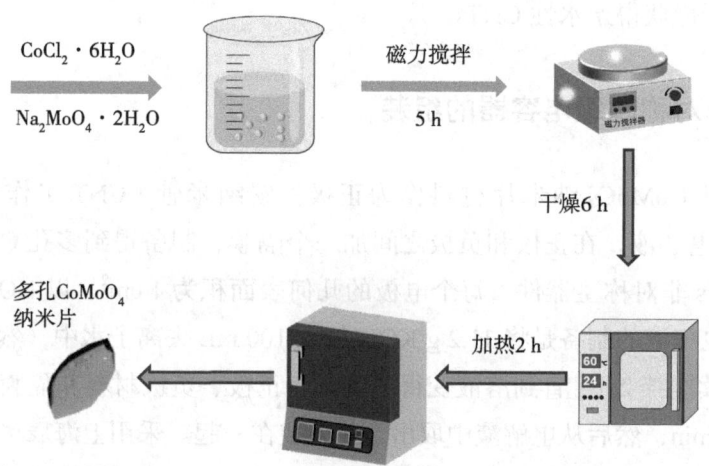

图 3-1 多孔 $CoMoO_4$ 纳米片材料制备过程示意

3.2.2 微观形貌和物相结构表征

采用扫描电镜(SEM,JEOL JSM-7500F)和透射电镜(TEM,JEOL JEM-2100F)观察样品的微观形貌;采用X射线衍射仪(Bruker D8,k = 0.154 nm)分析制备材料的物相结构;采用EDS(Ultim Max 40 & C-Nano)和TEM mapping对制备样品的元素成分进行分析;采用电化学阻抗测试系统(LEIS370/470,思奇科技发展有限公司)测试局部微区的阻抗及相应参数。

3.2.3 商用碳纳米管的亲水处理

首先,将500 mg碳纳米管(CNTs)分散在100 mL去离子水中并超声处理6 h,然后在真空烘箱中干燥。接下来,在流速为80 sccm且加热速率为5 ℃/min的Ar气体中于500 ℃下处理样品2 h。然后,将样品浸在KOH溶液中,在真空烘箱中干燥。最后,用盐酸和去离子水洗涤,直到pH中和之后,通过干燥获得亲水性CNTs。

3.2.4 非对称超级电容器的组装

以多孔$CoMoO_4$纳米片材料作为正极,碳纳米管(CNTs)作为负极,KOH作为电解液,在正极和负极之间加一个隔膜,制备得到多孔$CoMoO_4$纳米片//CNTs非对称型器件。每个电极的几何表面积为1 cm^2,以KOH溶液为电解液。电解液的制备是将11.2 g KOH加入100 mL去离子水中,然后用磁力搅拌器连续搅拌2 h,直到溶液变得透明。将正极、负极材料和隔膜浸泡在电解液中10 min,然后从电解液中取出,并组装在一起。采用上海辰华CHI660E电化学工作站,在双电极系统中测试$CoMoO_4$/CC//CNTs/CC的电化学性能。

单一电极材料测试是在三电极体系中进行的,实验中电化学性能测试所使用的仪器依然是上海辰华CHI660E电化学工作站。电解液为2 mol/L的KOH溶液,测试电压窗口为-0.2 ~ 0.6 V。$CoMoO_4$纳米电极材料的面积为1 cm^2,$CoMoO_4$纳米材料活性物质质量为2.6 mg。上述材料直接作为电极材料进行测试，面积为 $1 \times 4\ cm^2$ 的 Pt 和 Hg/HgO 分别作为三电极测试的对电极和参比电极。

3.3 结果分析与讨论

实验中制备的电极材料的微观形貌如图 3-2 所示。

图 3-2 （a）$CoMoO_4$ 材料反应 1 h 的 SEM 图；（b）CoMoO4 材料反应 3 h 的 SEM 图；（c）$CoMoO_4$ 材料反应 6 h 的 SEM 图；（d～e）$CoMoO_4$ 材料反应 6 h 热处理后不同放大倍数的 SEM 图

图 3-2（a）是制备 $CoMoO_4$ 材料反应 1 h 的 SEM 图。从图中可以看出微观结构是纳米颗粒结构，彼此堆叠在一起。图 3-2（b）是 $CoMoO_4$ 材料反应 3 h 后的 SEM 图像，从图中可以看出 $CoMoO_4$ 纳米颗粒生长为 $CoMoO_4$ 纳米片，这些纳米片堆叠在一起形成孔隙结构。图 3-2（c）是 $CoMoO_4$ 材料反应 6 h 后的 SEM 图像，从图中可以看出，$CoMoO_4$ 纳米片相互堆叠，形成交织

的网络结构。这种结构有利于提高电极材料的比表面积，使得电极材料与电解液充分接触，从而提高电化学反应速率，加快电化学反应进行。图3-2（d）是CoMoO$_4$材料反应6 h且热处理后的SEM图像。产品形态仍为片状结构，但片状结构中存在孔洞结构。这种结构可以使电极材料的比表面积进一步提高。图3-2（e）为更高放大倍率下CoMoO$_4$材料反应6 h的SEM图像。

实验中，研究了多孔CoMoO$_4$纳米片的生长过程，如图3-3所示。

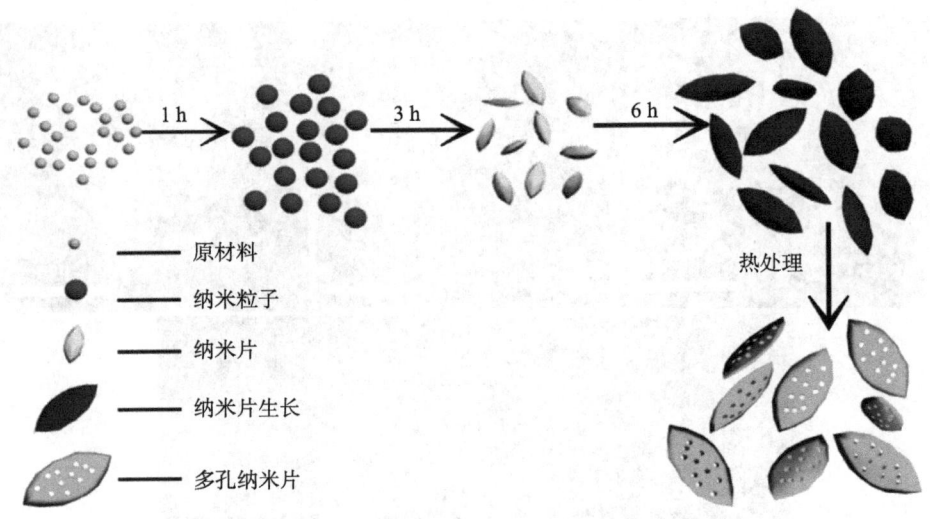

图3-3　多孔CoMoO$_4$纳米片的生长过程示意

实验原材料CoMoO$_4$最先反应1 h生成CoMoO$_4$纳米粒子。这些纳米颗粒具有非常大的表面能，并且不能稳定存在。随着时间的推移反应3 h后，CoMoO$_4$纳米粒子生长、聚集、逐渐变大，形成CoMoO$_4$纳米片状结构。随着反应时间的不断延长，CoMoO$_4$纳米片状结构的尺寸逐渐增大。最后，将反应6 h后的CoMoO$_4$纳米片状结构进行热处理，片状结构逐渐发生变化，几乎所有的叶片逐渐形成孔洞结构，形成多孔片状结构。我们还做了反应9 h后的CoMoO$_4$纳米片状结构，结果表明与反应时间6 h的结构和外观无明显变化。

为了进一步观察材料的微观结构,对材料进行了 TEM 测试,观察其微观结构,如图 3-4 所示。

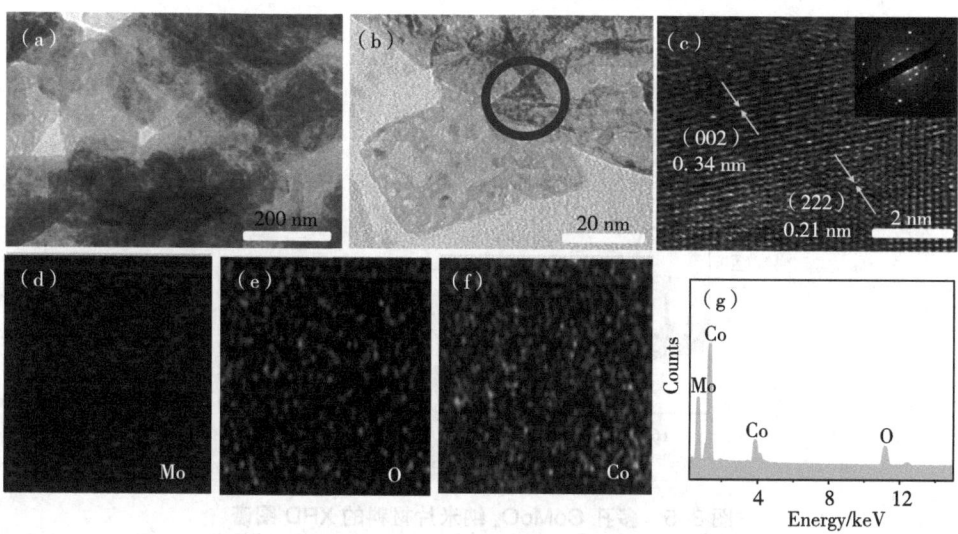

图 3-4 (a~c)不同放大倍数下多孔 $CoMoO_4$ 纳米片的 TEM 图像;(d~f)是 Mo、O 和 Co 元素 TEM 元素分布图;(g)多孔 $CoMoO_4$ 纳米片结构的 EDS 谱

图 3-4(a)显示了多孔 $CoMoO_4$ 纳米片低倍放大率 TEM 图像,产品的形态为交织的片状结构;图 3-4(b)是多孔 $CoMoO_4$ 纳米片高倍放大率 TEM 图像,可以清楚地看到薄片的尺寸约为 200 nm,薄片中存在孔洞结构。进一步选择图 3-4(b)中圆圈区域为研究对象,测试该材料的高分辨率形貌,并进行选区电子衍射(SEAD)分析(右上角插图),如图 3-4(c)所示,晶格条纹表明晶格间距分别为 0.34 nm 和 0.21 nm,对应于多孔 $CoMoO_4$ 纳米片的(002)晶面和(222)晶面。插图显示了相应的选区电子衍射结果。电子衍射图显示一系列斑点围成的近似圆环状,表明制备材料为单晶与多晶共存结构。图 3-4(d~f)为多孔 $CoMoO_4$ 纳米片的 TEM 元素分布图,从图中可知所制备材料中含有 Co、Mo 和 O 3 种元素。表明制备的材料不含有其他杂质元素。图 3-4(g)为多孔 $CoMoO_4$ 纳米片的 EDS 分析,只检测到 Mo、Co 和 O 元素,以上结果表明,所制备的材料未含有其他杂质元素。

图 3-5 是多孔 $CoMoO_4$ 纳米片材料经 X 射线衍射（XRD）测试，显示出的 $CoMoO_4$ 晶体结构，其被确认为 $CoMoO_4$（PDF，Card No. 21-0868），表明多孔 $CoMoO_4$ 纳米片材料制备成功。

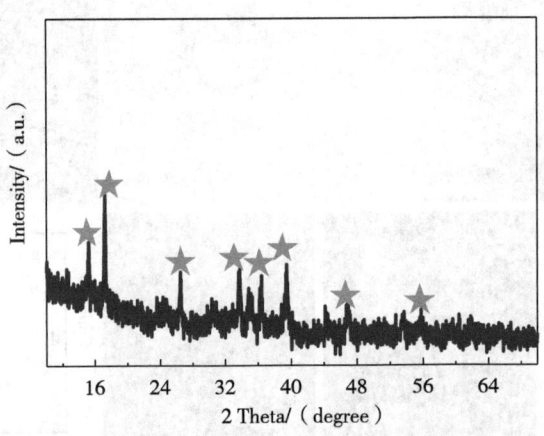

图 3-5　多孔 $CoMoO_4$ 纳米片材料的 XRD 图谱

电极材料的比表面积和孔径分布与材料的电化学性能密切相关。通过氮气吸脱附测试分析了多孔 $CoMoO_4$ 纳米片材料的比表面积，相应的测试结果如图 3-6 所示。

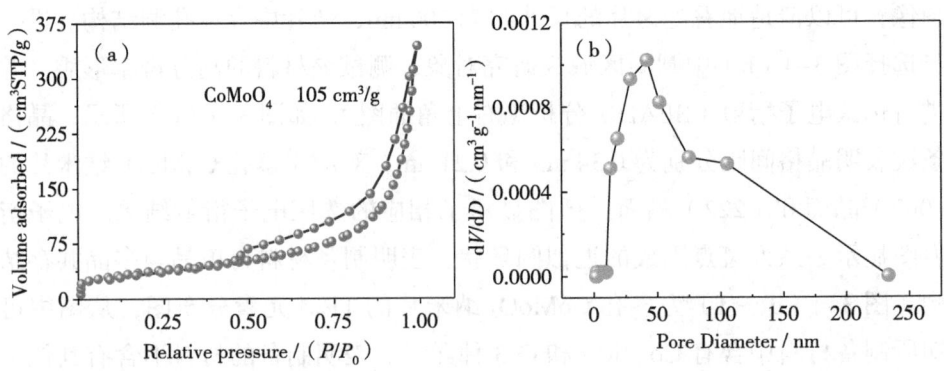

图 3-6　（a）多孔 $CoMoO_4$ 纳米片材料的氮气吸脱附曲线；（b）所制备的材料的孔径分布曲线

图 3-6（a）测试结果表明多孔 $CoMoO_4$ 纳米片比表面积为 105 cm^3/g。较大的比表面积有利于电解质向电极材料表面充分扩散，缩短了离子和电子在电解液中的传输路径，加快了与电极材料的电化学反应，有利于电化学性能的提高。图 3-6（b）为所制备材料的孔径分布图。这些孔是由材料形成的交织孔，从图中可以看出，孔径主要集中在 40 nm 左右。这种材料具有多种孔径，这种多孔结构可以扩大材料的比表面积，使得电解液离子和电子可与电极材料充分接触，提高材料的电化学反应性能。该材料属于纳米级结构，有利于缩短离子的扩散路径，加快电化学反应进程。

为了探究多孔 $CoMoO_4$ 纳米片材料中元素的组成和对应的化学价态，对多孔 $CoMoO_4$ 纳米片样品进行了 XPS 表征，然后进行拟合，结果如图 3-7 所示。

在全谱图 3-7（a）中，已将 Co 2p、Mo 3d、O 1s 的特征峰进行标记，除此之外，不含其他杂质峰，说明合成的多孔 $CoMoO_4$ 纳米片样品中含有 Co、Mo、O 等元素。图 3-7（b）是 Co 2p 的拟合谱图，可以看出，在 780.8 eV 和 796.7 eV 处各有一个特征峰，分别对应 Co $2p^{1/2}$ 和 Co $2p^{3/2}$ 的自旋轨道，在 785.9 eV 和 802.7 eV 处还观测到两个额外的峰，可以判定为 Co 2p 相应的卫星峰。图 3-7（c）的 Mo 3d 图谱中仅有两个峰，分别位于 231.6 eV 和 235.1 eV 处，对应 Mo $3d^{5/2}$ 和 Mo $3d^{3/2}$，其结合能差值为 3.5eV，表明 Mo 元素是以 Mo^{6+} 价存在于多孔 $CoMoO_4$ 纳米片中的。图 3-7（d）中，530.0 eV 处的峰是因为 $CoMoO_4$ 中含有钴-氧键，氧原子以 Co-O-Co 形式存在，而 531.4 eV 处的峰是由于多孔 $CoMoO_4$ 纳米片材料表面存在氧空位，吸附空气中游离态的氧离子（O^{2-}）而产生的。

在实验中，还进一步测试了 $CoMoO_4$ 材料在不同反应时间下的电化学性能（图 3-8）。

图 3-8（a）是在 5 mV/s 扫描速率下，$CoMoO_4$ 纳米材料分别在 1 h、3 h、6 h 和 6 h（热处理）反应时间下的循环伏安（CV）曲线。从 CV 曲线可以看到明显的氧化还原峰，表明这些电极具有良好的赝电容特性。结果表明，$CoMoO_4$ 材料反应 6 h（热处理）后电极的峰电流和峰面积明显增大，表明 $CoMoO_4$ 材料反应 6 h（热处理）比 $CoMoO_4$ 材料反应 3 h 和 $CoMoO_4$ 材料反应 6 h 有更高的电化学活性和比电容。图 3-8（b）显示了 $CoMoO_4$

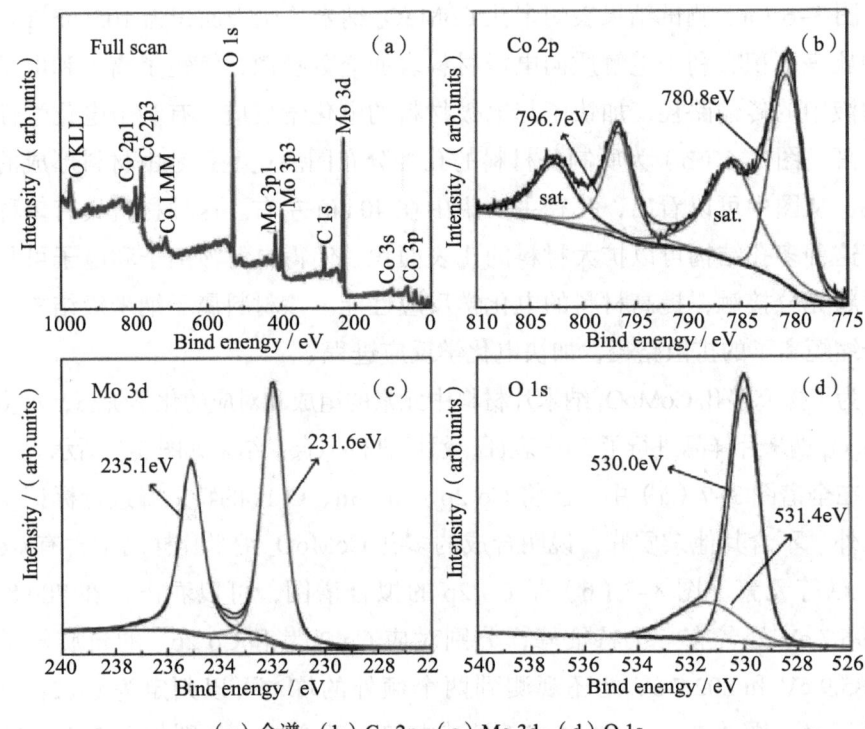

(a) 全谱；(b) Co 2p；(c) Mo 3d；(d) O 1s。

图 3-7 多孔 CoMoO$_4$ 纳米片样品的 XPS 拟合谱图

材料分别在 1 h、3 h、6 h 和 6 h（热处理）反应时间下 0～0.5 V 的充放电曲线。图 3-8（c）是 CoMoO$_4$ 材料在反应 1 h、3 h、6 h、6 h（热处理）时的比电容示意图。表明 CoMoO$_4$ 纳米材料在反应 6 h（热处理）时所具有的电化学性能最好。电化学阻抗对材料的电化学性能有重要影响。CoMoO$_4$ 材料分别在 1 h、3 h、6 h、6 h（热处理）反应时间下的阻抗测试，如图 3-8（d）所示。在高频区域，4 幅测试图像显示出一个半圆，并且半圆的直径非常小。通过计算，得到 CoMoO$_4$ 材料分别在 1 h、3 h、6 h、6 h（热处理）反应时间下的电子转移阻抗，比较之下表明，CoMoO$_4$ 材料在 6 h（热处理）反应时间下作为电极材料具有更优异的导电性。在低频区域，CoMoO$_4$ 纳米材料在 6 h（热处理）的斜率接近 90，远高于 CoMoO$_4$ 材料在反应 1 h、

3 h、6 h 时的斜率。这表明 CoMoO$_4$ 材料在反应 6 h（热处理）时具有较小的扩散阻抗。这有利于离子和电子从电解质扩散到电极材料中，并有利于改善材料的电化学性能。

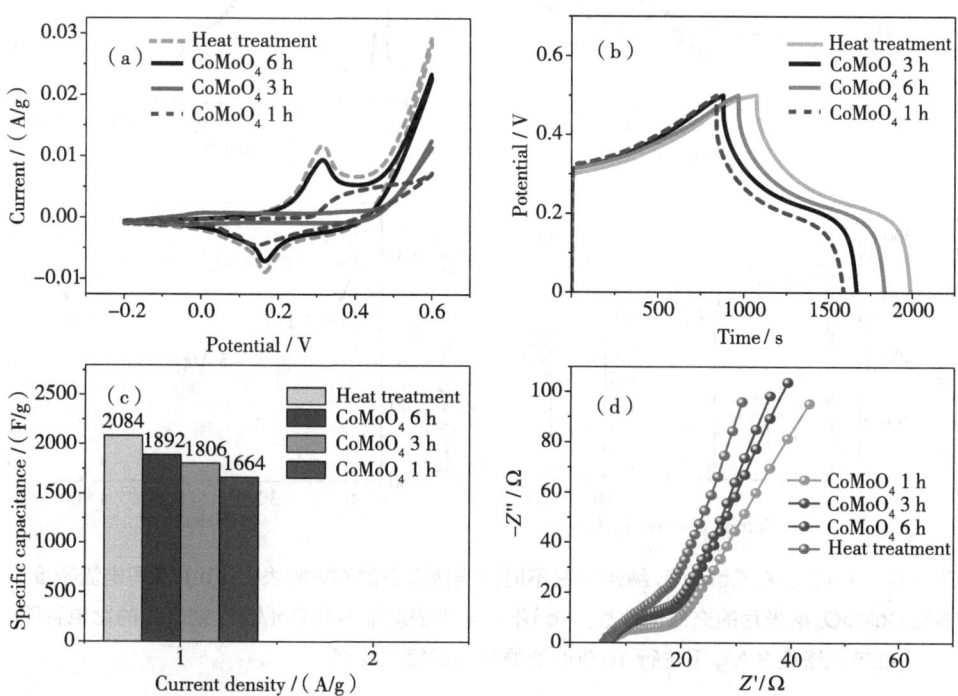

图 3-8 （a）CoMoO$_4$ 材料分别在 1 h、3 h、6 h、6 h（热处理）反应时间下的 CV 曲线；（b）CoMoO$_4$ 材料分别在 1 h、3 h、6 h、6 h（热处理）反应时间下的充放电曲线；（c）在 1 A/g 的电流密度下，CoMoO$_4$ 材料分别在 1 h、3 h、6 h、6 h（热处理）反应时间下的比电容对比；（d）CoMoO$_4$ 材料分别在 1 h、3 h、6 h、6 h（热处理）反应时间下的奈奎斯特图

为了进一步探索其电极材料的电容性能，实验测试结果如图 3-9 所示。

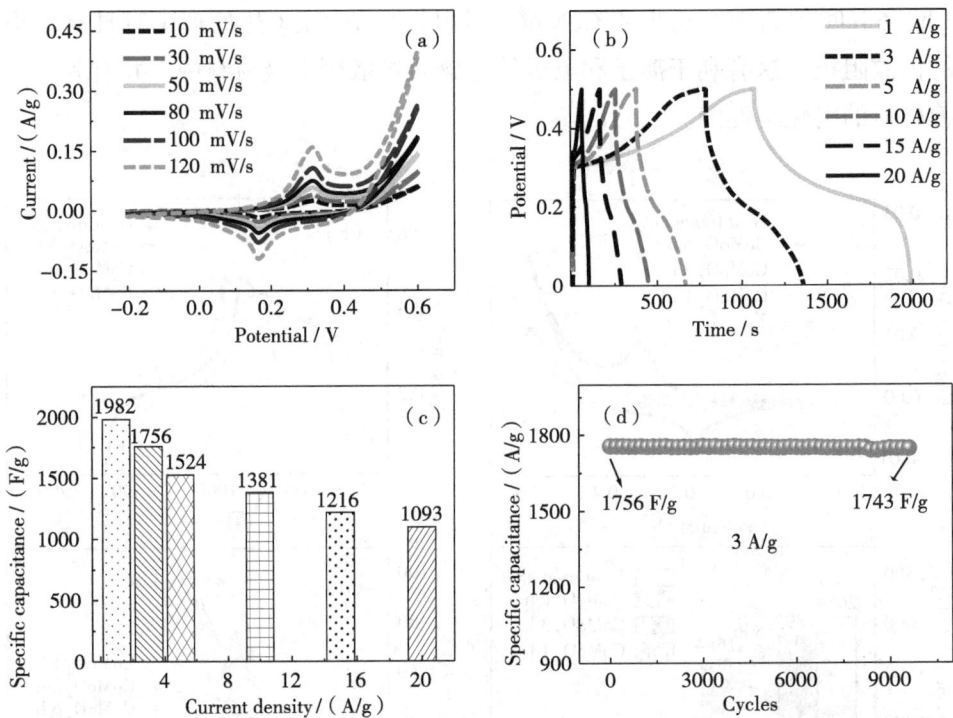

图3-9 （a）多孔CoMoO₄纳米片在不同扫描速率下的CV曲线；（b）不同电流密度下多孔CoMoO₄纳米片的充放电曲线；（c）不同电流密度下多孔CoMoO₄纳米片的比电容图；（d）在电流密度3 A/g下进行10 000次循环的稳定性测试

图3-9（a）是分别在10 mV/s、30 mV/s、50 mV/s、80 mV/s、100 mV/s、120 mV/s下多孔CoMoO₄纳米片的循环伏安曲线，从图中可以看出，多孔CoMoO₄纳米片循环伏安曲线中出现了一对明显的氧化还原峰，这表明该材料是赝电容存储机制，具有相似的线形，并且这些曲线在10～120 mV/s的扫描速率下保持原始形状，表明电极具有理想的快速离子和电子传输状态。图3-9（b）是多孔CoMoO₄纳米片在1 A/g、3 A/g、5 A/g、10 A/g、20 A/g下的充放电测试，随着电流密度的增大，放电时间缩短，比容量变小。这是由于电流密度增加、在反应过程中可能有少量材料不能完全参与反应以及反应的不可逆变化引起的。从图3-9（c）中可以看出，电流密度为1 A/g时，多孔CoMoO₄纳米片具有1982 F/g的比电容。即使在20 A/g的高电

流密度下，该材料仍具有 1093 F/g 的比电容。电流密度增加而比容量降低，这是因为随着电流密度增加，反应加速并且电压降增加。另外，在高电流密度条件下，活性物质不能全部参与氧化还原反应，这也是电极材料比容量降低的重要原因。循环稳定性也是评价电化学性能的一个重要因素。在实验中测试了 10 000 次循环后的材料的稳定性。如图 3-9（d）所示，可以看出在 3 A/g 的电流密度下，10 000 次循环后比电容为 1743 F/g，为 1756 F/g 初始比电容的 99.3%，损耗较小，由此可见多孔 $CoMoO_4$ 纳米片电极材料的充放电循环稳定性较好。

为了对多孔 $CoMoO_4$ 纳米片材料的扩散效应和动力学行为进行探究，根据图 3-9 数据中的扫描速率及峰值电流值，对 $\log(i)$ 和 $\log(v)$ 进行线性拟合，如图 3-10 所示。

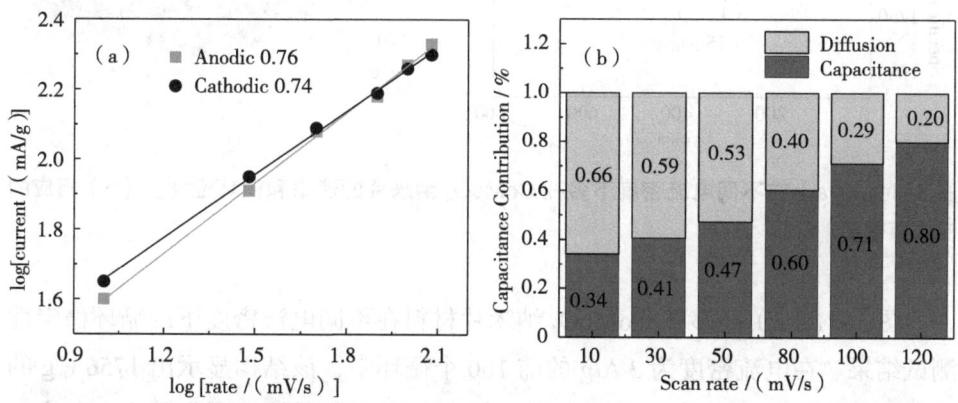

图 3-10 （a）多孔 $CoMoO_4$ 纳米片电极材料的 b 值；（b）多孔 $CoMoO_4$ 纳米片电极材料电容控制和扩散控制的贡献值

如图 3-10（a）所示，通过公式 $i=av^b$ 计算得到 b 值，b 值为确定电荷存储机制的指标，当 b 值为 0.5 和 1 时，分别与扩散控制机制与电容机制有关，图 3-10（a）中显示阳极与阴极中的 b 值为 0.76 和 0.74，表明材料以赝电容控制为主，小部分受到扩散机制的影响。通过公式 $i(v)=kv+kv^{1/2}$，进一步定量得出了电容控制和扩散控制的贡献值。公式中，kv 表示表面赝电容控制，

$kv^{1/2}$ 表示扩散控制。电容在不同扫描速率下的贡献如图 3-10（b）所示，随着扫描速率的提高，电容控制的贡献值越来越高，从 10 mV/s 时的 34% 增加到 100 mV/s 时的 80%，扩散控制贡献值越来越小。总的来说，低扫描速率下，扩散控制占主导地位，在相对较高的扫描速率下，赝电容控制占主导地位。表明多孔 $CoMoO_4$ 纳米片电极材料具有赝电容控制的动力学行为。

为了检测材料在不同倍率下的使用性能，对制备的多孔 $CoMoO_4$ 纳米片电化学性能进行测试，如图 3-11 所示。

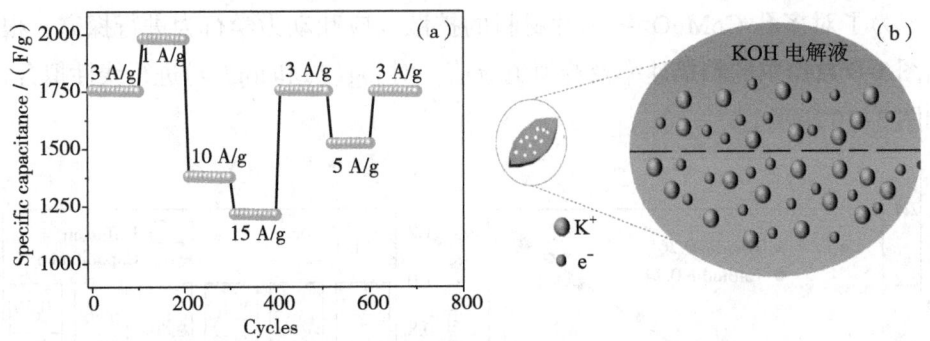

图 3-11　（a）在不同电流密度下多孔 $CoMoO_4$ 纳米片的速率和循环性能；（b）相应的反应原理图

图 3-11（a）是多孔 $CoMoO_4$ 纳米片材料在不同电流密度下的循环稳定性测试结果。在电流密度为 3 A/g 的前 100 个循环中，该结构显示出 1756 F/g 的稳定比电容。在连续改变电流密度（每个电流密度下的循环次数为 100 次）后，电流密度再恢复到 3 A/g 时，比电容为 1749 F/g，损耗非常小，表明多孔 $CoMoO_4$ 纳米片结构具有优异的循环稳定性。以上电极材料优异的电化学性能归因于以下几点：首先，多孔结构增加了材料的表面积，暴露出更多的活性位点，如图 3-11（b）所示。其次，$CoMoO_4$ 具有高氧化还原活性和可逆电荷的存储性能。最后，纳米结构缩短了离子和电子的扩散路径，促进电子的快速转移，加速电化学反应。

将我们制备的样品与文献中的进行对比，如表 3-1 所示，数据结果证明，多孔 $CoMoO_4$ 纳米片电极具有良好的电化学性能。

表 3-1 其他 $CoMoO_4$ 化合物电极材料与本章多孔 $CoMoO_4$ 纳米片的电化学性能的比较

材料	电流密度/（A/g）	比电容/（F/g）	循环次数	电容保留率/%	参考文献
$CoMoO_4/CoMoO_4$ Core	1	1548	5000	94	[45]
$CoMoO_4$PNSs	1	1800	10 000	99.6	[46]
Ni-CoLDH/$CoMoO_4$	1	1812	5000	93.7	[47]
$CoMoO_4$@rGO	1	1425	1000	92	[48]
La@$CoMoO_4$	5	1552	5000	97.87	[49]
$CoMoO_4$	1	1982	10 000	99.3	本章

为进一步研究多孔 $CoMoO_4$ 纳米片材料的实际应用价值，我们组装了 $CoMoO_4$//CNTs 不对称超级电容器。以多孔 $CoMoO_4$ 纳米片材料为正极，CNTs 为负极，超级电容器结构示意如图 3-12 所示。

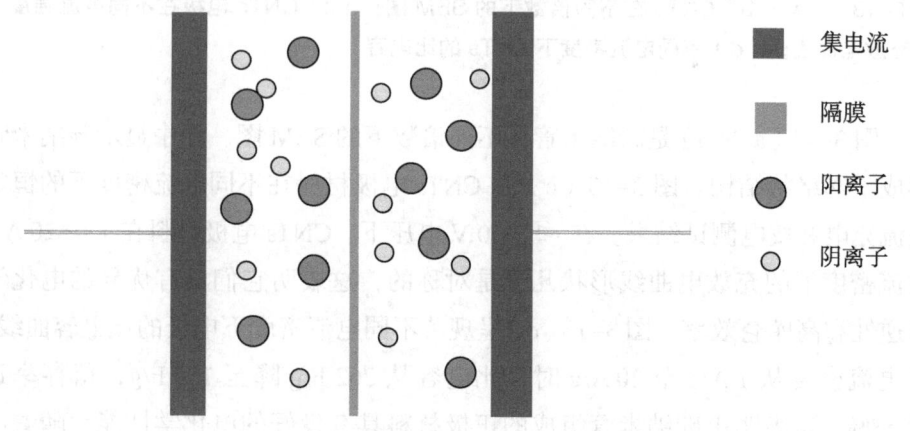

图 3-12 超级电容器器件的工作原理示意

首先，实验对负极材料进行了测试，探究不同电流下该材料电化学性能，如图 3-13 所示。

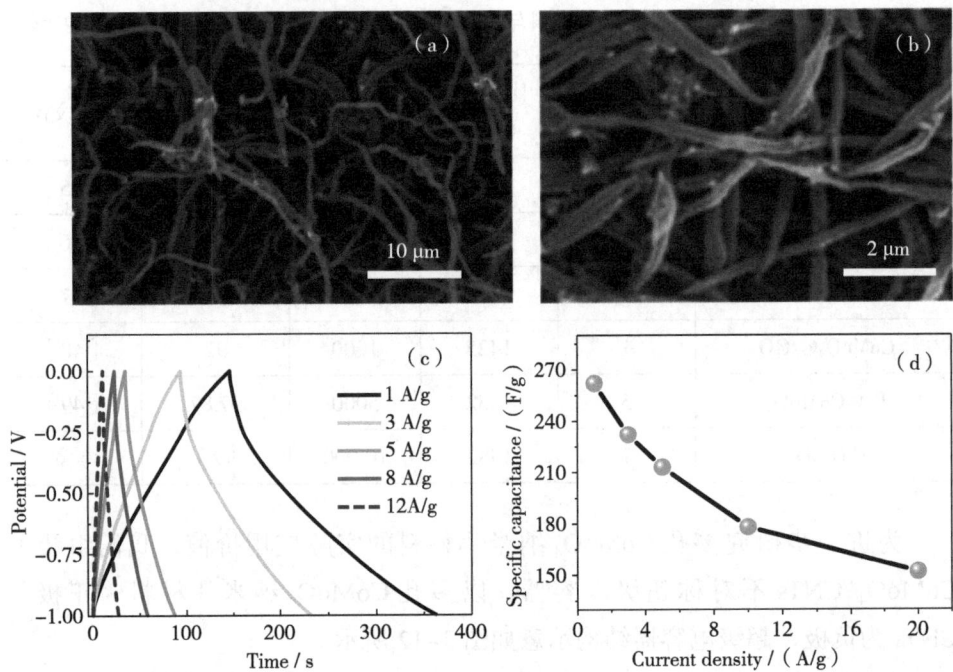

图 3-13 （a～b）CNTs 在不同倍数下的 SEM 图；（c）CNTs 电极在不同电流强度下的充放电曲线；（d）不同电流密度下 CNTs 的比电容

图 3-13（a～b）是碳纳米管在不同倍数下的 SEM 图，图中显示碳纳米管形成了网络状结构。图 3-13（c）是 CNTs 电极材料在不同电流密度下的恒定电流充电和放电测试结果。在 –1～0 V 电压下，CNTs 电极材料在 1～20 A/g 电流密度下的充放电曲线形状几乎是对称的，这表明它们具有优异的电化学可逆性和高库仑效率。图 3-13（d）呈现了不同电流密度下电极的比电容曲线。当电流密度从 1 A/g 至 20 A/g 时，比电容从 262 F/g 降至 152 F/g，留存率达到 58%，这表明由碳纳米管组成的正极材料具有良好的电化学性能，随着电流密度的增加，比电容降低。随着放电电流密度的增加而电容降低，可能是由电极的电阻和活性材料在较高放电电流密度下的法拉第氧化还原反应不足引起的。

接下来通过实验探究多孔 $CoMoO_4$ 纳米片和 CNTs 的 CV 曲线，如图 3-14

所示,在扫描速度为 10 mV/s 下,绘制出多孔 $CoMoO_4$ 纳米片和 CNTs 的 CV 曲线图。图中可以看出多孔 $CoMoO_4$ 纳米片电极的最高电压为 0.6 V,CNTs 电极的电压最低为 –1 V,这两种材料制成的不对称装置的电压为正电压与负电压之差的电压窗口值。因此,多孔 $CoMoO_4$ 纳米片和 CNTs 制备的不对称装置的理论电压窗口为 1.6 [0.6-(-1.0)=1.6] V。

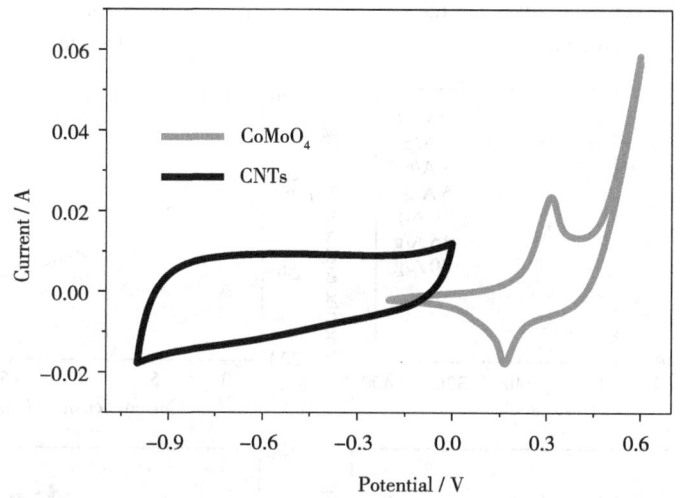

图 3-14 多孔 $CoMoO_4$ 纳米片电极和 CNTs 电极在 2 M KOH 电解液中以 10 mV/s 在三电极系统中进行扫描的 CV 曲线

为了进一步探究该材料组成的超级电容器的电容性能[50-51],我们得到如图 3-15 所示的实验结果。

图 3-15(a)为 $CoMoO_4$//CNTs 的不对称器件在 5 mV/s 不同电压窗口下的循环伏安曲线。从图中可以看出,在 5 mV/s 时,工作电压窗口为 1.2～1.6 V。我们尝试将电压调到 1.6 V,没有发生极化,说明器件在 1.6 V 时可以正常工作,与理论点位窗口一致。因此,我们在 0～1.6 V 的电压窗下研究 $CoMoO_4$//CNTs 非对称型器件的电化学性能。图 3-15(b)描述了 $CoMoO_4$//CNTs 在 1.6 V 的电压窗口下和不同扫描速率下的 CV 曲线,从图中可以看出,这些 CV 曲线显示了明显的赝电容性能,具有相似的线形,并且这些曲

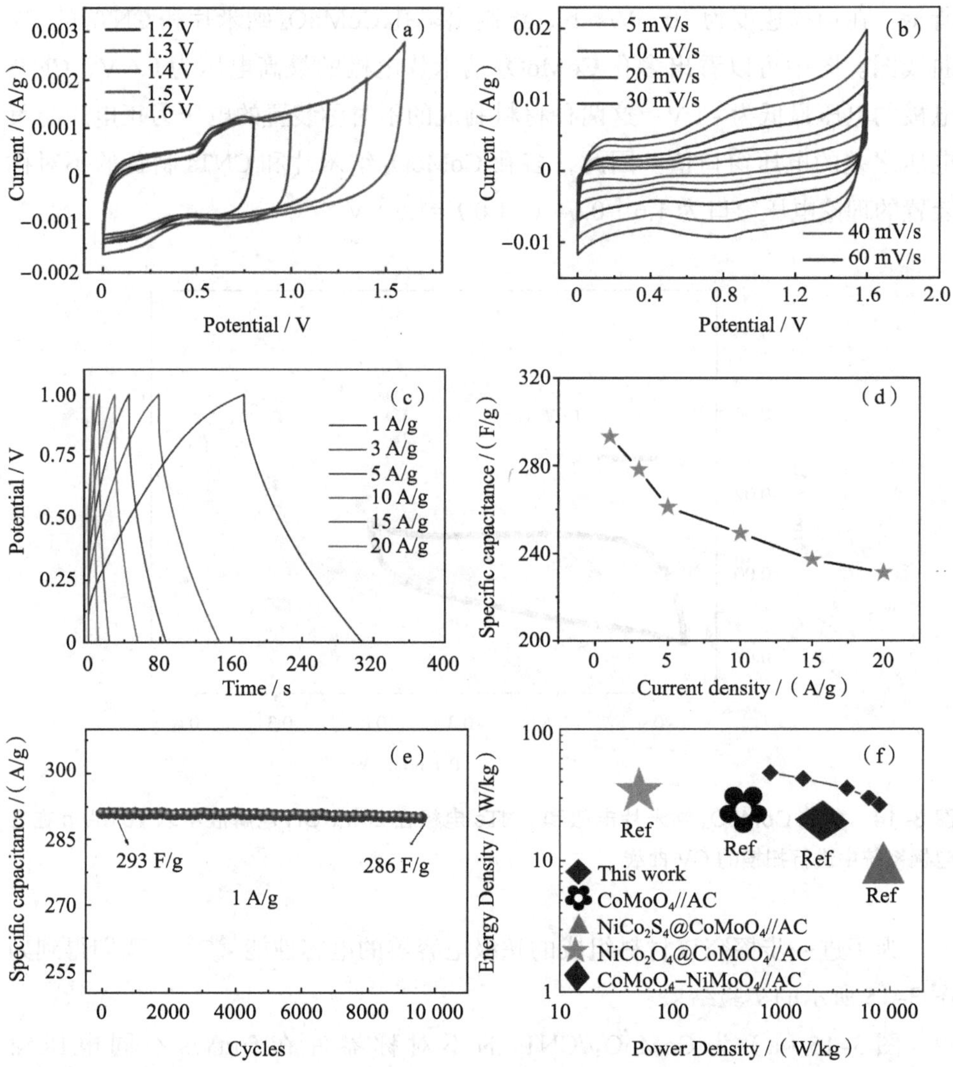

图 3-15 （a）CoMoO$_4$//CNTs 在 5 mV/s 的相同扫描速率下于不同电位窗口测试的 CV 曲线；（b）CoMoO$_4$//CNTs 在不同扫描速率下的 CV 曲线；（c）在不同电流密度下 CoMoO$_4$//CNTs 充放电曲线；（d）CoMoO$_4$//CNTs 在不同电流密度下的比电容曲线；（e）在 1 A/g 电流密度下 10 000 次循环的 CoMoO$_4$//CNTs 的稳定性测试图；（f）CoMoO$_4$//CNTs 器件与其他储能器件功率密度与能量密度相比的拉贡图

线在 5～60 mV/s 的扫描速率下保持原始形状，表明电极具有理想的快速离子和电子传输状态。曲线面积和峰值电流随扫描速度的增加呈线性增加，表明该器件具有良好的电化学性能。图 3-15（c）测试的 $CoMoO_4$//CNTs 不对称器件在 0～1 V 电压窗口和 1～20 A/g 的电流密度下的充放电曲线形状几乎是对称的，这表明它们具有优异的电化学可逆性和高库仑效率。根据充放电曲线计算的比容量示于图 3-15（d）。图 3-15（d）呈现了在不同电流密度下电极的比电容曲线图。随着电流密度的增加，比电容降低。电流密度为 1 A/g 时，$CoMoO_4$//CNTs 的比容量为 293 F/g，即使当电流密度增加到 20 A/g 时，比容量仍然可以达到 230 F/g。随着放电电流密度的增加而电容降低，可能是因电极的电阻和活性材料在较高放电电流密度下法拉第氧化还原反应不足导致的。循环稳定性也是评价器件性能的重要因素。图 3-15（e）以 1 A/g 的电流密度进行 10 000 次循环的充放电循环试验。$CoMoO_4$//CNTs 电极的比电容在 293～286 F/g 变化，比电容保持率为 98%。最后，我们将所制造的器件与参考文献[46-49]中的进行比较，如图 3-15（f）所示。多孔 $CoMoO_4$//CNTs 器件的能量密度为 73.2 Wh/kg（功率密度 840 W/kg），可以看出本章制备的器件具有较高的能量密度和功率密度。

3.4　本章小结

综上所述，采用恒温搅拌法和后续热处理成功制备出多孔 $CoMoO_4$ 纳米片，通过对比不同反应时间和热处理后的产物，实验结果表明，热处理后的产物具有更优异的电化学性能。当电流密度为 1 A/g 时，比电容高达 1982 F/g；在 3 A/g 电流密度下，比电容从 1756 F/g 降至 1743 F/g，比电容保持率为 99.3%。还将多孔 $CoMoO_4$ 纳米片作为正极，碳纳米管作为负极，组装成了一个不对称的超级电容器器件。该器件在电流密度为 1 A/g 时，比电容为 293 F/g；在 1 A/g 的电流密度下，10 000 次循环后，比电容由 293 F/g 下降至 286 F/g，电容留存率高达 98%。这些结果证实了所制备的电极和器件具有较优异的电化学性能。

4 掺杂 La 元素的 $CoMoO_4$ 纳米花用于高性能电极材料

4.1 引言

随着时代的发展，人类对于能源的需求日益提高，伴随着工业化程度的提高，资源却变得急剧枯竭，环境问题也越来越严重[56-59]。电能作为一种经济实惠的清洁能源可以适用于很多场合，能满足人们的能源需求。但是，电能有个很大的缺点，就是不容易储存。因此，需要人们寻找低成本、高效率的储能器件[60-63]。超级电容器具有高功率密度、快速充放电、绿色环保、使用寿命长等特点，其被认为在能源领域新型储能材料中是最有发展前景的储能器件之一[64-70]。能量密度低导致电容器的发展及应用受到了限制，也是影响其性能的主要因素[71-74]。根据能量密度公式 $E=1/2CV^2$，可以发现比电容（C）和电压窗口（V）会直接影响到能量密度，因此我们可以通过实验开发设计出优秀的电极材料来提高比电容（C），以提升超级电容器的能量密度[75-78]。除了开发优秀的电极材料，还可以通过使用两种不同的电极材料，组装成非对称超级电容器，可以扩大电压窗口，进而提升能量密度[79-82]。目前，电极材料的优化已经成为全世界的研究热点。

钼酸钴作为一种电容器的电极材料，具有较高的导电性、循环稳定性、氧化还原活性和较好的倍率性能，是一种很有潜力的电极材料，但是它的缺点也很明显，就是其比电容不尽如人意。为了解决这些问题，研究人员做出了许多尝试，例如纳米结构的设计、元素掺杂等，用于提高产物的性能。目前最主要的研究焦点在于使电极材料构造具有特色。Wang[83]等利用水热法成功合成了 $CoMoO_4$ 纳米线阵列，该材料在 1 A/g 的电流密度下，比电容达到了 940 F/g，以该材料为正极，活性炭（AC）作为负极，这种非对称超级电容器器件的最大电压为 1.6 V，能量密度高（46.7 Wh/kg）及功率密度大（8000 W/kg）。此外，元素掺杂对材料的性能也有很大的提升，稀土元素的掺杂能改变电极材料的结合强度、晶格的局部环境和阳离子的价态，进而将缺陷引入电极材料中。缺陷的引入能改变原子内部的无序状态，调整离子传输通道的大小，增加反应的活性中心位点和提高导电性能，这对于改善产物的反应动力学具有积极的意义[84]。Melkiyur 等[85]研究了一系列稀土金属（La、Nd、Gd、Sm）掺杂的 Co_3O_4 材料，测试发现，相较于纯 Co_3O_4 材料，产物比电容更是从原来的 656.2 F/g 提升至 2193 F/g，同时还表现出良好的循环稳定性，5000 次循环后的电容保持率为 93.18%。

本章讨论通过冷冻干燥法成功制备出 La 掺杂 CoMoO$_4$ 纳米花结构。每个纳米花孔径粒径分布在 27 nm 左右，材料特殊的三维结构，有利于电子与离子输送，提高电化学反应速率。通过对材料进行电化学性能测试，La-CoMoO$_4$ 材料在 1 A/g 电流密度下具有 2248 F/g 的高比电容，经过 5500 次循环后，电容保持率高达 99.2%。我们进一步以 La-CoMoO$_4$ 材料为正极、CNTs 为负极组装成超级电容器器件，该器件在 1 A/g 电流密度下具有 149 F/g 的高比电容，同时具有高能量密度 55 Wh/kg（功率密度 1000 W/kg）。

4.2 材料与方法

4.2.1 CoMoO$_4$ 材料的制备

将 1.5 mmol 的 Co（NO$_3$）$_2$·6H$_2$O 和 3 mmol 的 Na$_2$MoO$_4$·7H$_2$O 加入 30 mL 去离子水中，将溶液搅拌均匀，在烧杯中放入面积为 1 cm^2 的泡沫镍，继续搅拌 2 h。将搅拌好的溶液放入高压反应釜中，进行水热反应，温度 60 ℃，时间 24 h。随后将产物取出，并用去离子水对其反复清洗。将清洗干净的样品冷冻干燥 24 h，最后在 400 ℃下、1 ℃/min 的空气中煅烧 5 h 得到 CoMoO$_4$ 纳米花。

4.2.2 La-CoMoO$_4$ 材料的制备

将第 4.2.1 节中制备 CoMoO$_4$ 的步骤重复进行，将乙酸镧溶液加入上述溶液中，持续搅拌均匀，在烧杯中放入面积为 1 cm^2 的泡沫镍，继续搅拌 2 h。将搅拌好的溶液放入高压反应釜中，进行水热反应，温度 60 ℃，时间 24 h。随后将产物取出，并用去离子水对其反复清洗。将清洗干净的样品冷冻干燥 24 h，最后在 400 ℃下、1 ℃/min 的空气中煅烧 5 h 得到 La-CoMoO$_4$ 纳米花。制备流程图如图 4-1 所示。

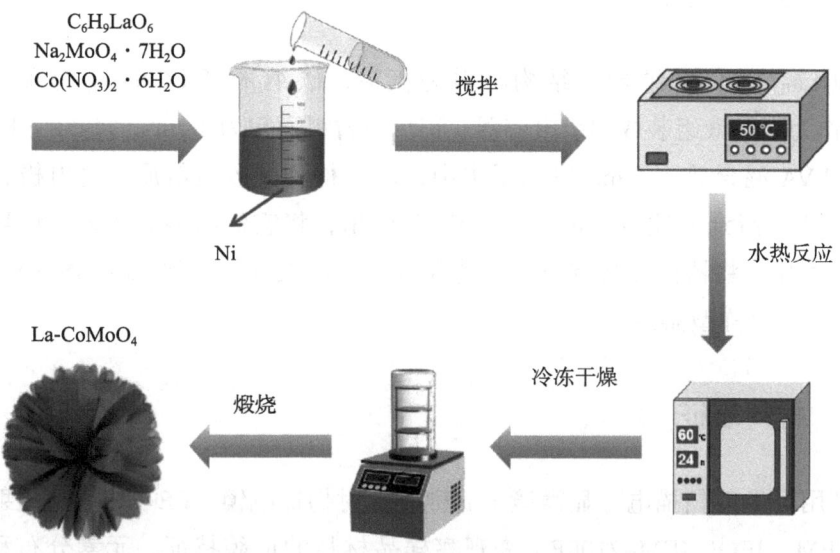

图 4-1 La-CoMoO$_4$ 材料制备过程示意

4.2.3 CNTs电极材料的制备

首先对碳纳米管进行预处理：称取 1 g 碳纳米管粉末与称量好的体积为 200 mL、质量分数为 68% 的 HNO$_3$ 混合，用磁力搅拌器使其混合均匀，同时在 80 ℃下加热处理 24 h。冷却到室温后，用超纯水反复离心清洗，直到上清液用 pH 试纸测试为中性，即停止离心清洗。将离心分离后得到的碳纳米管粉末在恒温干燥箱中于 60 ℃干燥 12 h。作为非对称负极材料的碳纳米管是由混合质量比为 80% 碳纳米管、10% 炭黑及 10% PVDF 黏合剂制备而成的。将少量的 N-甲基吡咯烷酮添加到上述混合的固体粉末中，同时不断地进行磁力搅拌。将上述搅拌混合好后得到的悬浊液涂抹到 1 cm^2 泡沫镍基底上并进行压片，然后在恒温干燥箱中于 80 ℃干燥 12 h，取出后再按压，再继续于 80 ℃干燥 12 h，反复多次操作[36-37]。

4.2.4 器件的组装

以 La-CoMoO$_4$ 纳米花结构材料为正极,碳纳米管(CNTs)为负极,KOH 作为电解液组装成超级电容器。正负极材料面积为 1 cm^2。将 2.8 g KOH 和 3 g PVA 混合放入 5 mL 去离子水中,制备得到凝胶电解质。将电极材料和分离器浸渍到上述电解液中,5 min 后取出,将它们组装后放入干燥环境中进行固化。将器件在真空条件下进行 24 h 干燥处理,得到 La-CoMoO$_4$/Ni//CNTs/Ni 非对称型器件。

4.2.5 材料表征

利用场发射扫描电子显微镜(简称场发射扫描电镜,FE-SEM)、透射电镜(TEM,JEOL JEM-2100F)来观察样品材料的形貌特征。元素分布和能谱(EDS)测试在 Hitachi S-4800 扫描电镜上进行。透射电镜(TEM)、高分辨率 HRTEM、选择区域电子衍射(SAED)在 JEOL 显微镜和 JEOL JEM-2010F 显微镜上进行。通过 X 射线衍射(XRD,RigakuD/max-2600 PC,辐射源为 Cu Kα,λ=1.5406Å)观察制得材料的晶体结构。冷冻干燥在 FD-1C-50 仪器上进行。电化学测试在上海辰华 CHI660E 电化学工作站上进行,其中涉及相关计算公式如下所示。

$$Q = C_s \times \Delta V \times m, \tag{4-1}$$

$$m^+/m^- = C^- \times \Delta V^- / (C^+ \times \Delta V^+), \tag{4-2}$$

$$C_s = I \Delta t / (m \Delta V), \tag{4-3}$$

$$P = 3600E / \Delta t, \tag{4-4}$$

式中:Q 为电荷(C);C_s 为比电容(F/g);I 为放电电流(A);Δt 为放电时间(s);ΔV 为电压差(V);m 为活性材料质量(g);P 为功率密度(W/kg);E 为能量密度(Wh/kg);C 为电容(F)。

4.3 结果分析与讨论

4.3.1 纳米花的形貌表征与测试

我们对实验制备的 La-CoMoO$_4$ 纳米花材料进行扫描测试,其微观形貌如图 4-2 所示。

图 4-2(a)为泡沫 Ni 基底的 SEM 扫描电镜图,图中显示 Ni 基底上附着大量排列紧密的 La-CoMoO$_4$ 材料,我们将这些材料放在低倍镜下进行观察,发现这些排列紧密的 La-CoMoO$_4$ 材料呈纳米花状结构,如图 4-2(b)所示。为了更加清楚地观察 La-CoMoO$_4$ 纳米花材料的微观组成,对其在高倍镜下进一步进行观察。如图 4-2(c)所示,图中显示纳米花由大量的片状结构朝着不同方向生长,交织搭建形成纳米花结构。我们进一步对图 4-2(c)中选中区域进行 SEM 元素分布测试,如图 4-2(d~g)所示,显示出 Co、Mo、O、La 4 种元素。

材料的微观结构对电化学性能起着重要作用,我们进一步对材料进行 TEM 测试,如图 4-3 所示。

图 4-2 (a)La-CoMoO$_4$ 纳米线的 SEM 图;(b~c)不同倍数条件下的自支撑 La-CoMoO$_4$ 纳米花结构纳米材料的 SEM 图;(d~g)分别为 La-CoMoO$_4$ 纳米花材料 Co、Mo、O、La 的 SEM 元素分布图

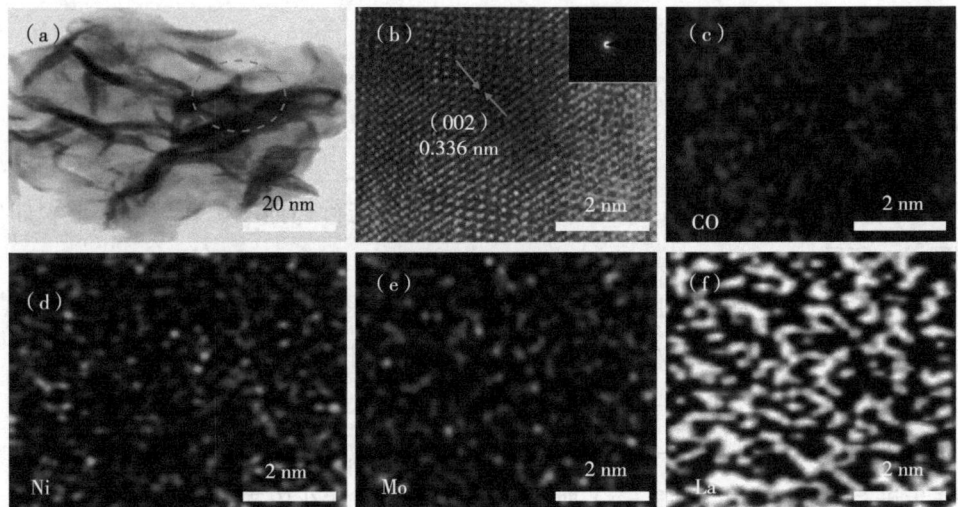

图 4-3 （a）纳米花结构 La-CoMoO$_4$ 的 TEM 图；（b）纳米花结构 La-CoMoO$_4$ 的 HRTEM 图像，插图为相应的电子衍射图；（c～f）分别为 O、Ni、Mo、La 的 TEM 元素分布图

图 4-3（a）为 La-CoMoO$_4$ 材料的 TEM 图，图中显示花状结构由超薄的纳米片组成，与图 4-2（a）中的 SEM 图测试结果相一致。图 4-3（b）为 La-CoMoO$_4$ 花状结构材料的高倍 TEM 图，显示材料为多晶材料，材料的晶格间距为 0.336 nm，与 La-CoMoO$_4$ 的（002）晶格面相对应，图中插图为选取部位相应的电子衍射图。我们也对制备材料进行了 TEM 元素分布测试，如图 4-3（c～f）所示，表明制备的材料含有 Co、Mo、Ni、La 4 种元素。

材料的物相结构及元素构成如图 4-4 所示。

图 4-4（a）为 La-CoMoO$_4$ 材料的元素分析测试，从图中可以看出花状结构材料中含有 La、Co、Mo、O 4 种元素，不含有其他元素；图 4-4（b）为 La-CoMoO$_4$ 材料的 XRD 图，其中 CoMoO$_4$ 为单斜相 CoMoO$_4$（PDF，Card No.21-0868）。图谱中含有几个弱的衍射峰是 CoMoO$_6$·0.9H$_2$O，掺杂稀土元素 La 后的产物 La-CoMoO$_4$ 衍射峰稍微向左偏移，并且强度略有降低，这是由于掺杂元素使得产物的结晶度降低，无序度增加，晶格发生了畸变，

以上实验测试表明,La-CoMoO₄ 材料已经成功制备。

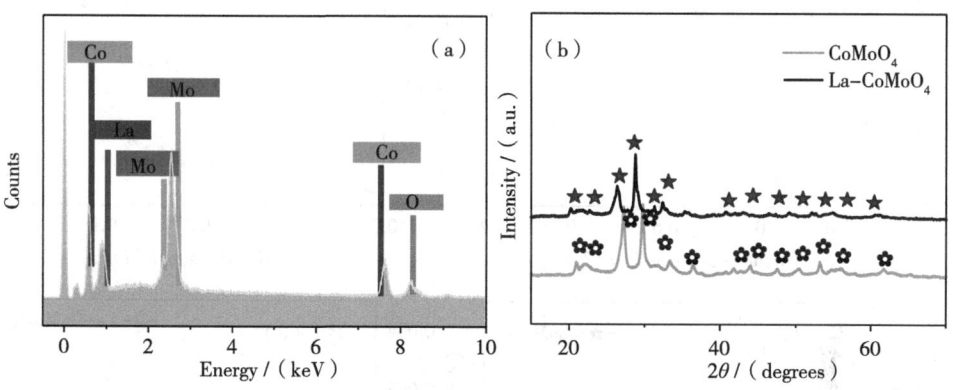

图 4-4 (a) 为 La-CoMoO₄ 的 EDS 图;(b) 为 La-CoMoO₄ 材料的 XRD 图

4.3.2 纳米花的电化学性能测试

为了进一步研究掺杂 La 元素对材料形貌的影响,通过氮气吸脱附曲线和孔径分布曲线来分析实验制备的 CoMoO₄、La-CoMoO₄ 材料的比表面积,结果如图 4-5 所示。

如图 4-5(a)所示,测试结果表明 CoMoO₄ 花状结构材料的比表面积为 98.82 m^2/g,孔径大小分布在 27 nm 左右。图 4-5(b)为 La-CoMoO₄ 花状结构材料的比表面积为 126.7 m^2/g,孔径大小分布在 27 nm 左右。经过对比发现,掺杂前后材料的孔径大小未发生明显变化,而掺杂后材料的比表面积增大。La-CoMoO₄ 材料具有丰富的孔洞和较大的比表面积,为反应提供了较多的电化学反应位点,使电解液充分分布在电极表面,缩短了离子传输路径,从而加快电化学反应速率,提高了电化学性能。

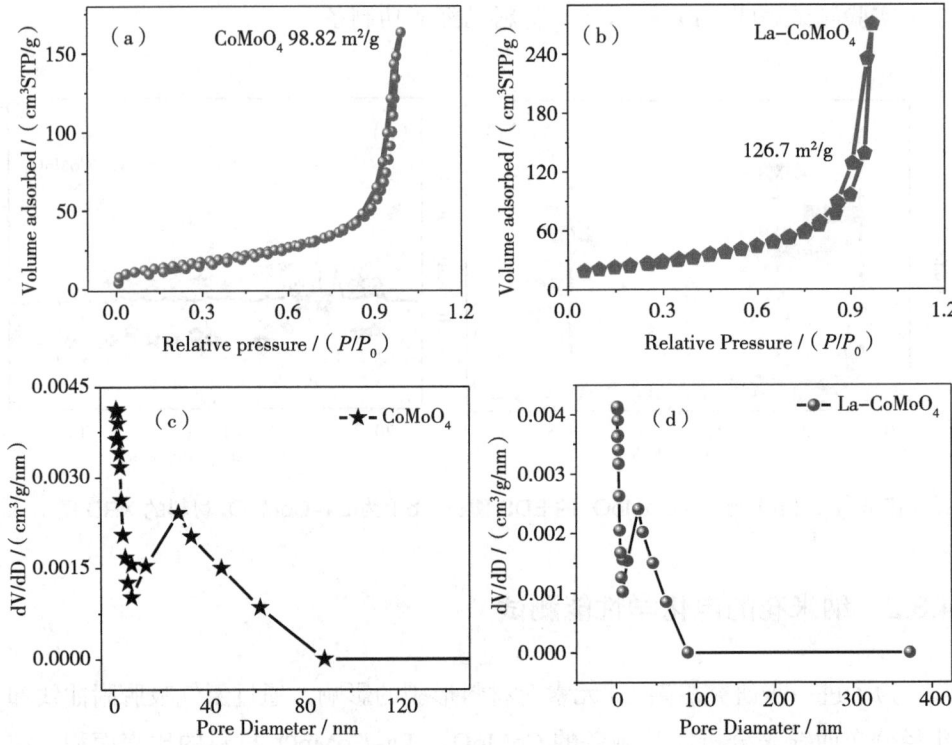

图4-5 （a）、（c）分别为 $CoMoO_4$ 的氮气吸脱附曲线和孔径分布曲线；（b）、（d）分别为 $La-CoMoO_4$ 的氮气吸脱附曲线和孔径分布曲线

对Ni、$CoMoO_4$、$La-CoMoO_4$花状纳米材料进行电化学测试，结果如图4-6所示。

图4-6（a）为在扫描速率在5 mV/s时，泡沫镍、$CoMoO_4$、$La-CoMoO_4$ 3种样品的CV曲线，电化学性能是由样品围成的面积大小决定的，3种样品中$La-CoMoO_4$的CV曲线围成的面积最大，因此电化学性能最好。泡沫镍围成的面积几乎为零，因此对材料电容性能的影响忽略不计。图4-6（b）为3种材料的充放电曲线，$La-CoMoO_4$纳米花状材料与泡沫镍、$CoMoO_4$相比具有更长的放电时间，我们进一步根据图4-6（b）得到3种样品的比电容，分别为40 F/g、1400 F/g、2248 F/g，经过3种样品比容量对比可以看出，$La-CoMoO_4$花状纳米结构材料具有更优异的电容性能，如图4-6（c）

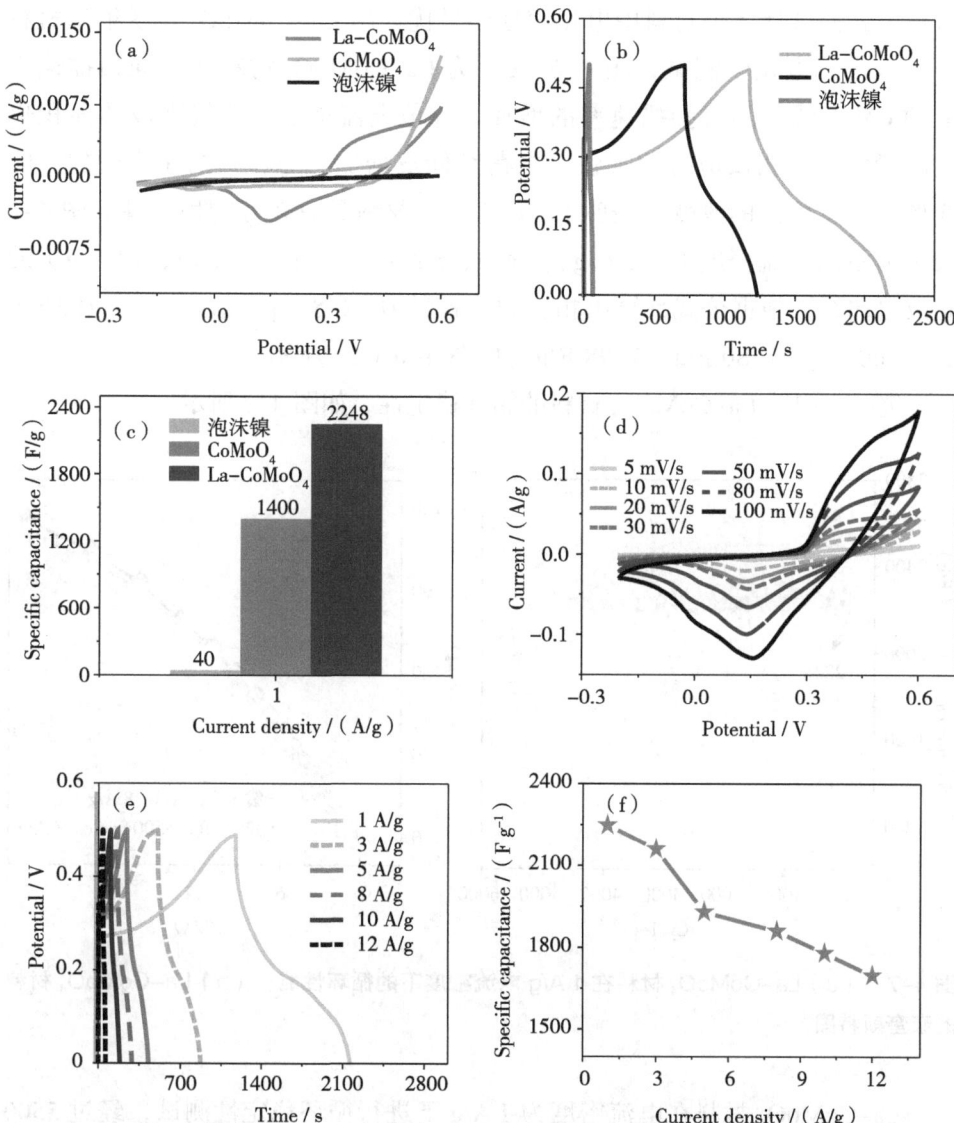

图4-6 （a）Ni、$CoMoO_4$、$La-CoMoO_4$ 在 4 mV/s 下的 CV 曲线；（b）泡沫镍、$CoMoO_4$、$La-CoMoO_4$ 在 4 A/g 电流密度下的 GCD 曲线；（c）泡沫镍、$CoMoO_4$、$La-CoMoO_4$ 在 1 A/g 下的比电容图；（d）$La-CoMoO_4$ 不同扫描速率下的 CV 曲线；（e）$La-CoMoO_4$ 在不同电流密度下的 GCD 曲线；（f）$La-CoMoO_4$ 材料在不同电流密度下的比电容图

所示。我们选择3种材料中电化学性能最优异的La-CoMoO₄花状纳米材料进一步进行电化学测试,图4-6(d)为La-CoMoO₄材料在不同扫描速率下的CV曲线,随着扫描速率的增加,峰值电流增加,曲线围成的面积也逐渐增大,表明反应过程加快,电荷存储量增加。随着扫描速率增加,曲线形状未发生大的改变,表明La-CoMoO₄材料具有较好的稳定性。图4-6(e)为不同电流密度下(1 A/g、3 A/g、5 A/g、8 A/g、10 A/g、12 A/g)的充放电曲线,根据公式计算出相应的比容量为2248 F/g、2160 F/g、1930 F/g、1860 F/g、1780 F/g、1698 F/g,如图4-6(f)所示。

进一步测试La-CoMoO₄材料的循环稳定性,如图4-7所示。

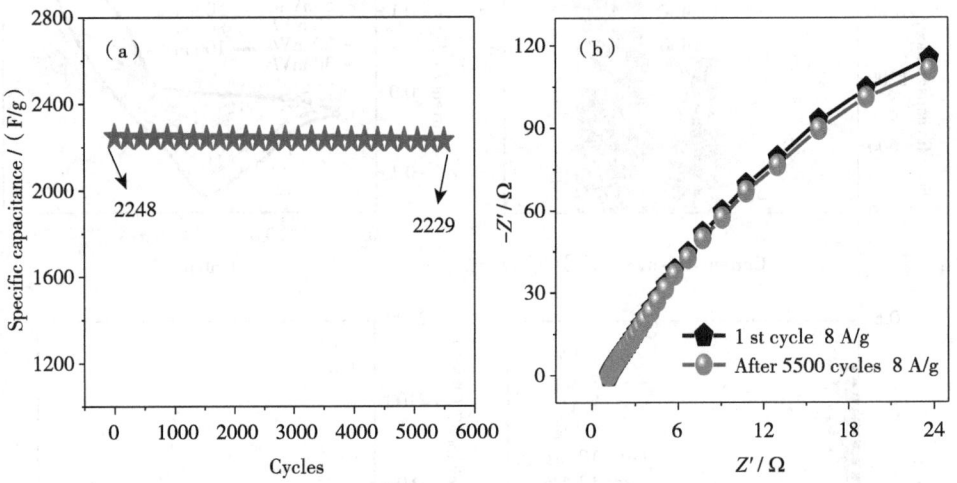

图4-7 (a)La-CoMoO₄材料在1 A/g电流密度下的循环性能;(b)La-CoMoO₄材料的奈奎斯特图

La-CoMoO₄材料在电流密度为1 A/g下进行循环稳定性测试,经过5500次循环后,比电容从2248 F/g下降至2229 F/g,比电容保持率为99.2%,材料表现出优异的循环稳定性能,如图4-7(a)所示。图4-7(b)为La-CoMoO₄纳米花材料第一圈和第5500圈的阻抗对比图,可以看出经过5500次循环后的扩散阻力略有变大,这是由于经过5500次循环后,活性材料脱落且不能与电解液充分反应导致的。

材料的倍率性能在实际应用中至关重要，因此，测试了实验制备的材料样品 La-CoMoO$_4$ 在不同倍率下的电化学性能，如图 4-8 所示。

图 4-8（a）为在电流密度不断改变后再回到初始状态下 La-CoMoO$_4$ 材料的比容量变化情况。当初始电流密度为 8 A/g 时，比容量为 1860 F/g，经过多次改变电流密度，再回到初始电流密度 8 A/g 时，比容量为 1856 F/g，电容保持率为 99.8%，比容量没有大的衰减，材料显示出较好的倍率性能和稳定性。图 4-8（b）为纳米花结构电极材料与离子、电子反应示意图，La-CoMoO$_4$ 电极材料有着优异电化学性能的原因如下：①泡沫镍本身具有良好的导电性，多孔泡沫镍有利于电解液在其表面扩散。② La-CoMoO$_4$ 直接生长在泡沫镍基底上，减少了粘结剂对导电性的影响。③花状结构提高了电极材料的比表面积，有利于离子、电子与电极材料充分接触，促进化学反应进行。

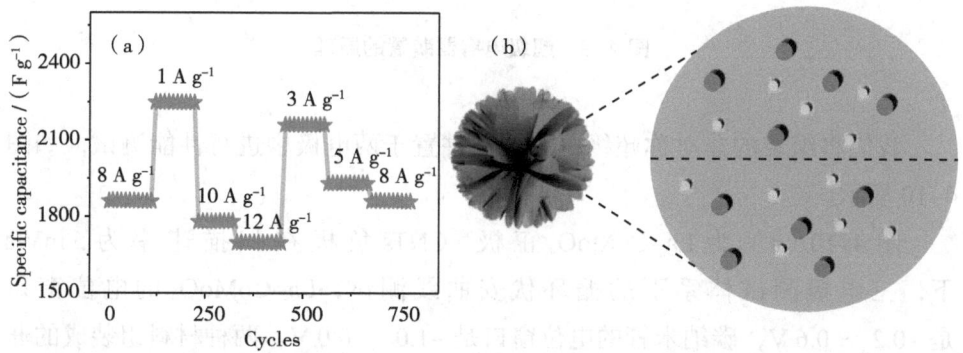

图 4-8 （a）不同电流密度下 La-CoMoO$_4$ 材料的速率和周期性能；（b）相应的反应机理

4.3.3 非对称型器件电化学性能测试

实验中我们进一步研究以 La-CoMoO$_4$ 作为正极、CNTs 作为负极，组装而成 La-CoMoO$_4$//CNTs 非对称型器件，组装的非对称型器件示意如图 4-9 所示。

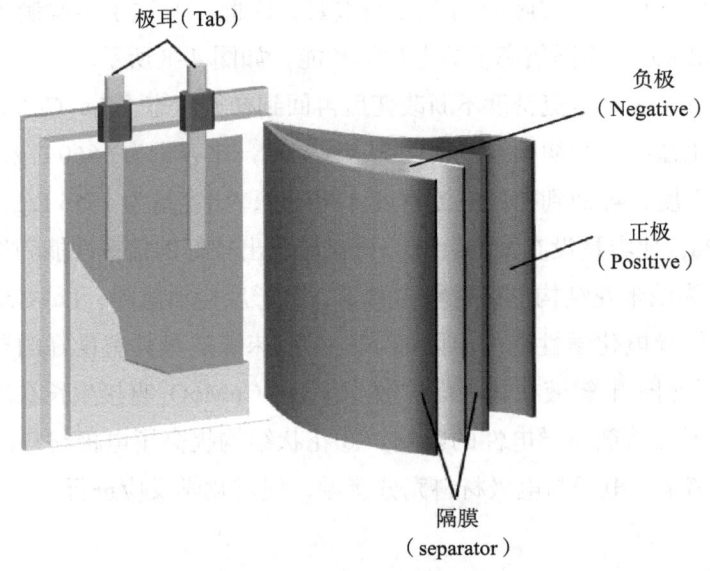

图 4-9　超级电容器装置的原理

我们将组装的非对称超级电容器器件置于两电极中进行性能测试，如图 4-10 所示。

图 4-10（a）为 La-CoMoO$_4$ 正极、CNTs 负极在扫描速率为 5 mV/s 下，三电极测试体系下的循环伏安曲线测试，La-CoMoO$_4$ 的电位窗口是 $-0.2 \sim 0.6$ V，碳纳米管的电位窗口是 $-1.0 \sim 0.0$ V。两种材料组装成的非对称超级电容器器件的电压窗口是正极电压窗口与负极电压窗口的差值，因此两种材料组装成的非对称型器件的理论电压窗口为 $-1.0 \sim 0.6$ V。我们将实验组装的 La-CoMoO$_4$/Ni//CNTs/Ni 超级电容器器件置于两电极系统中，在扫描速率为 5 mV/s 下进行性能测试。图 4-10（b）为不同电压下（0.8 V、1.0 V、1.2 V、1.4 V、1.6 V），在 5 mV/s 扫描速率下，器件的循环伏安测试曲线，从图中可以看出，电压窗口为 $0 \sim 1.6$ V 时，循环伏安曲线未发生明显变化，实验进一步测试 La-CoMoO$_4$/Ni//CNTs/Ni 器件在电压窗口为 1.6 V 时，不同扫描速率下（10 mV/s、30 mV/s、50 mV/s、80 mV/s、100 mV/s）的循环伏安曲线。如图 4-10（c）所示，随着扫描速率逐渐增大，峰电流逐渐增大，曲线

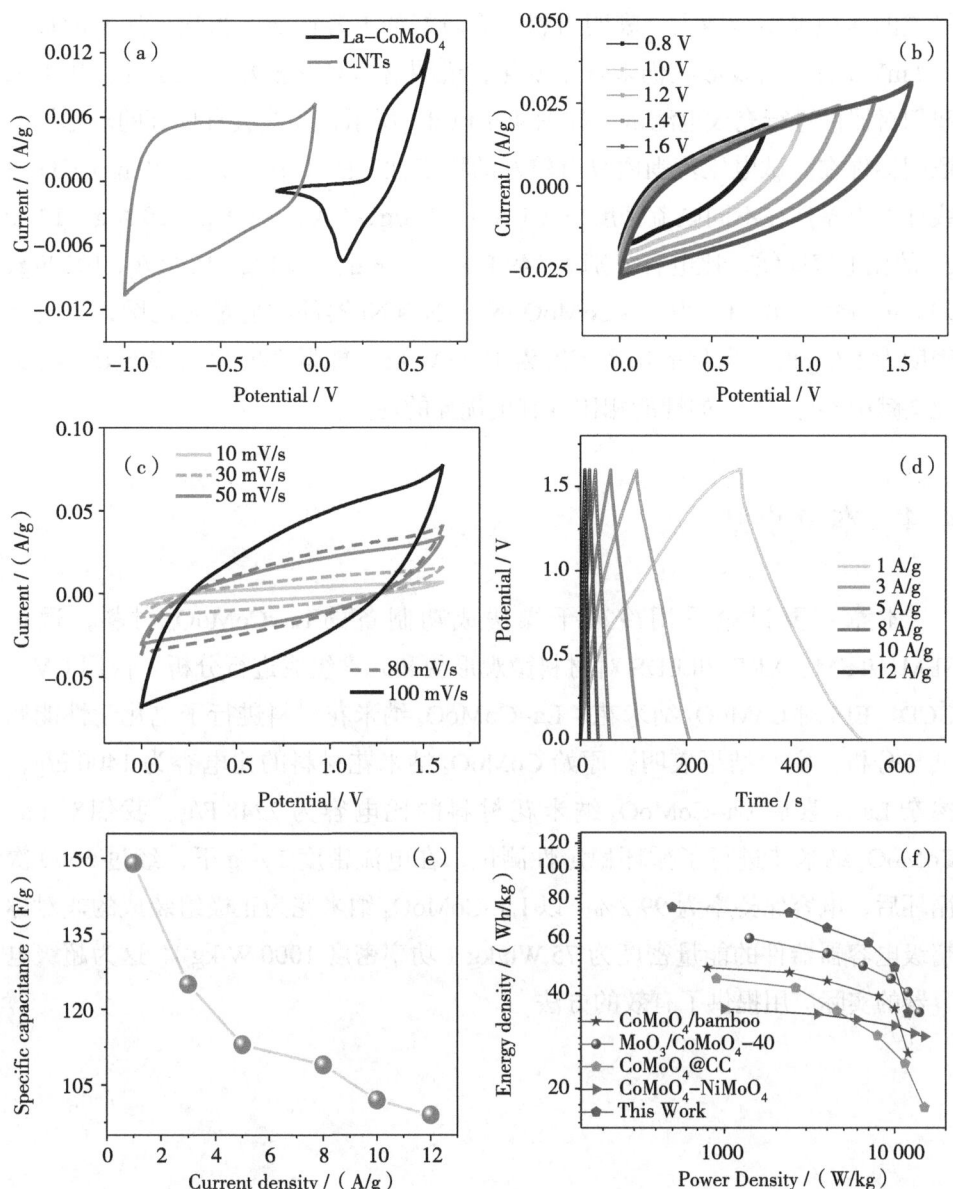

图4-10 （a）La-CoMoO$_4$、CNTs 在 4 mV/s 下的 CV 曲线；（b）La-CoMoO$_4$//CNTs 在不同电压下的 CV 曲线；（c）La-CoMoO$_4$//CNTs 在不同扫描速率下的 CV 曲线；（d）不同电流密度下 La-CoMoO$_4$//CNTs 的 GCD 曲线；（e）La-CoMoO$_4$//CNTs 的比容量曲线；（f）La-CoMoO$_4$//CNTs 与其他储能器件相比的能量密度和功率密度的拉贡图

围成的面积也逐渐增大，表明材料具有较好的电容性能。当扫描速率增加到 100 mV/s 时，曲线形状仍未发生变化，说明材料具有较好的稳定性。接下来我们对器件进行充放电测试，如图 4-10（d）所示，曲线具有良好的对称性，证明器件在测试电压范围内具有较好的稳定性。图 4-10（e）为根据 GCD 曲线计算出器件在不同电流密度下（1 A/g、3 A/g、5 A/g、8 A/g、10 A/g、12 A/g）的比电容曲线，比电容分别为 149 F/g、125 F/g、113 F/g、109 F/g、102 F/g、99 F/g。图 4-10（f）为 La-CoMoO$_4$/Ni//CNTs/Ni 器件的能量对比图，当电流密度为 1 A/g 时，器件的功率密度为 1000 W/kg，能量密度为 75 Wh/kg。与其他文献中器件[86-89]的性能相比具有更优异的性能。

4.4　本章小结

本章主要讨论采用冷冻干燥法成功制备的 La-CoMoO$_4$ 材料，通过 SEM、TEM、XRD 和 EDS 对材料微观形貌和元素组成进行分析。使用 CV、GCD、EIS 对 CoMoO$_4$ 纳米花、La-CoMoO$_4$ 纳米花材料进行了电化学性能测试与分析。实验结果表明，原始 CoMoO$_4$ 纳米花材料的比电容为 1400 F/g，掺杂 La 元素后 La-CoMoO$_4$ 纳米花材料的比电容为 2248 F/g。我们对 La-CoMoO$_4$ 纳米花进行了循环稳定性测试，在电流密度 1 A/g 下，经过 5500 次循环后，电容保持率为 99.2%。以 La-CoMoO$_4$ 纳米花为正极组装成的非对称超级电容器器件的能量密度为 75 Wh/kg（功率密度 1000 W/kg）。这为超级电容器的实际应用提供了有效的方法。

5 Sc掺杂的钼酸钴/碳纤维复合多孔片状材料的制备及电容性能研究

5.1 引言

能源的开发、储存与合理利用是人类社会发展与进步的基本条件。在"碳达峰""碳中和"的背景下,我国对化石能源的开发与利用,不仅不能满足科学技术与社会发展的需要,而且还造成了严重的环境污染和温室效应[90-92]。自从人类步入工业时代,电力就是最方便的一种能源,将其他新能源转化为电能并储存起来,已经被认为是第一选择。另外,移动电话、便携式计算机、新能源汽车等3C电子产品也需要储能装置来供能。但是,电力具有难以存储的致命缺点。为了实现能源的有效储存与使用,必须设计出一种高效率、高稳定性的储能器件。超级电容器具有使用寿命长、功率密度大、充电速度快、环保等优点[93-96]。

根据电荷存储机理,超级电容器分为双电层电容器和法拉第赝电容器两大类,超级电容器中的法拉第赝电容器,能够进行氧化还原反应,从而提高能量密度。电化学性能和催化效率与材料的微观结构密切相关。纳米片、纳米线、纳米针和纳米管等微结构会影响材料的比表面积和离子扩散距离[97-98]。因为它们具有更大的表面积、更好的渗透性和更多的表面活性位点。电极材料的选择对于电容性能也有一定的影响。在众多的电极材料种类中,过渡金属氧化物因其具有较高的电容特性,且来源丰富,已成为电容器电极材料的研究热点之一。近年来,二元金属氧化物[99]因其具有多价态并且具有较高的比容量和循环稳定性等优点而备受关注。其中,钼酸钴[100-101]($CoMoO_4$)与单一的金属氧化物相比,钼酸钴作为二元金属氧化物在电化学能源存储方面具有高的氧化还原反应活性、较好的导电性、优异的倍率性能和循环稳定性等特点,被认为是一种极具潜力的超级电容器电极材料,但是其比容量和储能性能仍有待提高。通过掺杂Sc元素,不仅可以改善其比容量,而且可以有效地储存电能,且不会降低其使用寿命和导电性。

本章以钪元素掺杂钼酸钴为研究对象,通过常温搅拌法,合成出具有多孔片状结构的钪掺杂钼酸钴复合材料。这类材料具有丰富的孔洞结构,有利于电解液中的离子与电子的传输。结果表明,合成的钼酸钴具有均一的网络结构,没有其他杂质峰,也没有其他杂质,具有较高的纯度。在1 A/g条件下,

Sc–CoMoO$_4$/CF 电极材料的比电容是 2095 F/g，在 100 次循环后，其比电容达到 2080 F/g，是初始比电容的 99.3%，表明电极材料具有良好的稳定性。在测试 Sc–CoMoO$_4$/CF//CNTs 器件循环稳定性的实验中，当电流密度为 1 A/g 时，比电容为 176 F/g，进行 10 000 次循环充放电测试后，比电容变为 162 F/g，与初始比电容相比变化不大，达到 92%，说明其具有较高的充放电性能和较高的循环稳定性。

5.2 材料与方法

5.2.1 仪器

本研究使用扫描电镜（SEM，型号 S4800，加速电压 0.1～30 kV、放大倍数 20～800 000）和透射电镜（TEM，JEM–2100F）来观察样品的微观形貌；X 射线衍射仪（XRD，XRD–700）分析制备材料的物相结构；X 射线能谱仪（EDS，JEM–2100Plus）对制备样品的元素成分进行分析；采用多通道工作站（1470E CellTest）及电化学阻抗测试系统（LEIS370/470）。

5.2.2 CoMoO$_4$ 的制备

首先，取 3.5 mmol CoCl$_2$·6H$_2$O 溶于 35mL 的去离子水中，随后，将 2 mmol Na$_2$MoO$_4$·2H$_2$O 逐步加入溶液中，同时，再加入 1 cm^2 的碳布（碳纤维组合）导电基底，使用磁力搅拌器搅拌 5 h，取出制备样品，然后用无水乙醇和去离子水反复洗涤。将清洗后的样品转移到烘箱中于 50 ℃干燥 5 h，得到 CoMoO$_4$/CF 的前驱体。最后，将 CoMoO$_4$ 前驱体置于马弗炉中，室温加热至 400 ℃，保温 2 h，得到 CoMoO$_4$/CF 电极材料。

5.2.3 Sc–CoMoO$_4$/CF 材料的制备

将上述得到的 CoMoO$_4$/CF 材料溶于 35 mL 的去离子水中，将 Sc(NO$_3$)$_2$·

$6H_2O$ 溶液逐滴加入溶液中，使用磁力搅拌器搅拌 3 h，取出制备样品，然后用无水乙醇和去离子水反复洗涤。将清洗后的样品转移到烘箱中于 60 ℃干燥 5 h，得到 Sc-CoMoO$_4$/CF 的前驱体。最后，将 Sc-CoMoO$_4$/CF 前驱体置于马弗炉，室温加热至 400 ℃，保温 2 h，得到 Sc-CoMoO$_4$/CF 电极材料。实验中多孔 Sc-CoMoO$_4$/CF 的制备如图 5-1 所示。

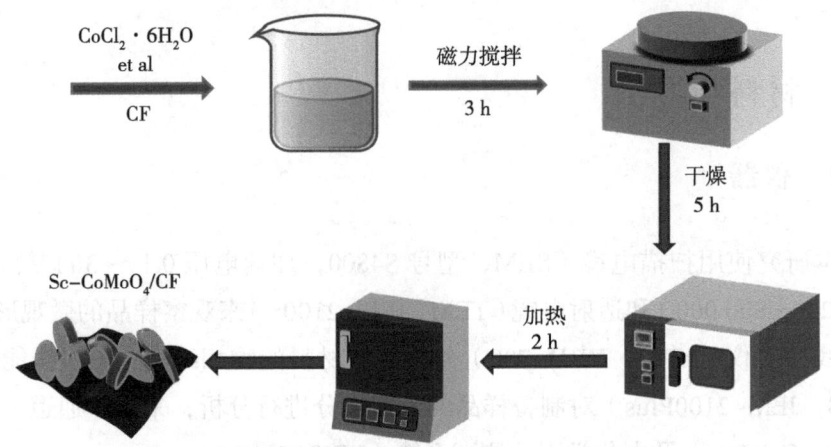

图 5-1 多孔 Sc-CoMoO$_4$/CF 材料制备过程示意

5.2.4 非对称超级电容器的组装

非对称型电化学电容器组装：以多孔 Sc-CoMoO$_4$/CF 复合材料作为正极，碳纳米管（CNTs）作为负极，KOH 作为电解液、在正极和负极之间加一个隔膜，制备得到多孔 Sc-CoMoO$_4$/CF//CNTs 非对称型器件。其中涉及相关计算公式如下：

$$C_S = I\Delta t/(m\Delta V), \tag{5-1}$$

$$E = 0.5\, C_s \Delta V^2, \tag{5-2}$$

$$P = 3600E/\Delta t, \tag{5-3}$$

$$Q = C_s \Delta Vm, \tag{5-4}$$

$$m^+/m^- = C^-\Delta V^-/(C^+\Delta V^+), \tag{5-5}$$

式中：C_s 为比容量（F/g）；I 为放电电流（A）；Δt 为放电时间（s）；ΔV 为放电过程压降（V）；m 为活性材料质量（g）；E 为能量密度（Wh/kg）；P 为功率密度（W/kg）；Q 为电荷（C）；C 为电容（F）。

5.3 结果分析与讨论

5.3.1 纳米片的形貌表征与测试

实验中制备的电极材料的微观形貌如图 5-2 所示。

图 5-2 （a～b）Sc-CoMoO$_4$/CF 材料在不同放大倍数下的 SEM 图；
（c～f）Sc-CoMoO$_4$/CF 纳米材料的 TEM 图和 HRTEM 图

图 5-2（a～b）是 Sc-CoMoO$_4$/CF 材料在不同放大倍数下的扫描电镜图。由图中可以看出，常温搅拌法制备的 Sc-CoMoO$_4$/CF 复合材料呈片状分

布，相互堆叠在一起形成孔隙结构。为了进一步观察材料的微观结构，对 Sc-CoMoO$_4$/CF 复合材料进行了透射电镜（TEM）测试，观察其微观结构，结果如图 5-2（c～d）所示。由图 5-2（c）中可以看出内部区域有明显的多孔结构，这表明已形成了材料的多孔性结构。从图 5-2（d）HRTEM 图可以看出，晶格条纹的晶面间距为 0.21 nm 和 0.34 nm，分别对应于 Sc-CoMoO$_4$/CF 的（222）晶格面和（002）晶格面。研究发现，所得产物为单晶化合物。

进一步对 Sc-CoMoO$_4$/CF 材料的物相结构及成分元素进行分析，结果如图 5-3 所示。

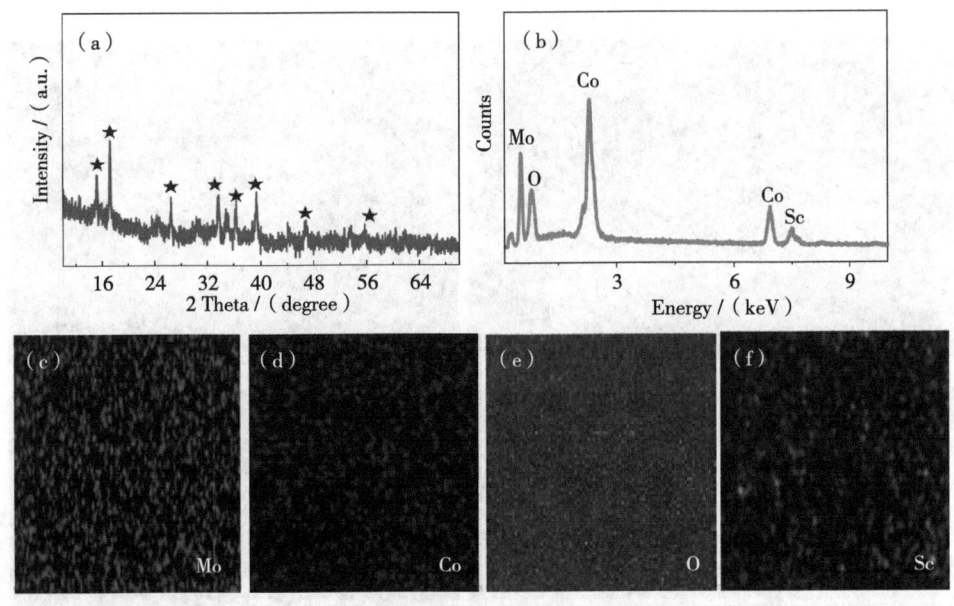

图 5-3 （a）多孔 Sc-CoMoO$_4$/CF 纳米材料的 XRD 谱图；（b）多孔 Sc-CoMoO$_4$/CF 材料 EDS 谱；（c～f）Sc-CoMoO$_4$/CF 材料的元素分布图

图 5-3（a）是多孔 Sc-CoMoO$_4$/CF 材料的 X 射线衍射（XRD）测试结果，显示为 CoMoO$_4$ 晶体结构，其被确认为 CoMoO$_4$（PDF，Card No. 21-0868），表明成功制备出多孔 Sc-CoMoO$_4$/CF 片状材料。图 5-3（b）为多孔 Sc-CoMoO$_4$/CF 的 EDS 分析，只检测到了 Sc、Mo、Co 和 O 元素，多孔 Sc-CoMoO$_4$/CF 材料的 TEM 元素分布图，如图 5-3（c～f）所示，从图中可以看出制得的材料包

含元素 Mo、Co、O 和 Sc。以上结果表明，所制备的材料未有其他杂质元素出现。

5.3.2 纳米片的电化学性能测试

在实验中，进一步测试了碳纤维导电基底、$CoMoO_4$/CF 和 Sc-$CoMoO_4$/CF 的电化学性能，如图 5-4 所示。

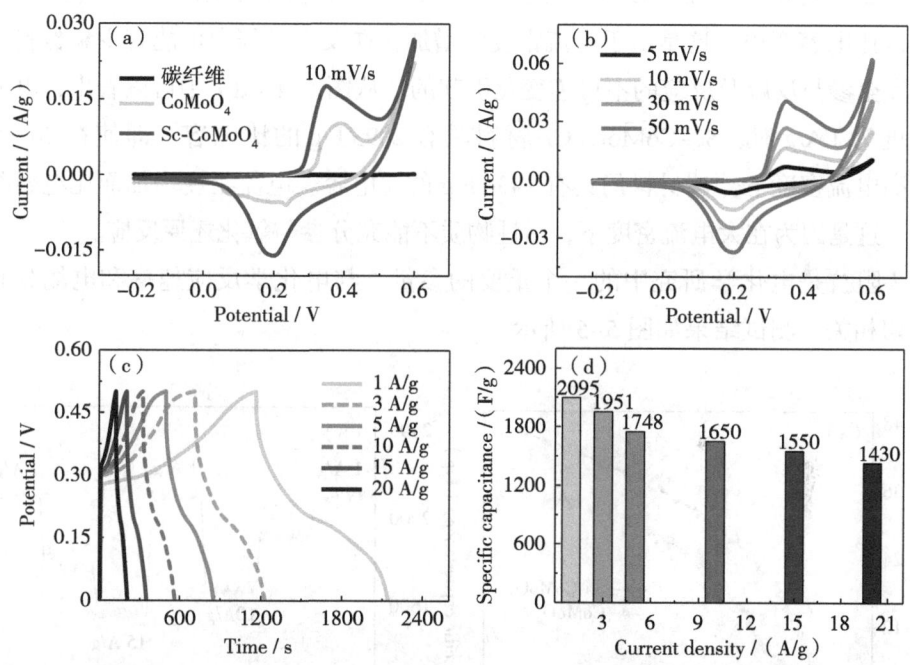

图 5-4 （a）在 10 mV/s 扫描速率下碳纤维、$CoMoO_4$/CF、Sc-$CoMoO_4$/CF 的 CV 曲线图；（b）在 5 mV/s、10 mV/s、30 mV/s、50 mV/s 扫描速度下 Sc-$CoMoO_4$/CF 复合材料的 CV 曲线图；（c）在不同电流密度下 Sc-$CoMoO_4$/CF 复合材料的充/放电图；（d）在不同电流密度下 Sc-$CoMoO_4$/CF 复合材料的比电容图

在 10 mV/s 扫描速率下，碳纤维导电基底、$CoMoO_4$/CF 和 Sc-$CoMoO_4$/CF 循环伏安（CV）曲线，如图 5-4（a）所示。结果表明，Sc-$CoMoO_4$/CF 电极材料的峰电流和峰面积最大，表明 Sc-$CoMoO_4$/CF 比 $CoMoO_4$ 材料和碳

纤维材料具有更高的电化学活性和比电容。图 5-4（b）是分别在 5 mV/s、10 mV/s、30 mV/s、50 mV/s 下 Sc-CoMoO$_4$/CF 的循环伏安曲线，从图中可以看出，Sc-CoMoO$_4$/CF 循环伏安曲线中出现了一对明显的氧化还原峰，这表明该材料是赝电容存储机制，具有相似的线型，并且这些曲线在 5～50 mV/s 的扫描速率下保持原始形状，表明电极具有理想的快速离子和电子传输能力。图 5-4（c）是 Sc-CoMoO$_4$/CF 材料在 1 A/g、3 A/g、5 A/g、10 A/g、15 A/g、20 A/g 电流密度下的充放电测试结果，随着电流密度的增大，放电时间缩短，比电容变小。这是由于电流密度的增加，在反应过程中可能有少量材料不能完全参与反应及反应的不可逆变化引起的。从图 5-4（d）中可以看出，电流密度为 1 A/g 时，Sc-CoMoO$_4$/CF 材料具有 2095 F/g 的比电容，即使在 20 A/g 的高电流密度下，该材料仍具有 1430 F/g 的比电容。电流密度增加而比电容降低。这是因为在大电流密度下，活性物质不能充分参与氧化还原反应。

阻抗是电化学研究中的一个重要的参量，与电化学反应速率和电场分布密切相关，测试结果如图 5-5 所示。

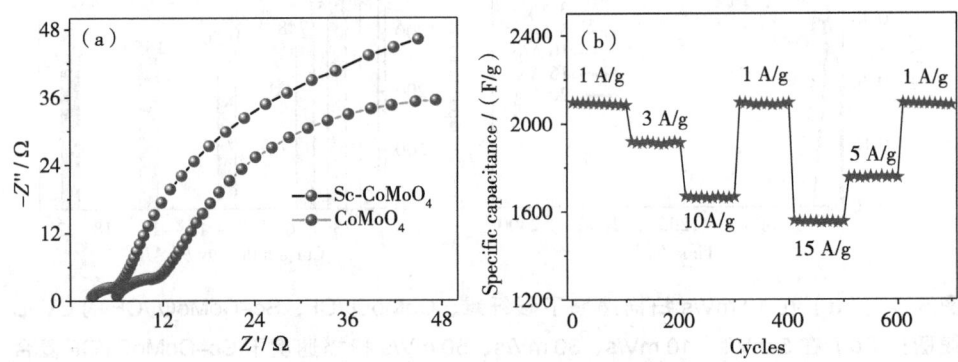

图 5-5　（a）CoMoO$_4$/CF 和 Sc-CoMoO$_4$/CF 复合材料的奈奎斯特图；（b）Sc-CoMoO$_4$/CF 复合材料在不同电流密度下的速率和循环性能

图 5-5（a）是 CoMoO$_4$/CF 和 Sc-CoMoO$_4$/CF 电极的奈奎斯特图，图中的曲线由高频与低频组成，在高频区域，测试图像显示出一个半圆，高频区类似于半圆的曲线直径表示为 R_{ct}，从图中可以看出 Sc-CoMoO$_4$/CF 曲线的直径

要大于 CoMoO$_4$/CF，表明 Sc-CoMoO$_4$ 材料具有良好的电荷转移能力，横轴数值表示 R_s，其值可根据曲线和横轴的截距进行读取，结果证明 Sc-CoMoO$_4$/CF 材料具有良好的导电性。为了检测材料在不同倍率下的使用性能，对制备的 Sc-CoMoO$_4$/CF 电化学性能进行测试。图 5-5（b）是 Sc-CoMoO$_4$/CF 材料在不同电流密度下的循环稳定性测试结果。在电流密度为 1 A/g 的前 100 个循环中，该结构显示出 2095 F/g 的稳定比电容。在连续改变电流密度（每个电流密度下的循环次数为 100 次）后，比电容再恢复到 1 A/g 时，比电容为 2080 F/g，损耗非常小，表明 Sc-CoMoO$_4$/CF 材料具有优异的循环稳定性。

为了进一步研究 Sc-CoMoO$_4$/CF 材料的实际应用价值，我们组装了 Sc-CoMoO$_4$/CF//CNTs 不对称超级电容器。首先，实验对负极材料进行测试，探究不同电流下该材料电化学性能，如图 5-6 所示。

图 5-6（a）是 CNTs 电极材料在不同电流密度下的恒定电流充电和放电测试结果。在 -1 ~ 0 V 电压下，CNTs 电极材料在 1 ~ 20 A/g 的电流密度下的充放电曲线形状几乎是对称的，这表明它们具有优异的电化学可逆性和高库仑效率。图 5-6（b）呈现了在不同电流密度下电极的比电容曲线图。当电流密度从 1 A/g 升至 20 A/g 时，比电容从 262 F/g 降至 152 F/g，留存率达到 57%，这表明由碳纳米管组成的负极材料具有良好的电化学性能，随着电流密度的增加，比电容降低。随着放电电流密度增加而电容降低，可能是由电极的电阻和活性材料在较高放电电流密度下法拉第氧化还原反应不足导致的。

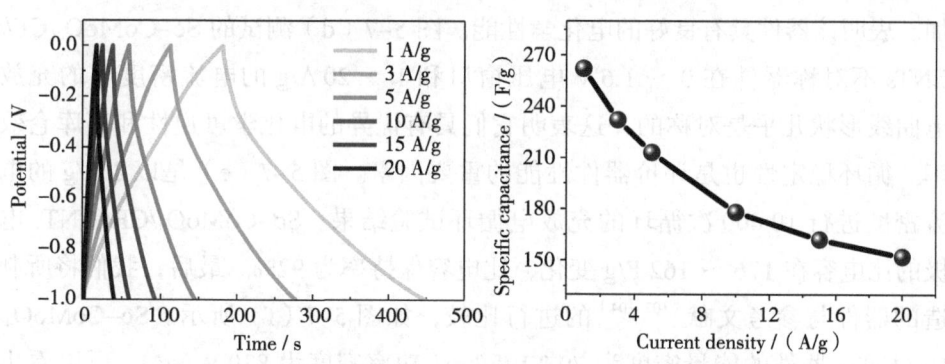

图 5-6　CNTs 电极在不同电流密度下的充电/放电曲线

5.3.3 非对称型器件电化学性能测试

为了进一步探究该材料组成的超级电容器的电容性能。我们得到如图 5-7 所示的实验结果。

图 5-7（a）为碳纳米管（CNTs）电极与钪－钼酸钴（Sc-CoMoO$_4$/CF）电极材料的 CV 曲线。从图中可以看出，Sc-CoMoO$_4$/CF 电极的最高电压为 0.6 V，CNTs 电极的电压最低为 -1 V，因此，Sc-CoMoO$_4$/CF 和 CNTs 制备的不对称装置的理论电位窗为 1.6 V［0.6-（-1.0）=1.6］。同时，以 Sc-CoMoO$_4$/CF 为正极，以碳纳米管为负极，制备了 Sc-CoMoO$_4$/CF//CNTs 非对称型器件。图 5-7（b）显示了在 0～1.0 V、0～1.2 V、0～1.4 V、0～1.6 V 各个电压窗口下以 5 mV/s 的扫描速率对器件 Sc-CoMoO$_4$/CF//CNTs 进行的 CV 曲线测试图。从图中可以看出，在扫描速率为 5 mV/s，工作电压窗口为 0～1.6 V 时，不会发生极化，说明器件在 1.6 V 时可以正常工作，与理论点位窗口一致。因此，我们在 0～1.6 V 的电压窗下研究 Sc-CoMoO$_4$/CF//CNTs 非对称型器件的电化学性能。并且，随着窗口电压的增大，曲线的面积也有一定比例的增大，表明器件的比电容随着电压的增大而增大。图 5-7（c）描述了 Sc-CoMoO$_4$/CF//CNTs 在 1.6 V 的电压窗口下和不同扫描速率下的 CV 曲线，从图中可以看出，这些 CV 曲线显示了明显的赝电容性能，具有相似的线形，并且这些曲线在 5～30 mV/s 的扫描速率下保持原始形状，表明电极具有理想的离子和电子传输速度。曲线面积和峰值电流随扫描速度的增加呈线性增加。表明该器件具有良好的电化学性能。图 5-7（d）测试的 Sc-CoMoO$_4$/CF//CNTs 不对称器件在 0～1.6 V 电压窗口和 1～20 A/g 的电流密度下的充放电曲线形状几乎是对称的，这表明它们具有优异的电化学可逆性和高库仑效率。循环稳定性也是评价器件性能的重要因素。图 5-7（e）是以 1 A/g 的电流密度进行 10 000 次循环的充放电循环试验结果。Sc-CoMoO$_4$/CF//CNTs 电极的比电容在 176～162 F/g 变化，比电容保持率为 92%。最后，我们将所制造的器件与参考文献[102-104]的进行比较，如图 5-7（f）所示。Sc-CoMoO$_4$/CF//CNTs 器件的能量密度为 70.2 Wh/kg（功率密度为 830 W/kg），可以看出本章制备的器件具有较高的能量密度和功率密度。

上 篇 钼酸盐基纳米材料的设计及其在超级电容器中的仿真研究

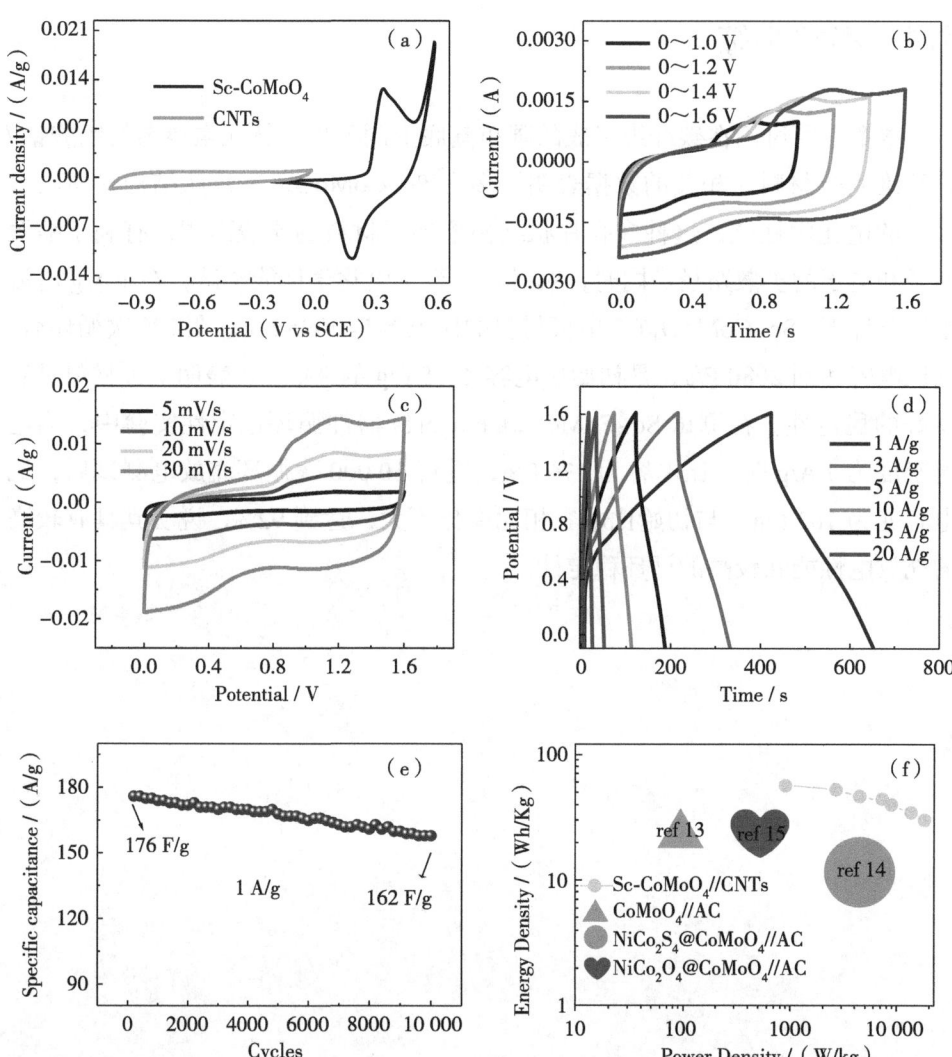

图 5-7 （a）Sc-CoMoO$_4$/CF 和 CNTs 电极的 CV 曲线图；（b）Sc-CoMoO$_4$/CF//CNTs 器件在不同电位窗口下的 CV 曲线图；（c）Sc-CoMoO$_4$/CF//CNTs 器件在 0~1.6 V 电位窗口下不同扫描速率下的 CV 曲线图；（d）Sc-CoMoO$_4$/CF//CNTs 器件在不同电流密度下的充放电曲线；（e）Sc-CoMoO$_4$/CF//CNTs 器件在 1 A/g 电流密度下 10 000 次循环性能；（f）Sc-CoMoO$_4$/CF//CNTs 器件与其他器件对比图

5.4 本章小结

本章主要讨论在碳纤维组成的碳布基底上制备出的钪元素掺杂的钼酸钴/碳纤维复合材料。相关的数据表明，多孔 Sc–CoMoO$_4$/CF 片状结构材料具有优异的电化学性能，这种多孔片状结构增加了材料的比表面积，有利于缩短离子和电子的扩散路径。同时，对材料进行了电化学性能测试，在 1 A/g 电流密度条件下，Sc–CoMoO$_4$/CF 电极材料的比电容是 2095 F/g，在 100 次循环后，其比电容达到 2080 F/g，是初始比电容 2095 F/g 的 99.3%，表明电极材料具有良好的稳定性。在测试 Sc–CoMoO$_4$/CF//CNTs 器件循环稳定性实验中，当电流密度为 1 A/g 时，比电容为 176 F/g，进行 10 000 次循环充放电测试后，比电容变为 162 F/g，与初始比电容相比变化不大，达到 92%，说明其具有较高的充放电性能和较高的循环稳定性。

6 Ce 掺杂纳米钼酸钴的制备及其电容性能研究

6.1 引言

近年来,随着工业技术不断发展,能源需求日益增加,环境问题也日益凸显,因此清洁能源成为研究热点。常用的清洁能源有风能、水能、太阳能、潮汐能等,电能因其能够满足不同场合的需要,环保无污染,对于电能的开发和使用备受研究者们的青睐[105]。目前,主要的电储能器件有超级电容器[106-107]、锂离子电池[108-109]、燃料电池[110-111]等。超级电容器,也被称为电化学电容器,是作为储能器件的一种,性能介于传统电容器和可再生电池之间。相对于传统电容器,超级电容器具有比容量高和能量密度大等优点;相对于可再生电池,它的功率密度高、充电时间短、循环寿命更长。超级电容器的概念由 Beeker 于 1957 年提出,将大量电能储存在物质表面,使得其可以如电池一般用于实际应用[112]。为了满足当前社会对超级电容器的性能需求,本章的工作重心集中在研发出更大储电能力、更快充放电效率、成本低且性能优异的超级电容器。

金属钼酸盐具有稳定的晶体结构、优异的物理/化学性质及高导电性,这使得其在储能领域有着巨大的潜力。此外,$CoMoO_4$ 作为一种价格低廉、资源丰富且具有较高赝电容的金属钼酸盐,近年来受到广泛关注。王晶[113]制备出 $CoMoO_4$ 微球,其在 1 A/g 电流密度下的比电容为 1902 F/g。Maryam 等[114]制备出核壳型 $CoMoO_4$,在 1 A/g 的电流密度下具有比电容 1548 F/g。Nandagopal 等[115]制备出棒状 $CoMoO_4$,在 1 A/g 的电流密度下具有比电容 1425 F/g。结合以上研究,本章采用一步低温水浴加热法制备具有三维结构的 Ce-$CoMoO_4$ 多孔片。研究了合成材料的电化学性能。在电流密度为 1 A/g 时,测试材料在 8000 次循环后比电容为 156 F/g,为初始比电容 159 F/g 的 98.11%。Ce-$CoMoO_4$//CNTs 非对称型器件可以提供最大 75.8 Wh/kg 的能量密度和 890 W/kg 的功率密度。这些研究结果表明,制备的 Ce-$CoMoO_4$ 具有优异的电容性能。本章结构分为以下 3 个部分:①实验制备及表征测试;② Ce-$CoMoO_4$ 纳米复合材料单电极性能测试研究;③ Ce-$CoMoO_4$//CNTs 非对称型器件性能研究。

6.2 材料与方法

6.2.1 仪器及药品

本实验使用扫描电镜（SEM，产自日立公司，型号 S4800、加速电压 0.1～30 kV、放大倍数 20～800 000、视野范围 6 mm、X 射线参数 8.5 mm WD、35°接收角、压力范围 10～400 Pa、盛放样品最大高度 100 nm、盛放样品最大直径 200 nm）和透射电镜（TEM，JEM-2100F，产自日本 JEOL 公司）；X 射线衍射仪（XRD，XRD-700，产自日本岛津公司）；X 射线能谱仪（EDS，JEM-2100Plus，产自日本 JEOL 公司）；采用多通道工作站（1470E CellTest，产自天津普瑞斯达科技有限公司）及电化学阻抗测试系统（LEIS370/470，产自思奇科技发展有限公司）对制备的 Ce-$CoMoO_4$ 纳米片状结构材料成分进行分析；原材料药品为 $CoCl_2·6H_2O$，$Na_2MoO_4·2H_2O$。

6.2.2 $CoMoO_4$ 片状结构材料的制备

在实验中，我们使用分析纯的药品进行操作。首先，取 3.5 mmol $CoCl_2·6H_2O$ 溶于 35 mL 的去离子水中，使用磁力搅拌器在室温下进行磁力搅拌直到完全溶解。随后，取 3.5 mmol $Na_2MoO_4·2H_2O$ 溶于 35 mL 的去离子水中，再次磁力搅拌至溶解。然后，将 $CoCl_2·6H_2O$ 溶液逐滴地加入到 $Na_2MoO_4·2H_2O$ 溶液中，使两者完全混合。再将混合后的溶液倒入含有聚四氟乙烯的水热反应釜内胆中，恒温干燥箱的温度设置为 150 ℃，反应时间设定为 7 h，在此条件下进行反应。这一系列反应结束后，待此容器的温度冷却至室温后，将水热反应釜打开，然后使用无水乙醇和去离子水进行反复洗涤，并使用离心机进行分离。清洗后，将样品转移到 60 ℃ 的烘箱中干燥 6 h，得到 $CoMoO_4$ 的前驱体。最后，将 $CoMoO_4$ 前驱体置于马弗炉中进行热处理，室温加热至 400 ℃，保温 2 h，以制备 $CoMoO_4$ 纳米材料样品粉末。

6.2.3　Ce-CoMoO₄材料的制备

在 35 mL 的去离子水中溶入 3.5 mmol CoCl₂·6H₂O 和按铈钴元素相应的摩尔比称取的六水合氯化铈，在常温条件下，通过磁力搅拌器将其搅拌至完全溶解，形成溶液 A。同时，在 35 mL 的去离子水中溶入 3.5 mmol Na₂MoO₄·2H₂O，使用磁力搅拌器搅拌直至完全溶解。随后，缓慢地将 A 溶液滴入 Na₂MoO₄·2H₂O 溶液中，使两者充分混合并溶解。当反应完成后，进行与 6.2.2 相同的处理步骤，最终获得 Ce-CoMoO₄ 纳米材料样品粉末。

6.2.4　超级电容器的组装

将获得的样品作正极，CNTs 作负极组装成非对称超级电容器。凝胶电解质的制备过程如下：在持续的磁力搅拌下，称取 15 mL 去离子水，加入 2 g PVA。同时在 80 ℃下搅拌 30 min。然后，将 2 g KOH 溶解到 5 mL 去离子水中并加入上述溶液中[116]。组装之前，将电极材料浸入 PVA-KOH 电解液中浸泡 20min。然后，使用隔膜将阴极与阳极分离，并用铝塑膜封装。

6.3　结果分析与讨论

6.3.1　SEM、TEM表征

CoMoO₄、Ce-CoMoO₄ 多孔片的形貌特征如图 6-1 所示。

根据 SEM 图，我们可以得知 CoMoO₄ 纳米材料显现出片状结构，如图 6-1（a）所示。图 6-1（b）为高倍的 SEM 图，可以看出，CoMoO₄ 片状结构大小不一，由很多片状结构相互交织并且有孔隙形成的微观结构。这种 CoMoO₄ 片状结构材料具有一种独特的表面形貌，由许多光滑的锯齿状纳米薄片相互交织组成，形成了具有网络状多孔性结构[117]。图 6-1（c）为 Ce 掺杂的 CoMoO₄ 纳米材料低倍数下的 SEM 图像，也可看到，Ce-CoMoO₄ 纳米材料上显现出片状结构；图 6-1（d）为 Ce-CoMoO₄ 片结构纳米材料高倍率的 SEM 图，也可看出 Ce 掺杂 CoMoO₄ 片状结构大小不一，片状且有孔隙形成的微观结构。在掺杂前后，观察到的现象几乎没有变化。

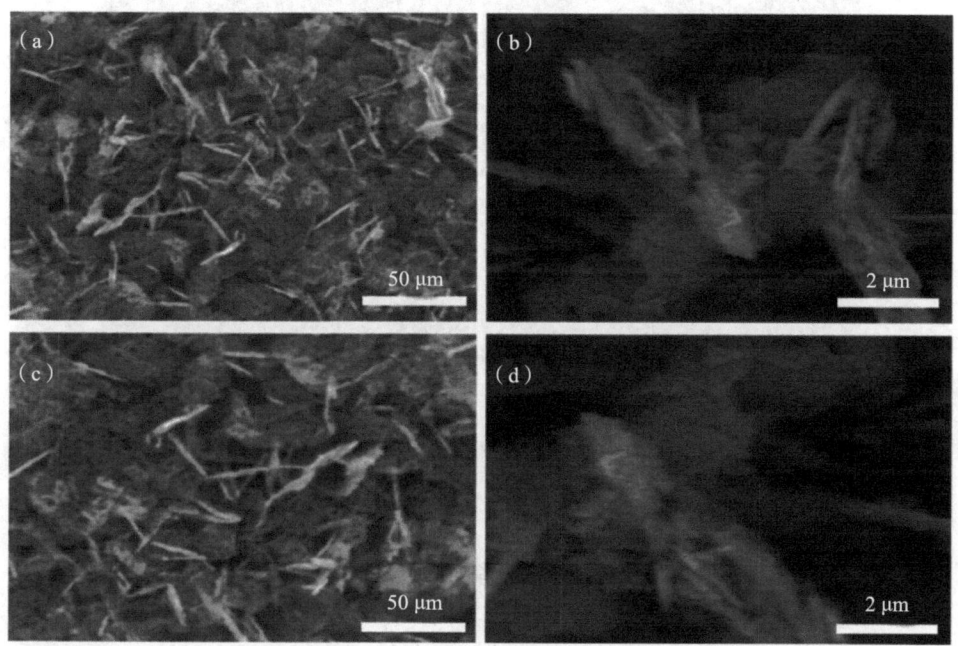

图 6-1　（a～b）不同放大倍数下 Ce-CoMoO₄ 多孔片结构纳米材料的 SEM 图；（c～d）不同放大倍数下 CoMoO₄ 多孔片结构纳米材料的 SEM 图

我们进一步对 CoMoO₄ 和 Ce-CoMoO₄ 片结构材料进行透射电镜（TEM）测试。

从图 6-2 中，我们可以看出，CoMoO₄ 和 Ce-CoMoO₄ 的微观结构分别如图 6-2（a～b）所示，显示了明显的层状结构，这些层状结构并不单独存在，而是相互交织并连接在一起，这与 SEM 表征试验的结果一致。我们选择图 6-2（a～b）中区域进行高分辨率测试。结果如图 6-2（c～d）所示，晶面间距为 0.245 nm，对应 Ce-CoMoO₄ 和 CoMoO₄ 材料的（021）晶格。晶体构型没有发生改变。

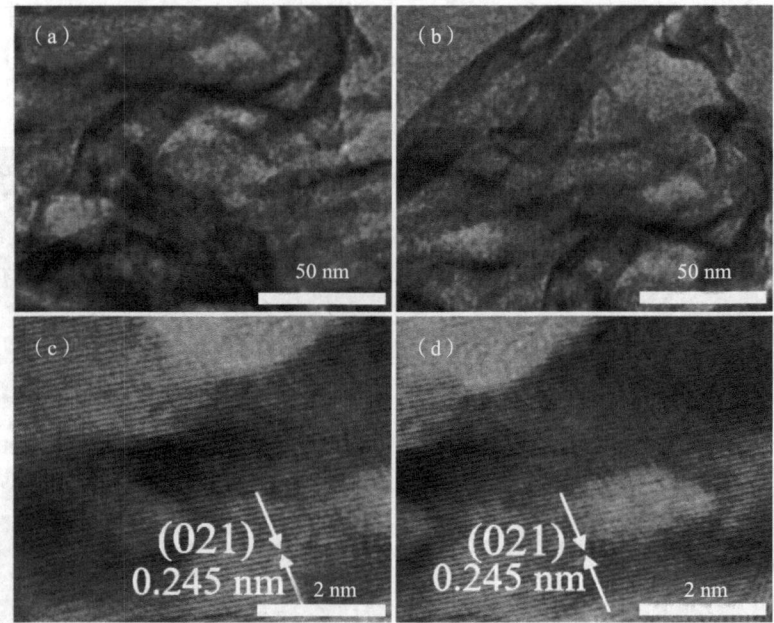

图 6-2 （a）Ce-CoMoO$_4$ 结构的 TEM 图像；（b）CoMoO$_4$ 结构的 TEM 图像；（c）Ce-CoMoO$_4$ 层状结构的 HRTEM 图像；（d）CoMoO$_4$ 层状结构的 HRTEM 图像

6.3.2 多孔片结构Ce-CoMoO$_4$的XRD表征

我们通过一步水热法制备出 Ce-CoMoO$_4$ 多孔片结构。通过 EDS 测试进行元素映射，如图 6-3（a～d）所示。可以看出，所制备的材料中含有 Co、Mo、O、Ce 4 种元素。图 6-3（e）为制备所得 CoMoO$_4$ 多孔片结构的 XRD 物相结构和 Ce-CoMoO$_4$ 多孔片结构的 XRD 物相结构对比分析图。图 6-3（e）中可以观察到 XRD 谱图中强而尖锐的衍射峰，表明 Ce 掺杂后的 CoMoO$_4$ 多孔片结构纳米材料具有良好的结晶度。在未掺杂 Ce 元素时，CoMoO$_4$ 多孔片结构纳米材料的曲线衍射峰谷要远大于掺杂后的材料。XRD 测试结果显示出该材料样品明显的衍射峰，没有观测到其他的杂质峰。经水热法制备的 Ce-CoMoO$_4$ 样品纯度较高，经 XRD 测试没有在 XRD 物相结构图中检测到新的稀土元素物质的衍射峰，这表明并没有新的稀土氧化物在 Ce-CoMoO$_4$ 纳米材料表面生成[118]。另外，图6-3（e）中可以观察到XRD图谱中Ce掺杂前后的衍射峰有明显位移，Ce掺杂后的θ变小。由布拉格公式可知，波长λ与θ为衍射半角成正相关，θ越小λ越短，即Ce-$CoMoO_4$比$CoMoO_4$的波长要短。根据普朗克辐射定律和斯特藩-玻尔兹曼定律可知长波长的光具有较低的能量密度。因此，Ce-$CoMoO_4$具有较高的能量密度。图6-3（f）所示为Ce掺杂的$CoMoO_4$多孔片结构材料的各元素特征峰图。以上结果表明，所制备的材料未含有其他杂质。

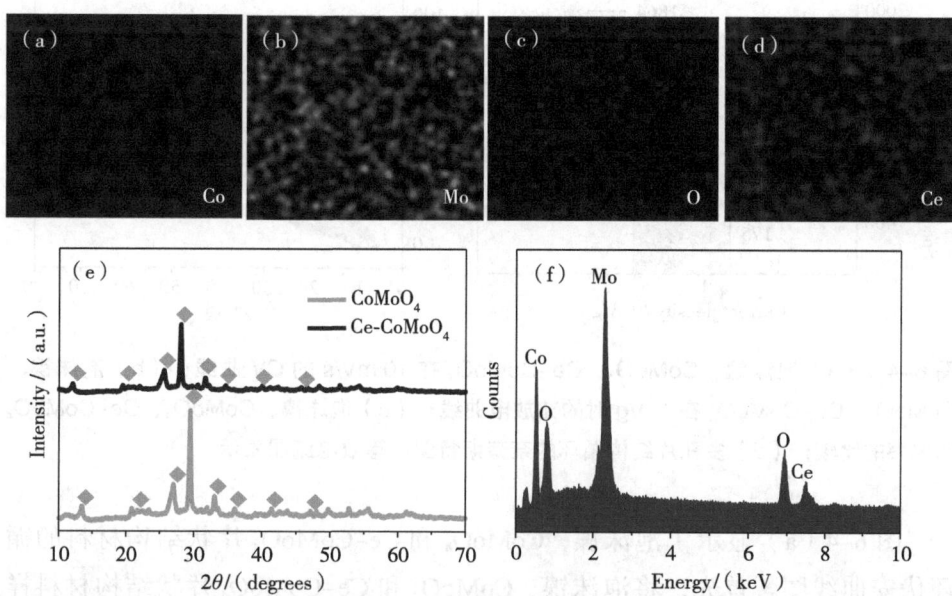

图6-3 （a～d）Co、Mo、O、Ce元素的EDS元素映射；（e）$CoMoO_4$多孔片结构的XRD物相结构和Ce-$CoMoO_4$多孔片结构的XRD物相结构对比分析图；（f）Ce掺杂的$CoMoO_4$多孔片结构材料的各元素特征峰图

6.3.3　Ce-$CoMoO_4$纳米复合材料的电容性能研究

在实验中，进一步分析了多孔片的电化学性能[119]，如图6-4所示。

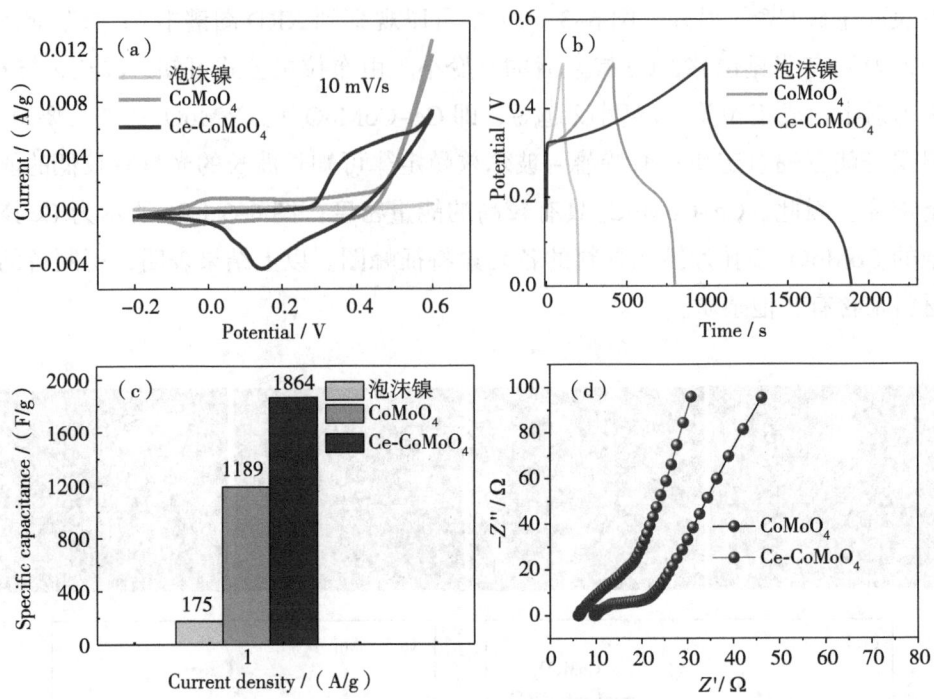

图 6-4 （a）泡沫镍、CoMoO$_4$、Ce-CoMoO$_4$ 在 10 mV/s 的 CV 曲线；（b）泡沫镍、CoMoO$_4$、Ce-CoMoO$_4$ 在 1 A/g 时的充放电曲线；（c）泡沫镍、CoMoO$_4$、Ce-CoMoO$_4$ 比电容的比较；（d）多孔片结构循环的奈奎斯特图以等效电流图表示

图 6-4（a）显示了泡沫镍，CoMoO$_4$ 和 Ce-CoMoO$_4$ 片状结构材料的循环伏安曲线图。首先，将泡沫镍、CoMoO$_4$ 和 Ce-CoMoO$_4$ 片状结构材料样品作为工作电极，用 KCl 作为电解质溶液，采用 Ag/AgCl 作为参比电极，Pt 片作为对电极。扫描速度为 10 mV/s，电压窗口为 -0.2～0.6 V。从图中可以看出，Ce-CoMoO$_4$ 多孔片所包围的曲线面积最大，说明 Ce-CoMoO$_4$ 多孔片具有更高的比容量和存储更多电荷的能力。为了实验结果的准确性，我们对多孔片进行充放电试验[120-122]，如图 6-4（b）所示，在 1 A/g 时可以看出多孔片放电时间最长，图 6-4（c）是泡沫镍、CoMoO$_4$ 和 Ce-CoMoO$_4$ 片结构材料的比电容示意。这也表明多孔片具有优异的电化学性能，其性质得益于这种多孔片的特殊结构，这种结构具有巨大的比表面积，提供

了高度暴露的活性位点,加速了离子扩散。氧化还原活性位点的增加和离子扩散路径的缩短可以有效地提高电化学效率。其次,以 Ce-CoMoO$_4$ 为代表的三元金属氧化物具有较高的理论活性,不同金属之间的协同作用也能产生丰富的氧化还原反应,从而提高材料的电化学效率。这些因素都提高了多孔片的电化学性能。如图 6-4(d)所示,这些曲线的斜率表示低频区的扩散电流,主要包括电解质在电极中的扩散电阻和质子在主材料中的扩散电阻[123]。在第一个循环后,沿虚轴的理想线显示较低的扩散阻力。这可能是由于多孔片相互交错形成网状多孔结构,有利于暴露材料的大表面积,提高电极材料的利用率。高频范围提供等效串联电阻(ESR),其中包括电活性材料的固有电阻,电解液的体积电阻和电解液与电极之间的界面接触电阻。电荷转移电阻是由电子扩散引起的,可以从半圆直径的高频范围计算出来。电极的 R_s 略有增加,这可能是由于充放电过程中电解液中溶解氧对纳米结构的腐蚀,导致一些沉积的活性物质失去附着力。电荷转移电阻无明显变化,表明 Ce-CoMoO$_4$ 纳米结构材料具有较好的电化学稳定性。

图 6-5 为 CoMoO$_4$、Ce-CoMoO$_4$ 纳米结构材料的氮气吸脱附曲线。

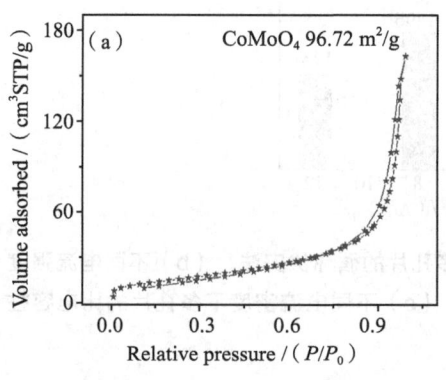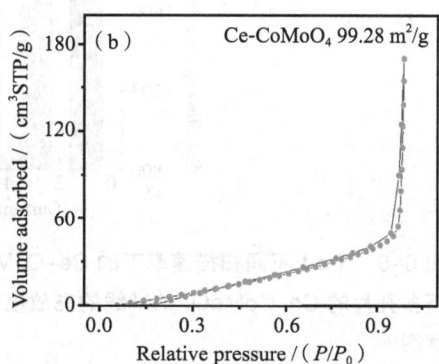

图 6-5 (a)CoMoO$_4$ 氮气吸脱附曲线;(b)Ce-CoMoO$_4$ 氮气吸脱附曲线

图 6-5(a)为 CoMoO$_4$ 纳米结构材料的氮气吸脱附曲线,从图中可以看出不断增加相对压力时,比表面积不断增大,在相对压力为 1.0 附近时该材

料的比表面积为 96.72 m²/g。图 6-5（b）为 Ce-CoMoO₄ 纳米结构材料的氮气吸脱附曲线，从图中可以看出在相对压力为 1.0 附近时该材料的比表面积为 99.28 m²/g，显然 Ce-CoMoO₄ 纳米材料的比表面积要高于 CoMoO₄ 纳米材料。

为了进一步探索其电容性能，我们进行实验测试，结果如图 6-6 所示。

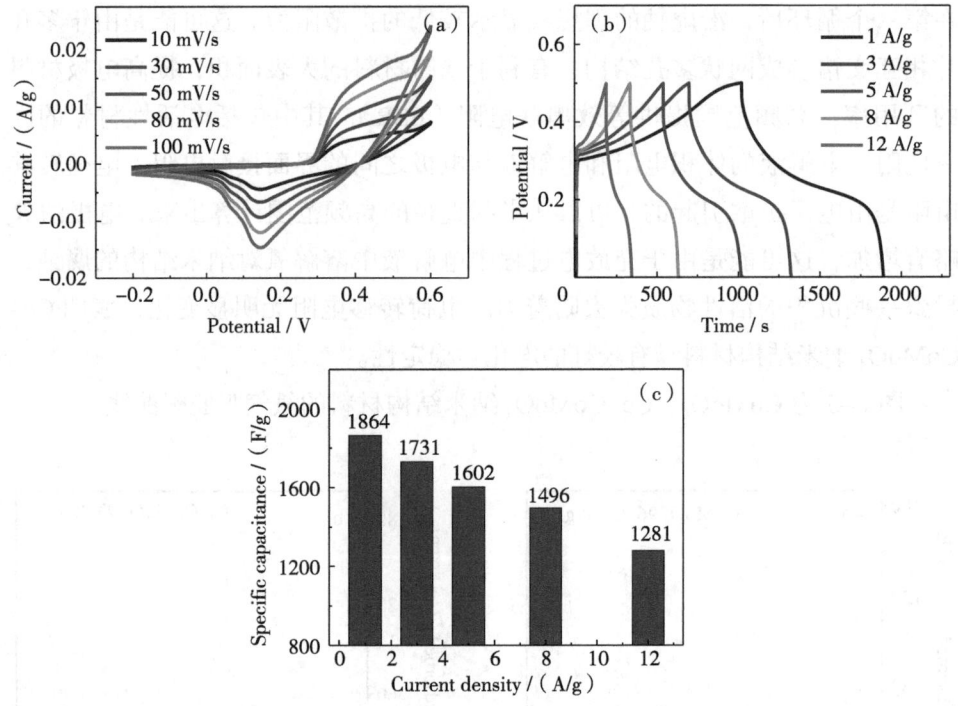

图 6-6 （a）不同扫描速率下的 Ce-CoMoO₄ 多孔片的循环伏安法；（b）不同电流强度下多孔片的 Ce-CoMoO₄ 纳米线的充放电试验；（c）不同电流密度下多孔片的比电容柱状图

图 6-6（a）为 Ce-CoMoO₄ 纳米片在 10 mV/s、30 mV/s、50 mV/s、80 mV/s、100 mV/s 时的循环伏安曲线。从图中可以看出，循环伏安曲线随着扫描速度的增加而成比例地增加。循环伏安曲线的形状没有明显变化，器件的电压窗口可以稳定在 0.6 V，这表明随着扫描次数的增加，化学反应加快，存储电荷

增加。从图中可以看出，Ce-CoMoO$_4$ 纳米材料的循环伏安曲线上出现了一对明显的氧化还原峰。这表明该材料具有赝电容存储机制。随着扫描速度的增加，循环伏安曲线的面积和峰值电流增大，但循环伏安曲线的形状变化不大。图 6-6（b~c）显示了 Ce-CoMoO$_4$ 纳米材料在 1 A/g、3 A/g、5 A/g、8 A/g 和 12 A/g 时的充放电测试结果。可以看出来随着电流密度的增加达到峰值的时间越短。根据图 6-6（c）可以看出比电容分别为 1864 F/g、1731 F/g、1602 F/g、1496 F/g、1281 F/g。这表明 Ce-CoMoO$_4$ 纳米片具有较好的快速充放电能力。在高电流密度条件下，活性材料不能全部参与氧化还原反应，这是电极材料比电容降低的重要原因。

循环稳定性也是评价电化学性能的一个重要因素，测试结果如图 6-7 所示。

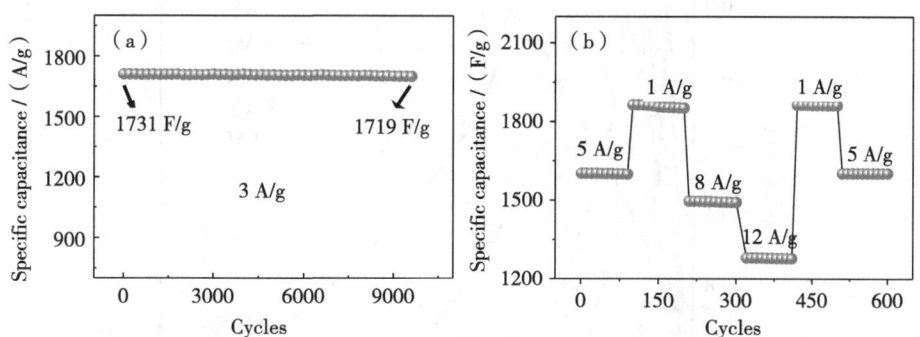

图 6-7 （a）电流密度为 3 A/g 的稳定性试验 10 000 次；（b）不同电流密度下的速率和周期稳定性试验

在实验中测试了材料在 10 000 次循环后的稳定性，如图 6-7（a）所示。可以看出在电流密度为 3 A/g 时，10 000 次循环后容量为 1719 F/g，为初始电容量 1731 F/g 的 99.31%，说明几乎没有损耗，由此可见 Ce-CoMoO$_4$ 超级电容器的循环稳定性比较好。图 6-7（b）为不同电流密度下 Ce-CoMoO$_4$ 材料的循环稳定性试验结果。当充放电密度为 5 A/g 时，该结构在前 100 次循环中表现出稳定的比电容为 1600 F/g。在接下来的 500 次循环中，电流密度依次变化。当电流密度恢复到初始电流 5 A/g 时，比电容为 1590 F/g，损耗非常小，说明 Ce-CoMoO$_4$ 纳米结构材料具有优异的循环稳定性。

实验中还研究了 Ce-CoMoO$_4$ 材料与 CNTs 匹配组装非对称型器件，我们使用 Ce-CoMoO$_4$ 作为正极材料，CNTs 作为负极材料。首先探究 CNTs 作为负极材料在不同电流下的电化学性能，进一步实验分析得出如图 6-8 所示的实验结果。

图 6-8 为该器件在 1.6 V 电压、不同电流密度下的充放电曲线。随着电流密度增加，曲线形状近乎对称并且曲线形状稳定一致，表明该负极材料具有较好的电化学稳定性。经过计算，该负极材料在 1 A/g、3 A/g、5 A/g、8 A/g、12 A/g 等不同电流密度条件下，相对应的比电容分别为 224 F/g、204 F/g、184 F/g、176 F/g、156 F/g。

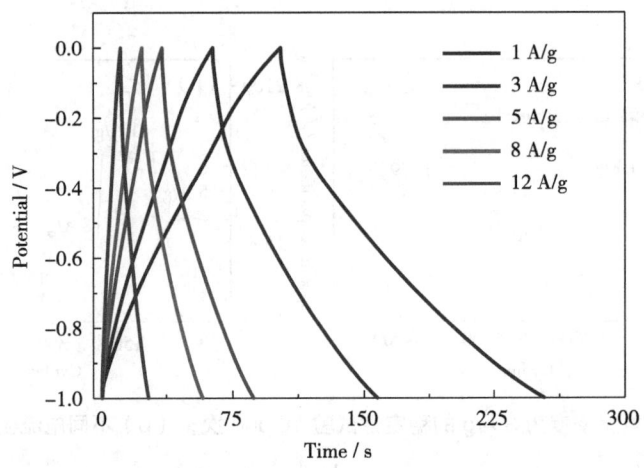

图 6-8 Ce-CoMoO$_4$//CNs 非对称型器件在 1.6 V 电压、不同电流密度下的充放电曲线

为了进一步研究合成材料的实际应用价值，我们将合成材料组装成器件[124]，并研究其电化学性能。图 6-9 是电容器件结构示意。以 Ce-CoMoO$_4$ 电极材料为正极，碳纳米管（CNTs）为负极，KOH 为电解液，制备了 Ce-CoMoO$_4$//CNTs 非对称型器件，正极和负极的几何面积都是 1 cm^2。

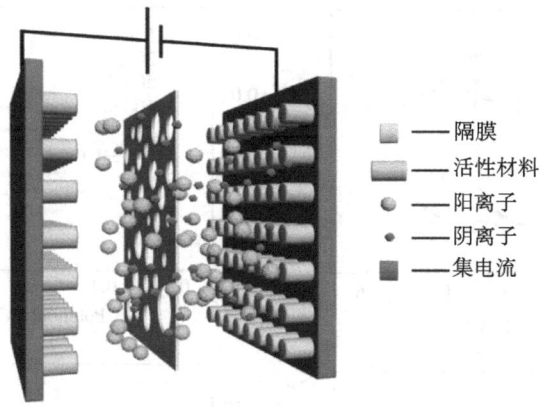

图 6-9　超级电容结构示意

图 6-10 为该非对称型器件的电化学性能测试结果。

从图 6-10（a）循环伏安曲线图可以看出，在扫描速度为 5 mV/s 的情况下，电位窗口分别在 0.0 V、0.4 V、0.8 V、1.2 V 和 1.6 V 的范围内连续变化，循环伏安曲线形状在 1.6 V 时没有改变，也没有出现析氢、析氧峰。这表明 Ce-CoMoO$_4$//CNTs 的电位窗口可以稳定在 1.6 V。因此，后续对 Ce-CoMoO$_4$//CNTs 非对称型器件的研究以 0～1.6 V 为电压窗口。图 6-10（b）显示了 Ce-CoMoO$_4$//CNTs 非对称型器件在 1.6 V 电压窗口下不同扫描速度下的循环伏安曲线。从图中可以看出，循环伏安曲线形状近似于矩形，且曲线形状几乎不随扫描速度的增加而变化，说明非对称型器件具有良好的电化学性能。曲线面积和峰值电流随扫描速度的增加呈线性增加。这些也表明该器件具有良好的电化学性能。

为了便于后续能量密度和功率密度的计算，我们做了不同电流密度下的充放电试验，得到了如图 6-10（c）所示的实验结果。根据充放电曲线计算的比电容如图 6-10（d）所示。当电流密度为 1 A/g 时，Ce-CoMoO$_4$//CNTs 非对称型器件的比电容为 159 F/g。即使电流密度增加到 20 A/g，比电容仍然可以达到 100 F/g。循环稳定性也是评价装置性能的一个重要因素。在实验中，我们测试了该非对称型器件在 8000 次循环后的循环稳定性。在图 6-10（e）

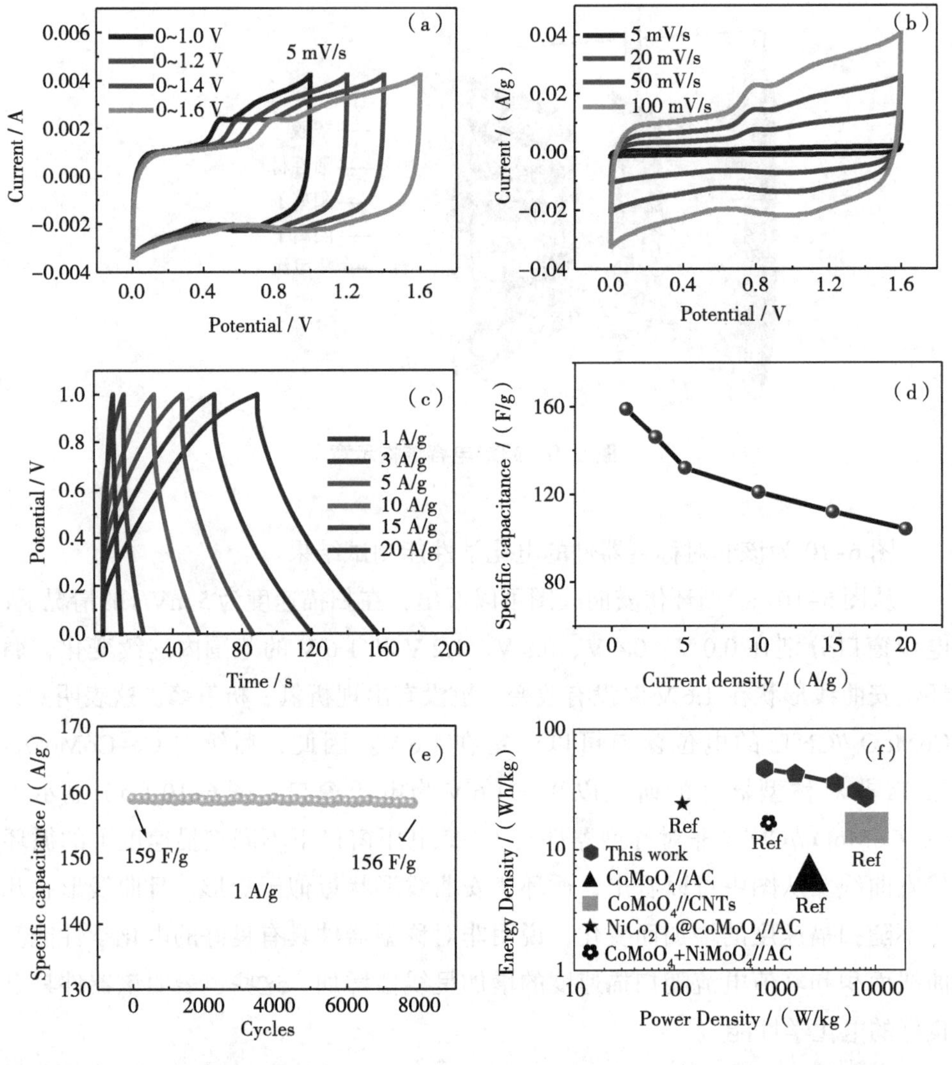

图6-10 （a）扫描速度为5 mV/s、电压窗口为0.8～1.6 V时Ce-CoMoO$_4$//CNTs非对称型器件的循环伏安曲线；（b）Ce-CoMoO$_4$//CNTs非对称器件在1.6 V电压窗口不同扫描速度下的循环伏安测试图；（c）Ce-CoMoO$_4$//CNTs非对称型器件在1.6 V电压窗和不同电流密度下的充放电曲线试验图；（d）电压窗口为1.6 V时不同电流密度下Ce-CoMoO$_4$//CNTs非对称型器件的比电容图；（e）Ce-CoMoO$_4$//CNTs非对称型器件在电流密度为1 A/g下8000次循环稳定性试验图；（f）各类储能设备能量对比图

中可知,8000 次循环后比电容为 156 F/g,为初始比电容 159 F/g 的 98.11%,可以说明该非对称型器件具有良好的循环稳定性。图 6-10(f)为各类储能器件的能量密度和功率密度对比图[125-128],可以看出 Ce-CoMoO$_4$//CNTs 非对称型器件能提供最大 75.8 Wh/kg 的能量密度和 890 W/kg 的功率密度,通过比较得出本章所研究器件的能量密度和功率密度值明显优于文献中所列出的其他储能器件。

6.4 本章小结

本章提出了一种稀土元素 Ce 掺杂改性策略以获得高电容量、高降解效率和高稳定性的 CoMoO$_4$ 纳米复合材料(Ce-CoMoO$_4$),通过水热法制备的 Ce-CoMoO$_4$ 纳米材料形成了网状多孔结构。当电流密度为 1 A/g 时,Ce-CoMoO$_4$ 材料的比电容为 1864 F/g,表明材料具有优异的比电容,在电流密度为 3 A/g 时,10 000 次循环后比电容保持率为 99.31%。还进一步将材料组装成非对称超级电容器,测试结果表明,该器件在电流密度为 1 A/g 时,器件的比电容为 159 F/g,经过 8000 次循环后比电容为 156 F/g,为初始比电容 159 F/g 的 98.11%,结果表明,Ce 掺杂纳米钼酸钴是一种具有良好电容性能的新型电极材料。

7 溶胶–凝胶法制备的 Nd–NiMoO$_4$ 纳米复合材料及其电容性能研究

7.1 引言

随着化石能源短缺及环境污染的不断加重，当今世界对于可持续能源利用的不断增加，以及电动汽车的快速发展，人们对于储能设备的性能需求也日渐增加[129-130]。储能设备中的超级电容器具有功率密度高、循环稳定性能好、充电速度快、绿色环保等优点而受到广泛关注[131]。然而，超级电容器的能量密度相当低，限制了其应用[132]。因此，主要的挑战是提高能量密度，同时保持卓越的功率性能。为了提高混合超级电容器的电化学性能，科研人员做出了大量的努力，包括优化电极材料的结构、组成和形貌[133]。在这些方法中，稀土元素掺杂形成具有大比表面积的多元金属氧化物已成为研究的重点[134-135]。

在众多金属氧化物中，$NiMoO_4$具有优异的氧化还原性与较高的理论比容量。从结构角度看，$NiMoO_4$存在两个物相（α-$NiMoO_4$和β-$NiMoO_4$）。α-$NiMoO_4$相和β-$NiMoO_4$相都具有单斜晶系结构，晶体空间群C2/m，两种物相之间最主要的区别是晶体结构中钼离子的配位不同，即八面体配位[MoO_6]对应α-$NiMoO_4$，四面体配位[MoO_4]对应β-$NiMoO_4$粉末。但由于$NiMoO_4$本身电子传输及离子扩散性能差，使得$NiMoO_4$有着较低的倍率性能和循环稳定性，这两个致命缺点阻碍了其在超级电容器中的广泛应用[136]。为了克服这些问题，研究人员做出了许多尝试，例如纳米结构的设计、元素掺杂等，这些尝试用于提高产物的性能。纳米微球，由于其独特的空隙空间，为化学反应提供了优异的比表面积，能为电荷的快速传递提供大量通道，从而加快其电化学储能过程，有利于在可用活性位点上的高效率物质/电荷的转化，提升其储能特性[137]。Sivakumar等[138]通过水热法并通过适当的热处理，成功地制备出三维结构的$NiMoO_4$纳米材料，其比表面积远大于实验中的其他产物，在1 A/g的电流密度下，比电容高达789 F/g。此外，稀土元素的掺杂能改变电极材料的结合强度、晶格的局部环境和阳离子的价态，进而将缺陷引入电极材料中。缺陷的引入能改变原子内部的无序状态，调整离子传输通道的大小，增加反应的活性中心位点和提高导电性能，这对于解决产物的反应动力学缓慢问题具有积极的意义。Theerthagiri 等[139]测试了一系列稀土金属（La、Nd、Gd、Sm）掺杂的 Co_3O_4 材料，结果发现，相较于纯 Co_3O_4 材料，产物比电容更是从原来的 656.2 F/g 提升至 2193 F/g，同时还表现出良好的循环稳定性，5000 次循环后的电容保持率为 93.18%。目前为止，大多数制备材料的方法存在制备过程繁琐、制备成本较高、纯度较低等不足，应用受到了限制，而溶胶 – 凝胶法具有操作成本低、纯度高、可行性好等优点[140]。因此，本章采用溶胶 – 凝胶法，将稀土元素 Nd 对产物进行改性，制备出具有大比表面积的纳米片状结构的产物。这对于提高活性材料的电化学性能具有重要的意义。

本章通过溶胶 – 凝胶法制备出不同浓度的 Nd 稀土金属掺杂 $NiMoO_4$ 电极材料。通过不同的扫描仪器对其形貌、结构、光谱分析进行表征，试验结果表明掺杂加入 0.5% Nd 后的 $NiMoO_4$ 电极材料显示出优秀的电容性能，在电流密度为 1 A/g 下，比电容为 2182 F/g。在电流密度为 5 A/g 下经过 10 000 次循环后，电容保持率仍为 98.9%，较原始的 $NiMoO_4$ 材料相比具有更优异的电化学性能。此外，利用 0.5% $Nd-NiMoO_4$ 材料和 CNTs 分别作为正负极制备了一种非对称电容器装置，器件显示出 74.8 Wh/kg 的高能量密度，重要的是，电容器器件在进行 10 000 次循环后，仍然具有 94.8% 的电容保持率。本章为制备稀土掺杂双金属氧化物电极材料提供了一种有效参考途径。

7.2　材料与方法

7.2.1　实验仪器

使用扫描电镜（SEM，JEOL JSM-7500F）和透射电镜（TEM，JEOL JSM-2100F）来观察样品的微观结构。为了进行 X 射线衍射分析，使用 Brucker D8 X 射线衍射仪（波长 $k = 0.154$ nm）；为了观察样品表面的形貌和结构，采用了场发射扫描电镜（FEI Quanta 200）。另外，在电化学研究中，使用的 CHI760E

电化学工作站由上海辰华仪器有限公司提供。此外,采用 EDS(Ultim Max 40 & C-Nano)和 TEM 制作图像,对制备的样品进行元素分析。这些设备的运用为实验数据的获取和分析提供了有力的支持。实验所用原料清单见表 7-1。

表 7-1　实验所用原料清单

名称	分子式	厂家
四水合钼酸铵	$(NH_4)_6Mo_7O_{24} \cdot 4H_2O$	合肥天健化工有限公司
六水合硝酸镍	$Ni(NO_3)_2 \cdot 6H_2O$	新乡市创佳新材料有限公司
六水合柠檬酸	$C_6H_8O_7$	山东柠檬生化有限公司
六水合硝酸钕	$Nd(NO_3)_3 \cdot 6H_2O$	临沂鲁光化工有限公司

7.2.2　$NiMoO_4$ 的制备

将 17.7 g 四水合钼酸铵 [$(NH_4)_6Mo_7O_{24} \cdot 4H_2O$]、29.1 g 六水合硝酸镍 [$Ni(NO_3)_2 \cdot 6H_2O$]、10 g 柠檬酸($C_6H_8O_7$)依次溶解在 50 mL 的去离子水中,充分搅拌混合,将这些溶液在 50 ℃下恒定搅拌以形成溶胶。然后在恒定搅拌下缓慢加热该溶胶至 90 ℃以获得湿凝胶。然后,将湿凝胶产物在热空气烘箱中于 120 ℃干燥 1 h,然后在 650 ℃下煅烧 2 h。再移至研钵中研磨,形成最终产品。

7.2.3　Nd-$NiMoO_4$ 材料的制备

使用 17 g $(NH_4)_6Mo_7O_{24} \cdot 4H_2O$、29.1 g $Ni(NO_3)_2 \cdot 6H_2O$、10 g $C_6H_8O_7$ 和 10 g $Nd(NO_3)_3 \cdot 6H_2O$ 为原料,按照与 7.2.2 相同的制备方法,可以得到 0.5% 的 Nd-$NiMoO_4$ 纳米片。如果把 10 g $Nd(NO_3)_3 \cdot 6H_2O$ 改为 8 g $Nd(NO_3)_3 \cdot 6H_2O$,10 g $Nd(NO_3)_3 \cdot 6H_2O$ 改为 12 g $Nd(NO_3)_3 \cdot 6H_2O$,可以分别得到 0.2% 的 Nd-$NiMoO_4$ 纳米片和 0.8% 的 Nd-$NiMoO_4$ 纳米片。实验中 Nd-$NiMoO_4$ 纳米片的制备过程如图 7-1 所示。

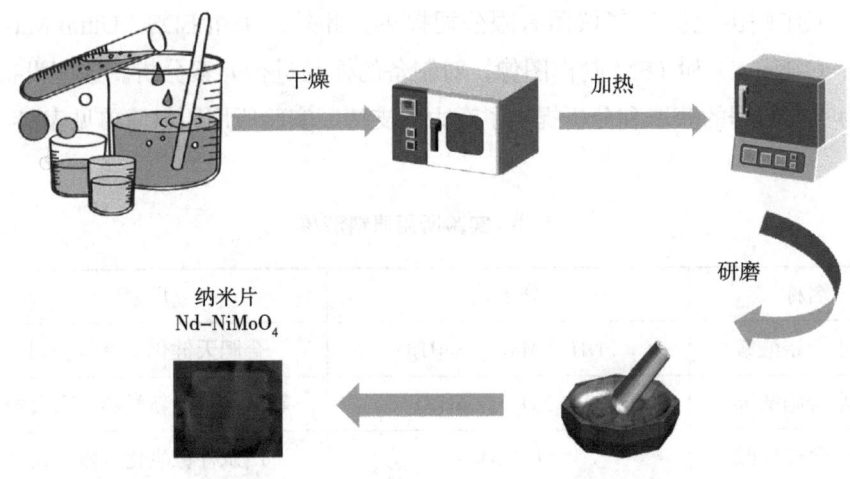

图 7-1　Nd-CoMoO$_4$ 纳米片制备过程示意

7.2.4　CNTs电极的制备

首先，取 0.5 g 碳纳米管（CNTs），加入 60 mL 80%硝酸（HNO$_3$），将混合物在 80 ℃下加热 18 h 并进行持续搅拌。随后，将混合物冷却至室温，使用乙醇和去离子水进行 3 次清洗。接下来，将 80% CNTs（按质量百分比计）和 10%炭黑混合，制备 CNTs/CC 电极，然后将 10%炭黑和 10%聚偏二氟乙烯（PVDF）混合。在上述混合物中加入少量乙醇，将混合物涂覆在 CC 表面，并在 90 ℃下干燥 6 h。

7.2.5　超级电容器的组装

把 0.5% Nd-NiMoO$_4$ 作为正极、CNTs 作为负极，组装成非对称超级电容器。比电容、电荷量、质量的匹配方程可由下式计算。

$$C_s = I\Delta t / (m\Delta V), \tag{7-1}$$

$$E = 0.5C_s\Delta V^2, \quad (7-2)$$

$$P = \frac{3600E}{\Delta t}, \quad (7-3)$$

$$Q = C_s \Delta Vm, \quad (7-4)$$

$$m^+/m^- = C^- \times \Delta V^-/(C^+ \times \Delta V^+), \quad (7-5)$$

式中：C_s 为比电容（F/g）；Δt 为放电时间（s）；I 为放电电流（A）；ΔV 为放电过程压降（V）；m 为活性物质的质量（g）；Q 为平板上的电荷量（C）；P 为功率密度（W/kg）；E 为能量密度（Wh/kg）；C 为总电容（F）。

7.3 结果分析与讨论

7.3.1 纳米片的形貌表征与测试

在实验中，通过扫描电镜对制备的 $NiMoO_4$、$Nd-NiMoO_4$ 电极材料微观形貌进行了测试，如图 7-2 所示。

图 7-2（a）为 $NiMoO_4$ 材料的 SEM 图，从图中可以看出其结构为片状纳米结构，彼此相互堆叠。图 7-2（b）是 $NiMoO_4$ 材料的高倍 SEM 图，可以看出，用溶胶-凝胶法制备所得的 $NiMoO_4$ 片状纳米材料相互交错，形成了孔洞结构，这种结构有利于增大电极材料的比表面积，使得电极材料可以与电解液充分接触，进而加快电化学反应的进行。图 7-2（c）为 Nd 掺杂 $NiMoO_4$ 材料低倍率下的 SEM 图，显示 $Nd-NiMoO_4$ 材料上为片状结构。从图 7-2（d）中可以看出，这些 $Nd-NiMoO_4$ 片状纳米结构大小不一，且具有孔隙。通过观察发现，材料在掺杂 Nd 稀土元素前后，观察到的现象几乎无明显变化。

图 7-2 （a～b）为不同放大倍数下的 NiMoO$_4$ 纳米材料的 SEM 图；（c～d）为不同放大倍数下的 Nd-NiMoO$_4$ 纳米材料的 SEM 图

为了进一步观察 NiMoO$_4$、Nd-NiMoO$_4$ 纳米材料的微观结构，对材料进行了 TEM 测试，结果如图 7-3 所示。

NiMoO$_4$ 和 Nd-NiMoO$_4$ 纳米材料的微观结构如图 7-3（a～b）所示，可见明显的层状结构，这些层状结构并不单独存在，而是相互交织并连接在一起，这与 SEM 表征试验的结果一致。我们选择图 7-3（a～b）中区域进行高分辨率测试，结果如图 7-3（c～d）所示，晶格条纹的晶面间距分别为 0.26 nm 和 0.303 nm，对应的晶面分别是（040）和（222）。在图 7-3（c～d）的插图中，可以看到该材料具有良好的衍射环，表明制备的 Nd-NiMoO$_4$ 是一种多晶材料。通过观察发现，材料在掺杂 Nd 稀土元素前后，观察到的现象无明显变化。

上 篇 钼酸盐基纳米材料的设计及其在超级电容器中的仿真研究

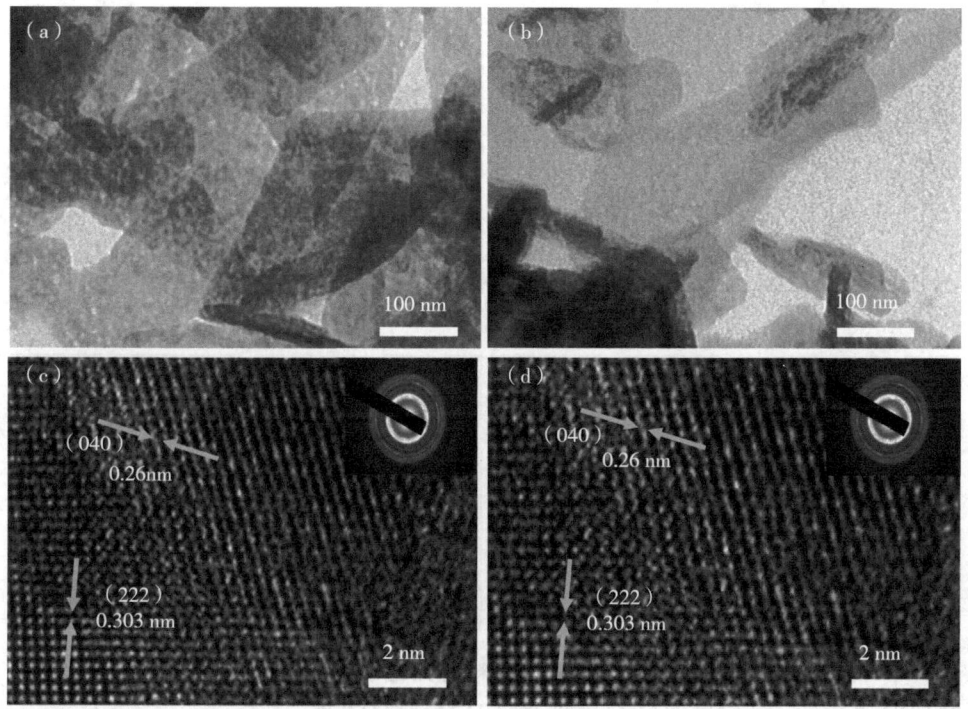

图 7-3 （a～b）NiMoO$_4$、Nd-NiMoO$_4$ 的 TEM 图；（c～d）NiMoO$_4$、Nd-NiMoO$_4$ 的 HRTEM 图像（插入对应的 SAED 图）

通过 XRD 技术表征 NiMoO$_4$ 和 Nd-NiMoO$_4$ 纳米片的物质组成，结果如图 7-4 所示。

图 7-4（a）显示了 XRD 衍射强度与 2θ（10°～90°）的关系。在 NiMoO$_4$ 和 Nd-NiMoO$_4$ 纳米片的 XRD 图谱中，两种物质的衍射峰之间有细微的差异但并不明显。衍射峰窄而尖，无其他衍射峰，符合典型峰值（PDF, Card No. 13-0128），说明所制备产物的结晶程度高且产品纯度高。图 7-4（b）为 Nd-NiMoO$_4$ 网状结构的 EDS 测试结果，表明该材料仅含有 Nd、Ni、Mo、O 元素，不含其他杂质元素。图 7-4（c～f）为 Nd-NiMoO$_4$ 纳米材料的 TEM 元素分布图，从图中可以看出所制备材料中含有 Nd、Ni、Mo、O 4 种元素。TEM 测试结果与 EDS 元素组分结果相一致，表明制备的材料不含有其他杂质元素。

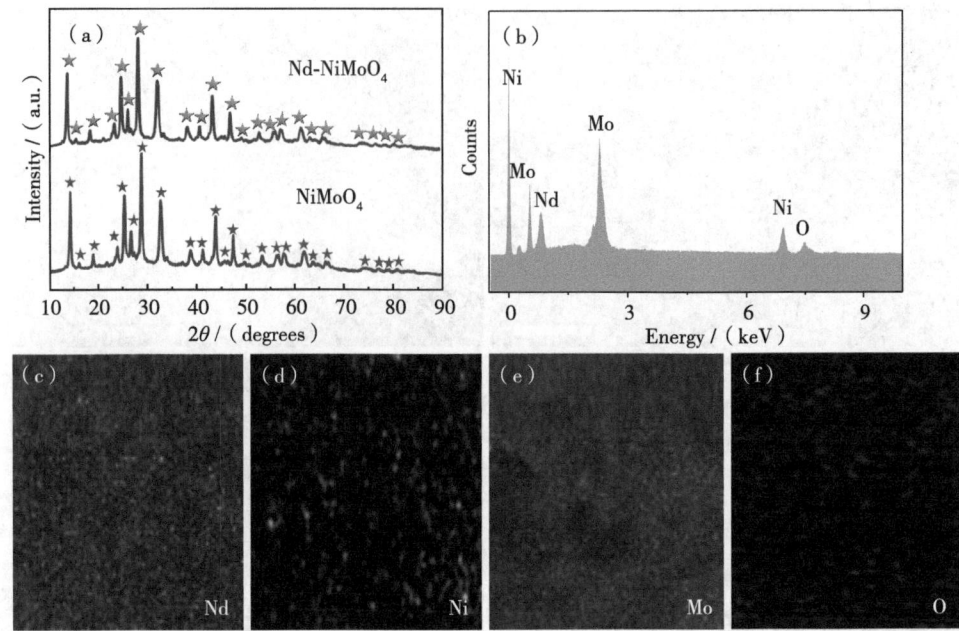

图 7-4 （a）NiMoO$_4$、Nd-NiMoO$_4$ 纳米材料的 XRD 谱图；（b）Nd-NiMoO$_4$ 纳米材料的 EDS 谱；（c～f）Nd-NiMoO$_4$ 纳米材料 TEM 元素分布图

7.3.2 电极材料的电化学性能测试

为了探究所制备样品的电化学性质，以 Pt 为对电极，Hg/HgO 为参比电极，实验制备的材料为工作电极，氢氧化钾为电解液，进行三电极测试。在 3 M KOH 三电极体系水溶液中对其进行了 CV 和 GCD 曲线测试（图 7-5）。

不同材料和不同掺杂百分比下的 Nd-NiMoO$_4$ 材料的电化学性能如图 7-6 所示。

图 7-6（a）展示了在 -0.2～0.6 V 电压窗口下不同材料和不同掺杂百分比的比容量的循环伏安曲线。从该图可以明显看出，在掺杂 Nd 百分

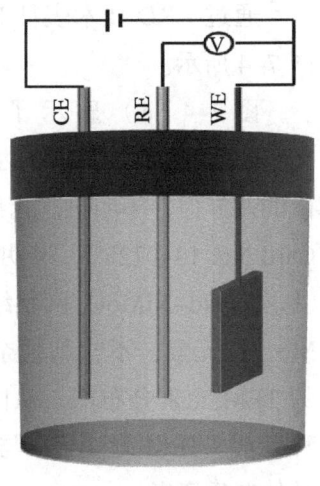

图 7-5 三电极示意

上　篇　钼酸盐基纳米材料的设计及其在超级电容器中的仿真研究

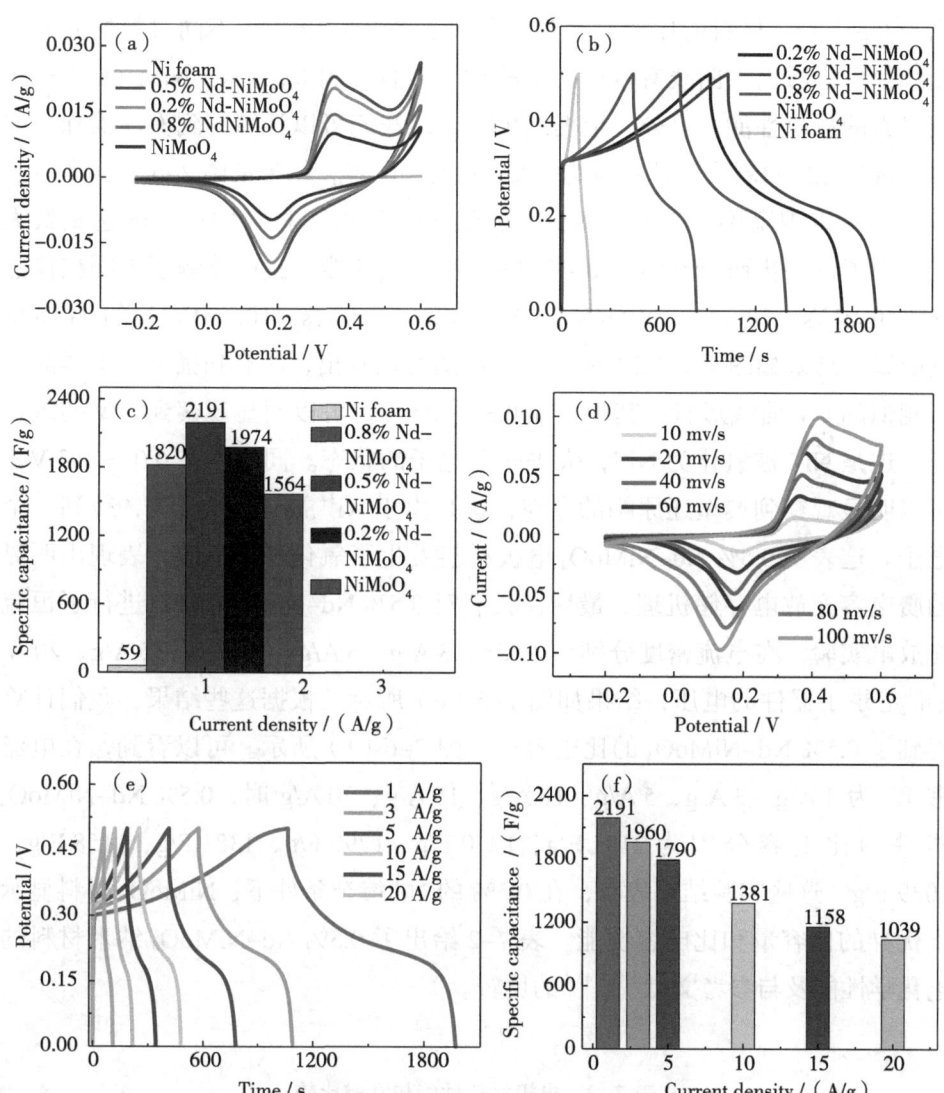

（a）不同材料的循环伏安曲线；（b）电流密度为 1 A/g 时不同材料充放电曲线；（c）不同材料在 1 A/g 时比电容对比；（d）不同扫描速率下材料的循环伏安曲线；（e）不同电流强度下材料的充放电曲线；（f）不同电流密度下材料的比电容柱状图。

图 7-6　不同材料的电化学性能

比为0.5%时，材料的比电容达到最大值。图7-6（b）为不同材料的充放电曲线，可以看出，曲线有良好的对称性，并且材料0.5% Nd-NiMoO$_4$表现出最优秀的放电性能。另外，根据式（7-1），我们可以计算得到泡沫镍和不同掺杂百分比的材料在电流密度为1 A/g时的比电容，结果如图7-6（c）所示。从该图可以观察到，当掺杂Nd百分比为0.5%时，材料的比电容达到最大值。为了进一步研究0.5% Nd-NiMoO$_4$材料的性能，我们绘制了不同扫描速率（10 mV/s、20 mV/s、40 mV/s、60 mV/s、80 mV/s、100 mV/s）的循环伏安曲线，结果如图7-6（d）所示。从该图可以看出，所有扫描速率下样品具有相似的CV曲线形状。其中，在0.3～0.6 V，可以明显观察到典型的氧化峰，这是Ni^{2+}被氧化为Ni^{3+}，失去一个电子的状态。同时，在0.0～0.3 V，可以明显观察到典型还原峰的存在，这是由于Ni^{3+}被还原为Ni^{2+}，得到一个电子。这表明0.5% Nd-NiMoO$_4$电极材料发生了氧化还原反应，表现出明显的赝电容充放电存储机理。最后，我们对0.5% Nd-NiMoO$_4$材料进行了恒流充放电实验，在电流密度分别为1 A/g、3 A/g、5 A/g、10 A/g、15 A/g、20 A/g时记录了器件的电压，结果如图7-6（e）所示。根据这些结果，我们计算得到了0.5% Nd-NiMoO$_4$的比电容，如图7-6（f）所示。可以看到，在电流密度为1 A/g、3 A/g、5 A/g、10 A/g、15 A/g、20 A/g时，0.5% Nd-NiMoO$_4$器件的比电容分别为2191 F/g、1960 F/g、1790 F/g、1381 F/g、1158 F/g、1039 F/g。这些实验结果表明，在0.5%的Nd掺杂条件下，NiMoO$_4$材料显示出优异的比容量和比电容性能。表7-2给出了0.5% Nd-NiMoO$_4$纳米材料的电化学性能及与参考文献[41-145]的比较。

表7-2 电极材料性能与文献比较

电极材料	电流密度/（A/g）	比电容/（F/g）	循环次数	电容保持率/%	文献
NiMoO$_4$/rGO	1	1400	2000	91	[141]
CNTs/NiMoO$_4$	20	727.2	2000	86.8	[142]
NiMoO$_4$/carbon	1	805	1000	66.7	[137]

续表

电极材料	电流密度/(A/g)	比电容/(F/g)	循环次数	电容保持率/%	文献
$NiCo_2S_4$@$NiMoO_4$	5	1447	10 000	88	[143]
2D $NiMoO_4$/carbon	5	1500	5000	94.63	[144]
KCu_7S_4@$NiMoO_4$	1	1194.6	10 000	92.3	[145]
0.5% Nd-$NiMoO_4$	5	1790	5000	98.5	本章

材料的比表面积和孔径大小对电化学性能产生重要影响，纳米结构的稀土材料将其表面积体积比提高到一个非常大的数量级别，这使得它可以暴露更多的活性位点，从而具有更持久的循环寿命[146-147]，测试结果如图7-7所示。

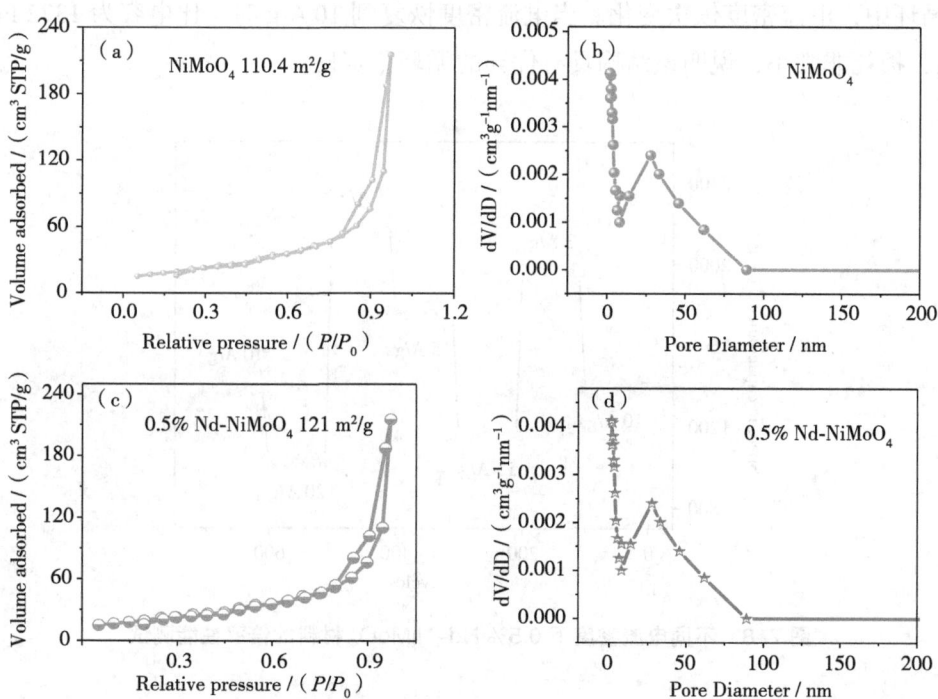

图7-7 （a～b）$NiMoO_4$氮气吸脱附曲线、孔径分布曲线；（c～d）0.5% Nd-$NiMoO_4$氮气吸脱附曲线、孔径分布曲线

如图7-7（a～b）分别为掺杂前材料的氮气吸脱附曲线和孔径分布曲线，掺杂前材料的比表面积为110.4 m²/g，随着相对压力的逐渐增大，吸附体积随之增大，并在1.0 P/P_0处达到最大值，图（b）中显示材料的孔径大小均匀，主要分布在27 nm处。图7-7（c～d）为掺杂后的氮气吸脱附曲线和孔径分布曲线，与掺杂前的曲线进行对比，掺杂后材料的比表面积微微增大，而孔径大小几乎不变，表明掺杂Nd材料对样品的微观形貌几乎不产生影响。以上测试表明，材料具有较大的比表面积和大小合适的孔径，为电化学反应提供了充足的活性位点，增大了与电解液的接触面积，从而缩短离子的传输路径，提高了材料的电化学性能。

循环稳定性也是评价电化学性能的一个重要因素。图7-8为不同电流密度下0.5% Nd-NiMoO₄材料的倍率性能测试结果。当充放电密度为10 A/g时，该材料在前100次循环中表现出稳定的比电容为1381 F/g。在接下来的600次循环中，电流密度依次变化。当电流密度恢复到10 A/g时，比电容为1372 F/g，损耗非常小，说明该结构具有优异的循环稳定性。

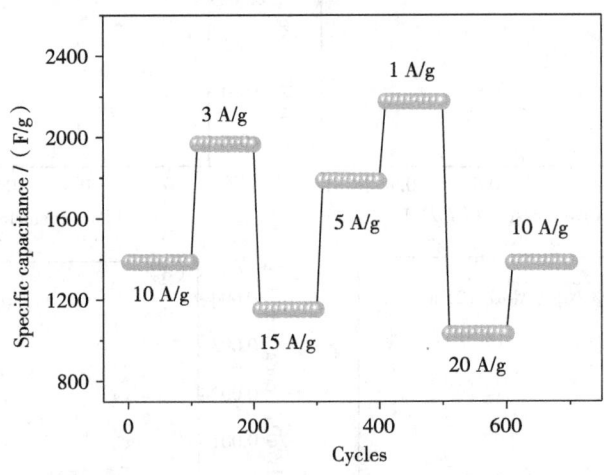

图7-8　不同电流密度下0.5% Nd-NiMoO₄材料的倍率性能测试

阻抗是电化学研究中的一个重要的参量，与电化学反应速率和电场分布密切相关，测试结果如图7-9所示。

上　篇　钼酸盐基纳米材料的设计及其在超级电容器中的仿真研究

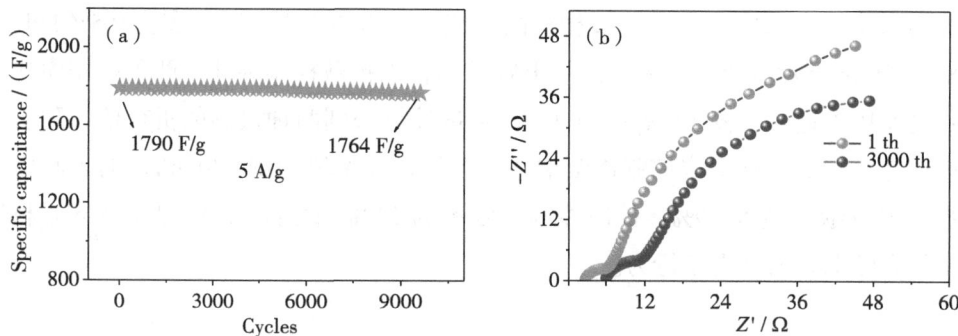

图 7-9　（a）0.5% Nd-NiMoO$_4$ 在电流密度 5 A/g 下进行 10 000 次循环的稳定性测试；（b）0.5% Nd-NiMoO$_4$ 第 1 次和第 3000 次循环的奈奎斯特图

图 7-9（a）展示了 0.5% Nd-NiMoO$_4$ 经过 10 000 次循环后的曲线图。从图中可以观察到，该材料在 5000 次循环后的容量衰减非常小，说明其循环稳定性较好。图 7-9（b）显示了样品第 1 次和第 3000 次循环后的奈奎斯特图，图中的曲线由高频区与低频区组成，高频区代表离子通过电极材料表面膜的阻抗，低频区代表电荷转移阻抗[148]。一般情况下，横轴数值表示 R_s，其值可根据曲线和横轴的截距进行读取，因此第 3000 次循环和第 1 次循环时的 R_s 值分别为 5.89 Ω 和 2.62 Ω，证明 Nd-NiMoO$_4$ 材料具有良好的导电性。高频区的类似于半圆的曲线直径表示为 R_{ct}，R_{ct} 的值与半圆直径相关，从图中可以看出第 3000 次循环的半圆弧度直径大于第 1 次循环，第 3000 次循环和第 1 次循环时的 R_{ct} 值分别为 12.3 Ω 和 7.2 Ω，表明 Nd-NiMoO$_4$ 具有良好的电荷转移能力，能够在一定程度上反映制备样品的电容，在第一个循环后，沿虚轴的理想线显示较低的扩散阻力。经过 10 000 次循环后，电极的 R_s 略有增加，这可能是由于充放电过程中电解液中溶解氧对纳米结构的腐蚀，导致一些沉积的活性物质失去附着力。电荷转移电阻变化不大，表明 0.5% Nd-NiMoO$_4$ 纳米结构具有长期的电化学稳定性。

为了研究材料的扩散效应及动力学行为，利用图中的 CV 曲线，对 log（i）和 log（V）进行线性拟合并计算，如图 7-10 所示。根据公式 $i=aV^b$ 计算得出 b 值，b 值为 0.5 时，材料以扩散控制机制为主；b 值为 1 时，材料以电容机制为主。本章中阳极、阴极材料的 b 值更接近 1,这表明,多孔 0.5% Nd-NiMoO$_4$ 纳米片主要受到表面的赝电容控制,以扩散控制为辅,两种控制模式协同作用。通过公式 $i = k_1V + k_2V^{1/2}$,定量计算得到两种机制的贡献值,随着扫描速率提高,赝电容控制逐渐增加,当扫描速率增加到 100 mV/s 时,赝电容控制贡献率达到 79%,扩散控制贡献率为 21%。表明 0.5% Nd-NiMoO$_4$ 材料具有赝电容的动力学行为。

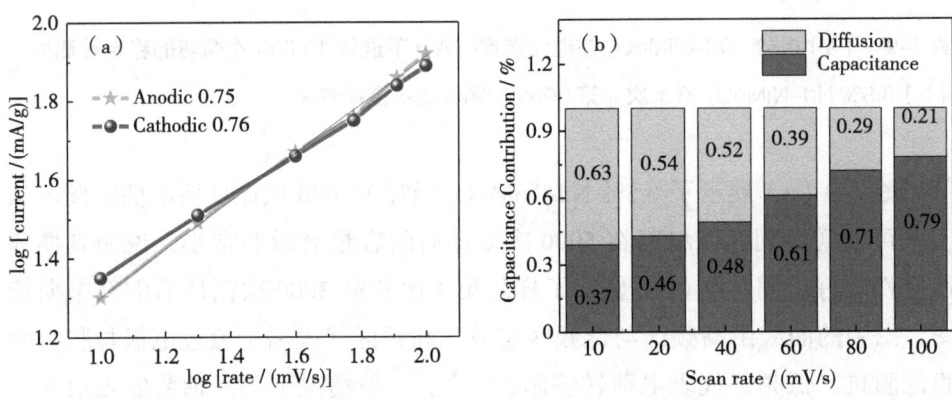

图 7-10 (a) 0.5% Nd-NiMoO$_4$ 电极材料的 b 值;(b) 0.5% Nd-NiMoO$_4$ 电极材料扩散控制和电容控制的贡献率

图 7-11 为电极材料相应的反应机理图,通过查找相关文献,对 0.5% Nd-NiMoO$_4$ 电极材料具有优异的电化学性能原因进行总结和分析:①多孔的纳米片结构具有较大的比表面积,可为反应提供丰富的活性位点,增大电极与电解液接触面积,加快反应速率。② NiMoO$_4$ 材料具有较强的氧化还原活性及优良的可逆电荷存储性能。③ Nd-NiMoO$_4$ 纳米片状结构与材料本身优秀的电化学性能产生较好的协同作用,使材料具有优异的电化学性能。

实验中还研究了 Nd-NiMoO$_4$ 材料与 CNTs 匹配组装非对称型器件,我们使用 Nd-NiMoO$_4$ 作为正极材料,CNTs 作为负极材料。首先探究 CNTs 作为负极材料在不同电流下的电化学性能,如图 7-12 所示。

上　篇　钼酸盐基纳米材料的设计及其在超级电容器中的仿真研究

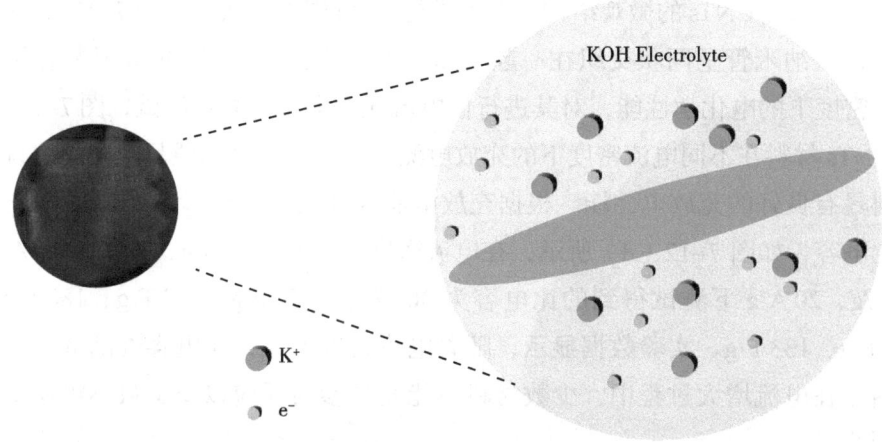

图 7-11　0.5% Nd-NiMoO$_4$ 纳米片相应的反应机理

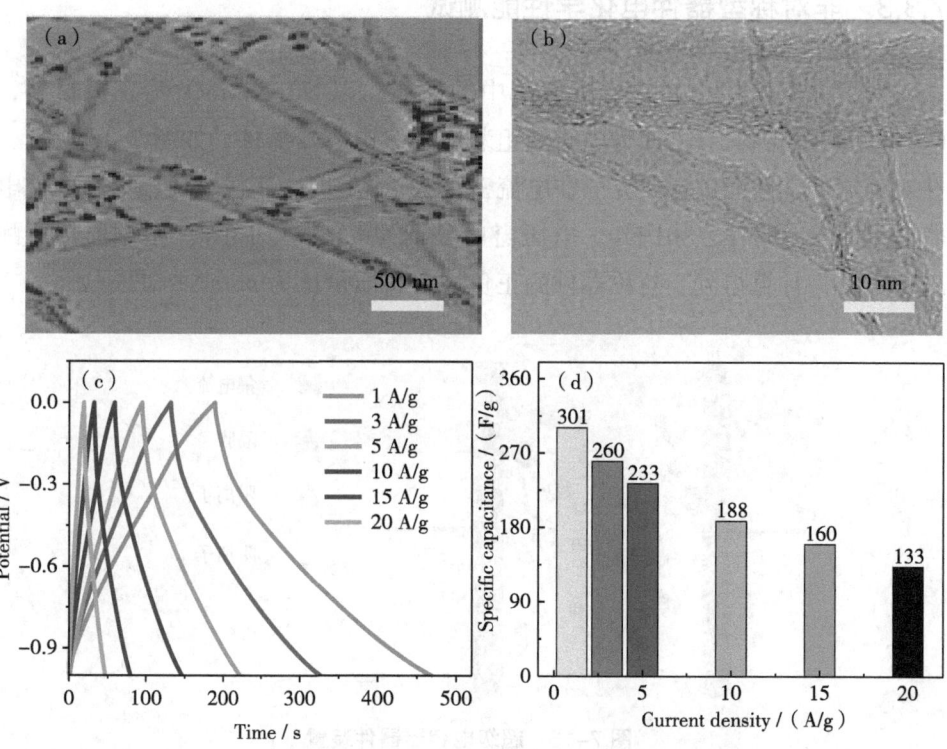

图 7-12　（a～b）CNTs 材料不同放大倍数下的 TEM 图；（c）不同电流密度 CNTs 电极充放电曲线；（d）CNTs 电极在不同电流密度下的比电容柱状图

为了探究 CNTs 的微观结构，对其进行 TEM 图像分析，如图 7-12（a～b）所示，碳纳米管呈网状交织在一起。随后进一步探究 CNTs 负极材料在不同电流密度下的电化学性能，对其进行恒电流充放电和比容量测试，图 7-12（c）为 CNTs 材料在不同电流密度下的充放电测试曲线，特征曲线呈三角形，说明材料具有良好的充放电性能。根据充放电曲线及式（7-1）计算出 CNTs 材料的比电容，如图 7-12（d）所示，在电流密度为 1 A/g、3 A/g、5 A/g、10 A/g、15 A/g、20 A/g 下测试得到的比电容为 301 F/g、260 F/g、233 F/g、188 F/g、160 F/g、133 F/g。实验数据显示，随着电流密度增大，比电容逐渐减小，这是由于在电流增大过程中，少数材料不能充分参与反应以及少数不可逆变化共同造成。

7.3.3 非对称型器件电化学性能测试

为了探究电极材料在实际应用中的性能，以 Nd–NiMoO$_4$ 为正极材料，CNTs 为负极材料，KOH 为电解液组装成超级电容器器件，如图 7-13 所示，并对其电化学性能进行研究。在电流密度为 1 A/g 时，正极与负极材料的比电容分别为 2182 F/g、301 F/g。电压窗口分别为 0.8 V 和 1.0 V。根据质量匹配式（7-5），计算得到不对称器件的正负极材料质量比为 $m^+/m^- \approx 1/5$。

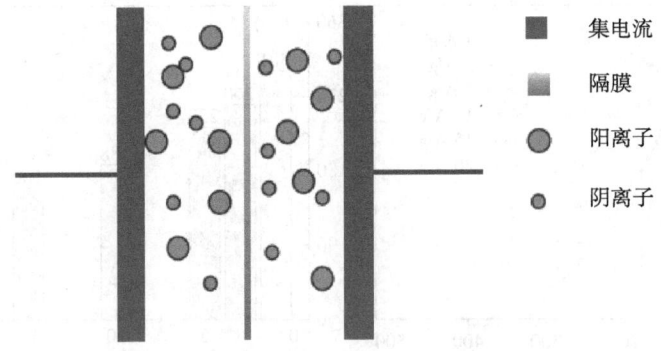

图 7-13　超级电容器器件装置

我们将组装的非对称超级电容器器件置于两电极中进行性能测试，如图7-14 所示。

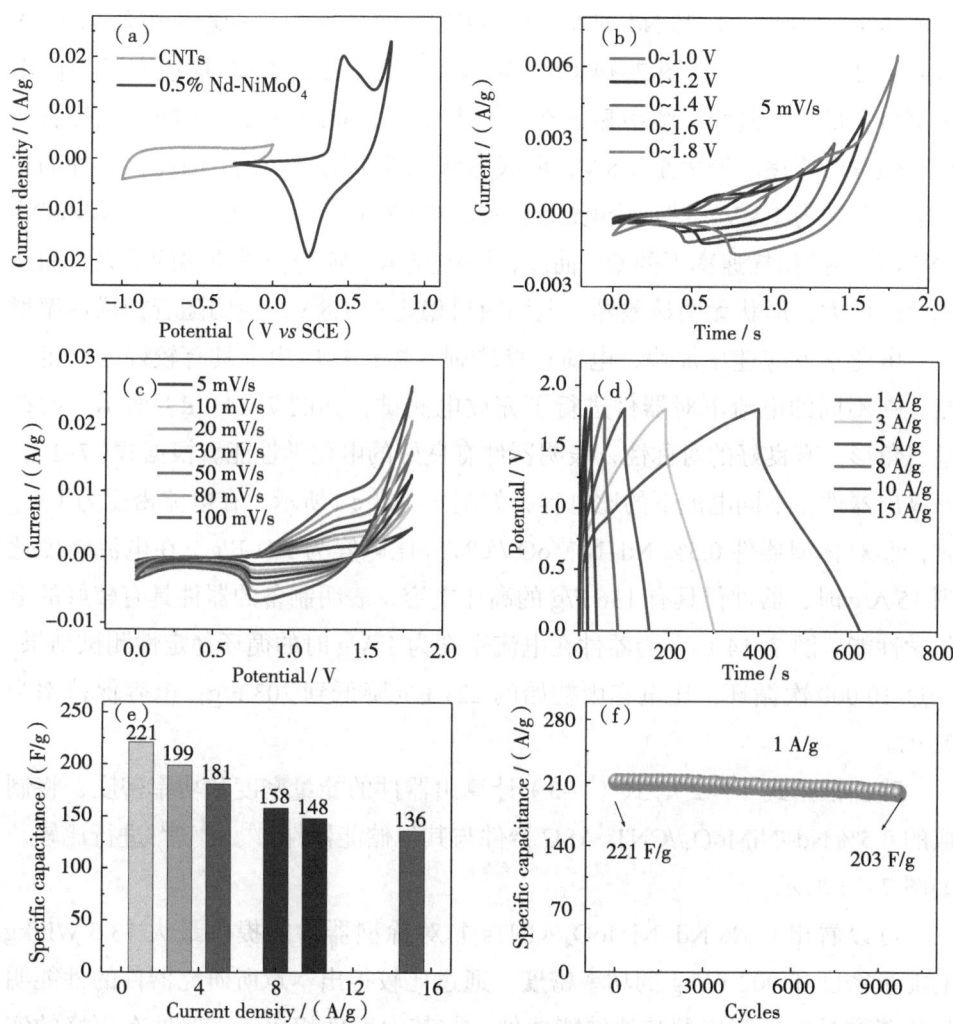

图 7-14 （a）0.5% Nd-NiMoO$_4$、CNTs 的 CV 曲线；（b）在 5 mV/s 扫描速率下器件在不同窗口下的 CV 曲线；（c）不同扫描速率下 0.5% Nd-NiMoO$_4$//CNTs 器件的 CV 曲线；（d）不同电流密度下 0.5% Nd-NiMoO$_4$//CNTs 器件的充放电曲线；（e）0.5% Nd-NiMoO$_4$//CNTs 在不同电流密度下的比电容柱状图；（f）电流密度为 1 A/g 时器件的循环稳定性测试图

图 7-14（a）为 0.5% Nd–NiMoO$_4$ 材料和 CNTs 材料的 CV 曲线，图中显示当扫描速率为 5 mV/s 时，0.5% Nd–NiMoO$_4$ 材料的最高电压为 0.8 V，CNTs 材料的最低电压为 –1.0 V。正电压与负电压之差的窗口值电压为不对称器件的电压值。因此，0.5% Nd–NiMoO$_4$ 和 CNTs 制备成的器件理论电压为 1.8 V（1.0 V+0.8 V=1.8 V）。图 7-14（b）为器件装置在 5 mV/s 扫描速率下不同电压窗口下的 CV 曲线，图中显示在不同电压下，曲线呈现封闭的羽毛形状，并且随着电压逐渐增大至 1.8 V，曲线形状未发生明显变化，因此，器件的稳定电压范围为 1.8 V，与理论电压值一致。图 7-14（c）为 0.5% Nd–NiMoO$_4$//CNTs 在不同扫描速率下的 CV 曲线，图中显示，随着扫描速率的增大，曲线成比例增大，形状无明显差异，电压窗口稳定在 1.8 V，说明随着扫描速率增加，电化学反应速率加快，电荷存储增强，器件在应用中具有较好的稳定性能。在不同的电流下对器件进行了充放电测试，如图 7-14（d）所示，曲线呈三角形，有良好的对称性，表明器件有良好的电化学性能。根据式（7-1），计算出器件在不同电流下的比电容，如图 7-14（e）所示，在电流密度为 1 A/g 时，非对称型器件 0.5% Nd–NiMoO$_4$//CNTs 比电容为 221 F/g，在电流密度达到 15 A/g 时，器件仍具有 136 F/g 的高比电容，表明制备的器件具有较好的电化学性能。图 7-14（f）为器件在电流密度为 1 A/g 时的循环稳定性测试结果，经过 10 000 次循环，比电容由初始的 221 F/g 降低到 203 F/g，电容保持率为 91.9%。

我们根据式（7-2）、式（7-3）计算出器件的能量密度和功率密度，将制成的 0.5% Nd–NiMoO$_4$//CNTs ASC 器件与其他储能器件[149, 136, 150]进行比较，如图 7-15 所示。

可以看出 0.5% Nd–NiMoO$_4$//CNTs 非对称型器件能提供最大 73.5 Wh/kg 的能量密度和 902 W/kg 的功率密度，通过比较得出本章所研究器件的性能明显优于文献中所列出的其他储能器件。与其他器件相比，该器件有更好的实际应用价值，具有较好的发展潜力。

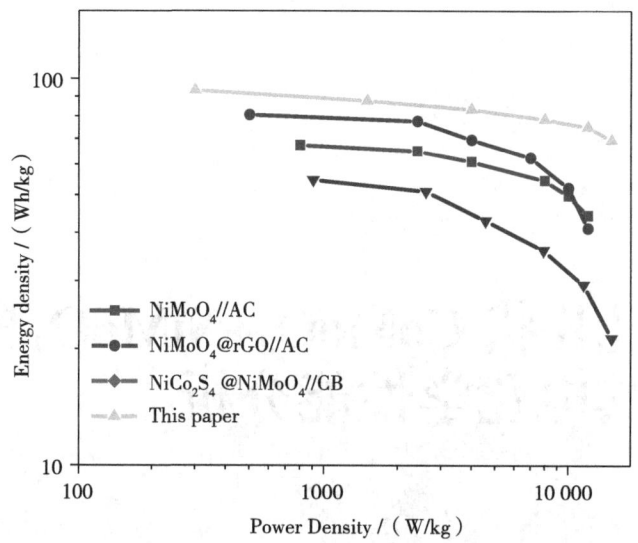

图 7-15 与其他器件相比 0.5% Nd-NiMoO$_4$//CNTs 器件的拉贡图

7.4 本章小结

在本章实验中,我们采用溶胶-凝胶法制备出了不同浓度 Nd 掺杂的 NiMoO$_4$ 电极材料,实验结果表明加入 0.5% Nd 掺杂后的 NiMoO$_4$ 材料有着优异的电容性能,在电流密度为 1 A/g 时,比电容为 2182 F/g。在电流密度为 5 A/g 下经过 10 000 次循环后,电容保持率仍为 98.5%,较原始的 NiMoO$_4$ 材料具有更优异的电化学性能。此外,以 0.5% Sc-NiMoO$_4$ 材料和 CNTs 分别作为正负极制备了一种非对称电容器装置,在电流密度为 1 A/g 时,不对称器件 0.5% Nd-NiMoO$_4$//CNTs 比电容为 221 F/g,在电流密度达到 15 A/g 时,器件仍具有 136 F/g 的高比电容,表明制备的器件具有较好的电化学性能。器件还显示出 73.5 Wh/kg 的高能量密度,最后,电容器器件在进行 10 000 次循环后,仍然具有 91.9% 的电容保持率。本研究为制备具有优异电化学性能的复合材料提供了新的策略。

8 多孔片状 CoMoO$_4$+NiMoO$_4$ 的制备及其电化学性能分析

8.1 引言

超级电容器作为一种新型储能器件,具有功率密度高、安全系数高、维护成本低等诸多优势,吸引了广泛的研究和关注[151, 108]。但存在能量密度较低的缺陷,这使它的实际应用受到限制。在不改变其优势的情况下,尽最大可能提升超级电容器的能量密度,是拓展其未来应用场景的关键之处[153]。近年来,研究者们对电极材料已进行了大量探索和研究。例如,合成异质结构[154]、核壳结构[155]、多孔状的纳米花结构等[156],均取得极大的进步。这些特殊的结构有效地提高了材料的电化学性能。

钼酸钴具有高氧化还原活性、良好的电导率、优异的倍率性能和循环稳定性等优点。然而,现有文献中提到 $CoMoO_4$ 的比电容并不理想[157],$NiMoO_4$ 具有很高的电化学活性,但其速率性能较差[158]。研究学者常常把二者结合起来,形成一种特殊的结构,以发挥二者的协同效应,提升材料的电化学性能。Frederick Nti 等[159]采用简单的方法制备了 $NiMoO_4/CoMoO_4$ 纳米棒。在 1 A/g 电流密度下,获得了高比电容 1445 F/g。在 10 A/g 电流密度下,经过 3000 次循环后,保持了初始电容的 78.8%。该样品还表现出较低的离子电阻(1.2 Ω)。其优异性能远超过单一物质的电化学性能。Gopi 等[160]通过化学沉积法制备了 $NiMoO_4$–$CoMoO_4$ 纳米片。该材料具有优异的倍率性能(10 A/g 下为 92.44%)和优异的循环稳定性(6 A/g 下 5000 次循环后为 97.19%)。Yu 等[161]成功地通过水热法和电化学沉积法制备出包裹在 $NiMoO_4$ 纳米片中的 $CoMoO_4$ 纳米棒。以制备的材料为正极,活性炭为负极制备不对称超级电容器。该器件最大电位窗口为 1.6 V、最大能量密度为 89.3 Wh/kg 和最大功率密度为 11 237 W/kg(0.25 A/g)。上述有关 $CoMoO_4$ 和 $NiMoO_4$ 的数据表明,$CoMoO_4$ 和 $NiMoO_4$ 的特殊组合可以有效地发挥各自组分的优势,具有巨大的研究潜力。

本章利用溶胶凝胶法和冷冻法成功地制备出钼酸钴和钼酸镍共混物(多孔的 $CoMoO_4$+$NiMoO_4$-1.5 纳米片),其具有优异的电化学性能。在 1 A/g 的电流密度下,比电容高达 2140 F/g,即使在 20 A/g 的大电流密度下,电荷的转移阻抗可达到 0.813 Ω/cm²。在 5 A/g 的电流密度下，循环 10 000 次，CoMoO₄+NiMoO₄-1.5 多孔片状结构比电容从 1710 F/g 降为 1698 F/g，比电容保持率高达 99.3%。最后我们把制备材料和 AC 组装成非对称超级电容器 CoMoO₄±NiMoO₄-1.5//CNTs，在 1 A/g 电流密度时，比电容高达 142 F/g。在 5 A/g 的电流密度下，器件循环 10 000 次，比电容从 218 F/g 降为 213 F/g，比电容保持率高达 97.7%。

8.2 材料与方法

8.2.1 溶胶凝胶法制备 CoMoO₄ 粉末

将 1.7 g 四合水钼酸铵[(NH₄)₆Mo₇O₂₄·4H₂O]、0.87 g 六水合硝酸钴[Co(NO₃)₂·6H₂O]，5 mL 柠檬酸和 2 g P123（EO₂₀PO₇₀EO₂₀）模板剂放入烧杯中搅拌，加入 20 mL 超纯水，超声处理 30 min，在 50 ℃的温度下往这些溶液中加入 5.7 g 乙基纤维素形成溶胶。然后，将溶胶在不断搅拌下缓慢加热到 90 ℃，得到凝胶状的钼酸钴。最后，将凝胶产物在 650 ℃下热处理 1 h，去除模板并形成钼酸钴粉末。

8.2.2 冷冻法制备多孔状 NiMoO₄ 纳米片

首先，称取 0.7710 g Ni(NO₃)₂·6H₂O 和 0.6766 g Na₂MoO₄·2H₂O 于烧杯中，加入 30 mL 超纯水，搅拌至完全溶解，然后将溶液倒入 40 mL 的离心管中。再将装有前驱体溶液的离心管缓慢地竖直插入到液氮（-196 ℃）中，冷冻 10 min 左右，使前驱体溶液完全冷冻成固体。然后将冷冻后的样品迅速转移到冷冻干燥机上的悬挂瓶中，在 -80 ℃和 20 Pa 的条件下真空干燥 48 h，使样品完全干燥。最后，将干燥好的样品从冷冻干燥机上取出，在 550 ℃条件下煅烧 1.5 h，即可得到多孔状 NiMoO₄ 纳米片（命名为 NiMoO₄-1.5）。

8.2.3 多孔$CoMoO_4$+$NiMoO_4$纳米片的制备

将 8.2.1 中制备得到的钼酸钴粉末浸渍在 $Ni(NO_3)_2·6H_2O$ 和 $Na_2MoO_4·2H_2O$ 的水溶液中，后续步骤和 8.2.2 相同，即可得到多孔 $CoMoO_4$+$NiMoO_4$–1.5 纳米片。制备过程如图 8–1 所示。

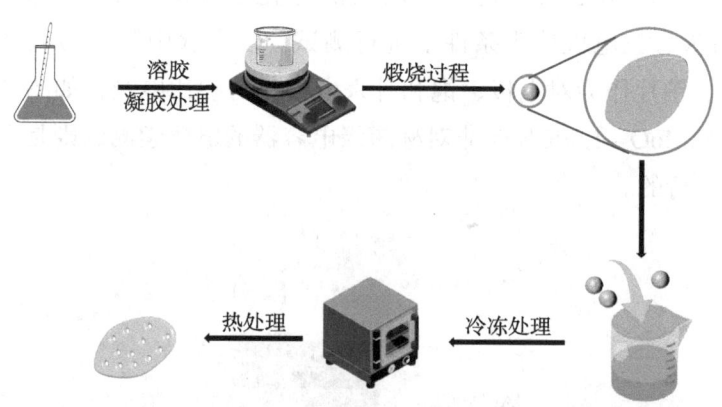

图 8–1 多孔 $CoMoO_4$+$NiMoO_4$–1.5 纳米片生长过程示意

在不同的煅烧时间（0.5 h、1 h、1.5 h 和 2 h）下合成了其他 $CoMoO_4$+$NiMoO_4$ 样品。得到的电极分别命名为 $CoMoO_4$+$NiMoO_4$–0.5、$CoMoO_4$+$NiMoO_4$–1、$CoMoO_4$+$NiMoO_4$–1.5 和 $CoMoO_4$+$NiMoO_4$–2。对活性物质（多孔 $CoMoO_4$+$NiMoO_4$ 纳米片）的质量进行称量，分别为 1.7 mg（0.5 h）、2.0 mg（1 h）、2.2 mg（1.5 h）、2.4 mg（2 h）。

8.2.4 AC的制备

我们使用活性炭材料（AC）作为非对称型器件的负极材料。制备过程如下：首先按一定的质量比称取活性炭、炭黑及 PVDF（80∶15∶5）3 种粉末。其次将 3 种粉末混合均匀，放在研钵当中进行研磨。然后把研磨均匀后

的粉末加入适量的 *N*- 甲基吡咯烷酮（NMP）有机溶剂中。在磁力搅拌器上以 600 r/min 转速搅拌一定时间形成均匀黏稠的浆料。最后将黏稠的浆料均匀地涂抹到碳布导电基底上（$1 \times 1 \text{ cm}^2$），在（65±5）℃的条件下干燥 7 h。

8.2.5 电化学性能的测试

实验中，所制备的材料单一电极的电化学性能测试首先是在 5 mol/L KOH 电解液、三电极体系条件下进行测试。以实验中制备的电极材料作为工作电极、铂片作为对电极、饱和甘汞电极作为参比电极，如图 8-2 所示。$CoMoO_4+NiMoO_4$-1.5//CNTs 非对称超级电容器的电化学测试则是在两电极体系条件下进行的。

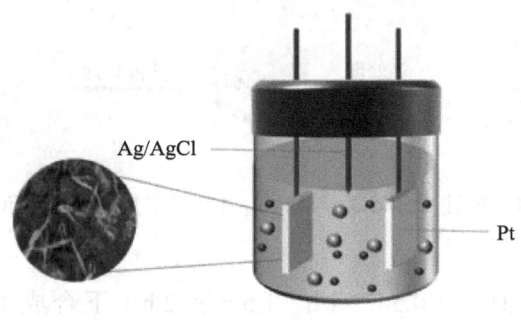

图 8-2 三电极示意

8.2.6 超级电容器的组装

非对称型电容器的组装：以多孔 $CoMoO_4+NiMoO_4$-1.5 纳米片为正极，活性炭（AC）为负极，5 M KOH 水溶液作为电解液，将隔膜放在正极和负极之间，进而组装成 $CoMoO_4+NiMoO_4$-1.5//CNTs 非对称超级电容器。

8.2.7 形貌表征和物相分析

形貌表征通过 SEM 分析和 TEM 分析。具体仪器有：X 射线衍射（XRD，

Rigaku D/max-rB，Cu Ka 辐射，k= 0.1542 nm，40 kV，100 mA），EDS（Oxford Aztec X-Max150，工作电压为 5 kV），全自动比表面积分析仪（型号 ASAP-3000，美国 Micromeritics 公司），电化学性能分析工作站（上海辰华 CHI 600D 电化学工作站）。相关的计算公式如下。

$$C_s = I\Delta t/m\Delta V \quad (8-1)$$
$$E = 0.5C_s\Delta V^2 \quad (8-2)$$
$$P = 3600E/\Delta t \quad (8-3)$$
$$Q = C_s \times \Delta V \times m \quad (8-4)$$
$$m^+/m^- = C^- \times \Delta V^-/(C^+ \times \Delta V^+) \quad (8-5)$$

式中：C_s 为比电容（F/g）；I 为放电电流（A）；Δt 为放电时间（s）；ΔV 为放电过程压降（V）；m 为活性物质的质量（g）；E 为能量密度（Wh/kg）；P 为功率密度（W/kg）；C 为电容（F）；Q 为电荷量（C）。

8.3 结果分析与讨论

8.3.1 纳米片的形貌表征和测试

图 8-3 为 $CoMoO_4$ 和 $NiMoO_4$ 的形貌分析。

图 8-3（a）为 $CoMoO_4$ 的低倍扫描电镜图像。可以发现图中存在许多的片状结构。图 8-3（b）为相应的高倍扫描电镜图像。我们可以发现，片状结构相互重叠在一起，并不是紧密排列，纳米片的尺寸约为 10 μm。图 8-3（c）为 $NiMoO_4$ 的低倍扫描电镜图像。我们可以发现，冷冻法制备的产物为片状结构，但非重叠在一起而是相互堆叠在一起。图 8-3（d～g）为冷冻法处理后不同煅烧时间的扫描电镜图像。可以发现，热处理之后的产物，形貌由片状结构变为多孔片状结构。随着煅烧时间的延长，片状结构逐渐被破坏，结构开始坍塌，保存最为完整的多孔片状结构为 1.5 h。

图 8-3 （a～b）CoMoO$_4$ 纳米片在不同倍率条件下的扫描电镜图像；（c）NiMoO$_4$ 纳米片的扫描电镜图像；NiMoO$_4$ 纳米片在不同煅烧时间下的扫描电镜图像：（d）0.5 h，（e）1 h，（f）1.5 h，（g）2 h

8.3.2 CoMoO$_4$+NiMoO$_4$-1.5 纳米片的表征和测试

图 8-4 为 CoMoO$_4$+NiMoO$_4$-1.5 纳米片的形貌表征。

图 8-4（a）是溶胶凝胶法和冷冻法制备的 CoMoO$_4$+NiMoO$_4$ 复合物，从图中我们可以发现，产物的形貌仍然是片状结构。但与图 8-3（a）和图 7-3（c）单一材料生长的片状结构相比，在单位面积下，复合材料比单一材料生长的片状结构更多。图 8-4（d）为相应的高倍 SEM 图片，可以看出，纳米片的厚度约为 2 nm，许多片材相互堆叠在一起，形成了相互交织的网状结构。图 8-4（c）是 CoMoO$_4$+NiMoO$_4$-1.5 复合物热处理之后的 SEM 照片，煅烧处理 1.5 h 之后的产物为多孔片状结构。为了更好地观察孔的结构，我们对其进行了放大处理，如图 8-4（d）所示。可以发现，煅烧处理 1.5 h 之后，多孔片

状结构保持良好。

图 8-4 （a）CoMoO$_4$+NiMoO$_4$ 纳米片扫描电镜图像；（b）a 图相应的高倍扫描电镜图像；（c）热处理 1.5 h 之后的 CoMoO$_4$+NiMoO$_4$-1.5 扫描电镜图像；（d）c 图相应的高倍扫描电镜图像

为了更加清楚地分析纳米片的微观结构，我们利用透射电镜对制备产物的微观形貌进行了分析，如图 8-5 所示。

从图 8-5（a）中可以清晰地看出，产物的形貌为片状结构，且相互交织在一起。图 8-5（b）为图 8-5（a）的 HRTEM 图片，我们可以清楚地发现纳米片的大小约为 200 nm，纳米片中存在孔的结构。我们也对产物进行了相应的高分辨测试，产物的晶面间距为 0.453 nm 和 0.27 nm，分别对应 NiMoO$_4$ 的和 CoMoO$_4$ 的（100）晶面、（131）晶面。插图为相应的选区电子衍射测试，电子衍射图呈现一系列同心圆环，表明所制备材料为多晶结构。TEM 元素分布测试如图 8-5（d～g）所示，可以看出，产物只含有 Mo、O、Co、Ni 这 4 种元素，没有其他的杂质元素存在，表明制备的产物为纯净物。

图 8-5　（a～b）多孔 CoMoO$_4$+NiMoO$_4$-1.5 纳米片在不同放大倍数下的透射电镜图片；（c）多孔 CoMoO$_4$+NiMoO$_4$-1.5 纳米片的 HRTEM 图像，插图为多孔 CoMoO$_4$+NiMoO$_4$-1.5 纳米片的截面电子衍射图像，TEM 映射；（d）Mo 元素；（e）O 元素；（f）Co 元素；（g）Ni 元素

多孔 CoMoO$_4$+NiMoO$_4$-1.5 纳米片的晶体结构及与其他单一材料的比表面积测试对比结果，如图 8-6 所示。

EDS 结果如图 8-6（a）所示，表明实验制备的产物只含有 O、Co、Mo 和 Ni 4 种元素，不含其他元素。这表明实验中制备了纯物质。图 8-6（b）显示了产物的 XRD 图。通过与标准卡比较，证明合成的材料 CoMoO$_4$（PDF，Card No. 21-0868）和 NiMoO$_4$（PDF，Card No.13-0128）是单斜结构且基本相同。此外，在 X 射线衍射（XRD）图谱中，除了与 CoMoO$_4$（PDF，Card No.21-0868）和 NiMoO$_4$（PDF，Card No.13-0128）卡片衍射峰对应外，我们还观察到了几个较弱的衍射峰。这些弱衍射峰与 CoMoO$_4$·0.9H$_2$O（PDF，Card No.14-1186）和另一种 NiMoO$_4$ 相（PDF，Card No. 12-0348）的杂质峰相吻合，表明我们的合成样品中存在一些杂质[162,62,164]。CoMoO$_4$+

NiMoO$_4$ 的 XRD 图样包含 CoMoO$_4$ 和 NiMoO$_4$ 的衍射峰，表明存在两种相。这表明实验中制备的产物是 CoMoO$_4$ 和 NiMoO$_4$-1.5 的混合物。电极材料的比表面积和孔径分布与材料的电化学性能密切相关。通过氮气吸脱附测试，测试了实验材料的比表面积和孔径分布。材料的比表面积通过测试分析得出，

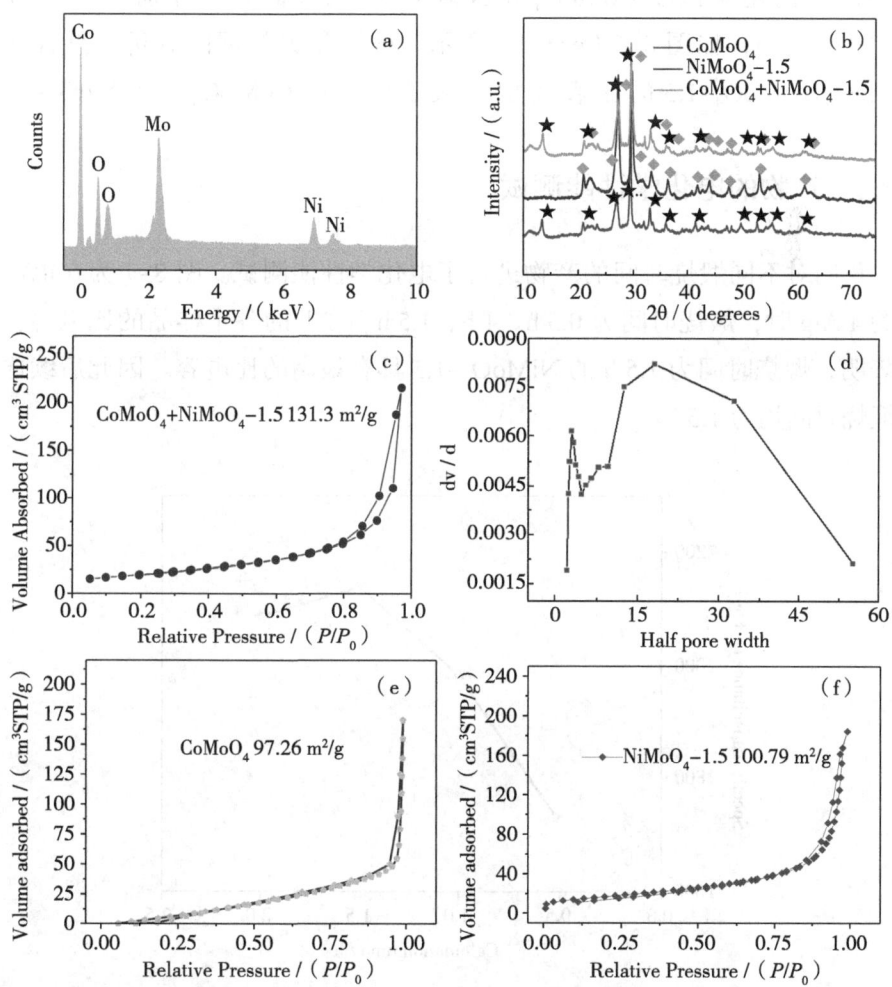

图 8-6 （a）多孔 CoMoO$_4$+NiMoO$_4$-1.5 纳米片的 EDS 能谱图；（b）CoMoO$_4$、NiMoO$_4$-1.5 和多孔 CoMoO$_4$+NiMoO$_4$-1.5 纳米片的 XRD 测试；（c）多孔 CoMoO$_4$+NiMoO$_4$-1.5 纳米片的氮气吸脱附曲线；（d）多孔 CoMoO$_4$+NiMoO$_4$-1.5 纳米片的孔径分布曲线；（e）CoMoO$_4$ 氮气吸脱附曲线；（f）多孔 NiMoO$_4$-1.5 氮气吸脱附曲线

实验结果如图 8-6（c）所示。测试结果表明，多孔 $CoMoO_4+NiMoO_4$-1.5 纳米片的比表面积为 131.3 m^2/g。图 8-6（d）显示了制备材料的孔径分布。从图中可以看出，孔径主要分布在 40 nm 左右。这种多孔结构增加了材料的比表面积，可以缩短离子和电子的传输路径，提高材料的电化学性能[165]。最后，我们还测试了 $CoMoO_4$ 和 $NiMoO_4$ 的比表面积，分别为 97.26 m^2/g 和 100.79 m^2/g，如图 8-6（e～f）所示。根据相关数据的分析，复合结构 $CoMoO_4+NiMoO_4$-1.5 的比表面积略大于单一的 $CoMoO_4$ 和 $NiMoO_4$-1.5。

8.3.3 产物的电化学性能测试

我们对不同煅烧时间的产物进行了电化学性能测试。图 8-7 为在电流密度为 1 A/g 时，煅烧时间为 0.5 h、1 h、1.5 h 和 2 h 的各个样品的比电容。结果表明，煅烧时间为 1.5 h 的 $NiMoO_4$-1.5 具有最高的比电容。因此后续样品的煅烧时间均为 1.5 h。

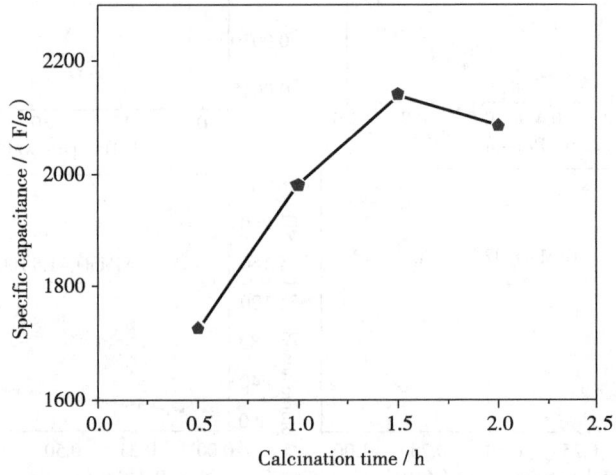

图 8-7　在不同煅烧时间下，各个样品在电流密度为 1 A/g 时的比电容

对 Ni、$NiMoO_4$-1.5、$CoMoO_4$ 和 $CoMoO_4+NiMoO_4$-1.5 进行的电化学测试结果，如图 8-8 所示。

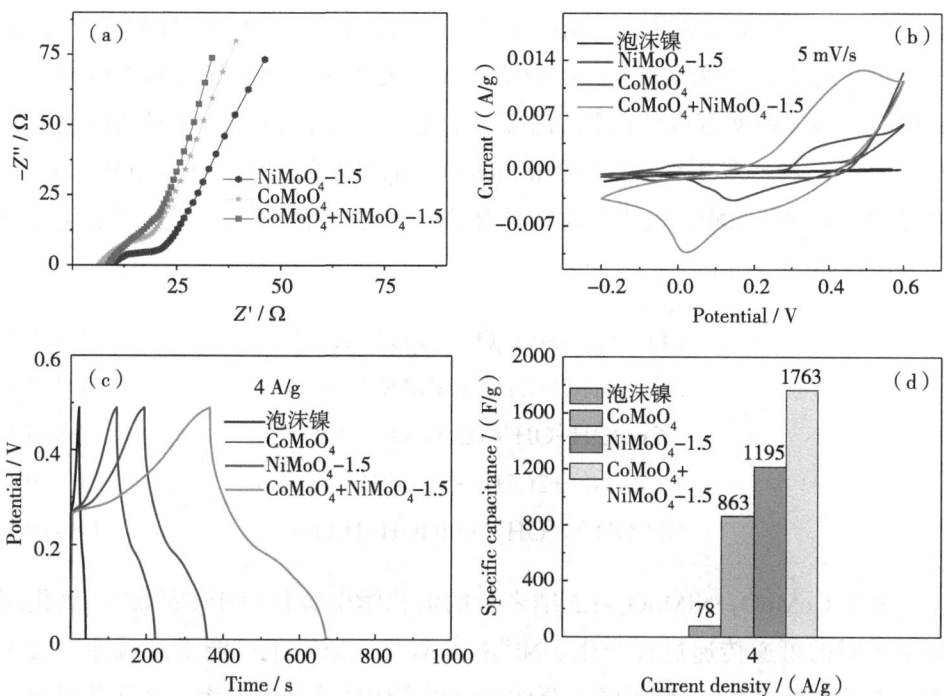

图 8-8 （a）$CoMoO_4$、$NiMoO_4$-1.5 和多孔 $CoMoO_4$+$NiMoO_4$-1.5 纳米片的奈奎斯特图；（b）泡沫镍、$CoMoO_4$、$NiMoO_4$-1.5 和多孔 $CoMoO_4$+$NiMoO_4$-1.5 纳米片在 5 mV/s 条件下的 CV 曲线；（c）泡沫镍、$CoMoO_4$、$NiMoO_4$-1.5 和多孔 $CoMoO_4$+$NiMoO_4$-1.5 纳米片在 4 A/g 条件下的恒电流充放电曲线；（d）泡沫镍、$CoMoO_4$、$NiMoO_4$ 和多孔 $CoMoO_4$+$NiMoO_4$-1.5 纳米片在 4 A/g 条件下的比电容

电化学阻抗对材料的电化学性能有重要影响。在实验中，我们测量了 3 种材料的阻抗，如图 8-8（a）所示。在高频区域，3 个测试图像均显示半圆形，而且半圆的直径非常小。通过计算，$CoMoO_4$、$NiMoO_4$-1.5 和多孔 $CoMoO_4$+$NiMoO_4$-1.5 纳米片的电子传输阻抗分别为 1.211 Ω/cm^2、0.924 Ω/cm^2 和 0.813 Ω/cm^2，表明多孔 $CoMoO_4$+$NiMoO_4$-1.5 纳米片作为电极材料具有良好的电导率[166]。在低频区域，多孔 $CoMoO_4$+$NiMoO_4$-1.5 纳米片的曲线斜率接近 90°，远大于单一物质 $CoMoO_4$ 和 $NiMoO_4$-1.5 的曲线斜率。这也表明多孔 $CoMoO_4$+$NiMoO_4$-1.5 纳米片具有更小的扩散阻抗[167]。这有助于电解液中离子和电子在电极材料中的扩散，并提高材料的电化学性能[157]。图 8-8（b）

显示了制备材料的 CV 曲线。从图中可以看出，多孔 $CoMoO_4+NiMoO_4-1.5$ 纳米片电极的 CV 曲线具有最大的曲线面积，表明它具有更好的储电能力。与此同时，泡沫镍所围成的面积几乎为零。这表明泡沫镍对活性材料的比电容几乎没有影响。多孔 $CoMoO_4+NiMoO_4-1.5$ 纳米片的 CV 曲线在 0 V 和 0.5 V 处显示了氧化还原峰，表明该材料具有赝电容反应特性[168]。对应于氧化还原峰的法拉第反应如下[169-171]：

$$3[Co(OH)_3]^- \leftrightarrow Co_3O_4+4H_2O+OH^-+2e^- \quad (8-6)$$

$$Co_3O_4+H_2O+OH^- \leftrightarrow 3CoOOH+e^- \quad (8-7)$$

$$CoOOH+OH^- \leftrightarrow CoO_2+H_2O+e^- \quad (8-8)$$

$$Ni^{2+}+2OH^- \leftrightarrow Ni(OH)_2 \quad (8-9)$$

$$Ni(OH)_2+OH^- \leftrightarrow NiOOH+H_2O+e^- \quad (8-10)$$

多孔 $CoMoO_4+NiMoO_4-1.5$ 纳米片的电化学电容是由于 Co^{2+}/Co^{3+} 氧化还原电子对的可逆传递过程产生。Ni^{2+}/Ni^{3+} 氧化还原对很可能受到碱性溶液中 OH^- 离子的影响。Mo 离子的主要作用是提高钼酸盐的电导率，从而获得改进的电化学电容行为[172]。在三电极系统中，3 种制备材料和泡沫镍在 4 A/g 电流密度下的充放电如图 8-8（c）所示。通过式（8-1），我们计算出它们的比电容，如图 8-8（d）所示。可以发现，多孔 $CoMoO_4+NiMoO_4-1.5$ 纳米片的比电容远大于 $CoMoO_4$ 和 $NiMoO_4-1.5$ 的比电容。这也表明多孔结构和两种材料的混合对于提高材料的电化学性能具有重要意义。

图 8-9 为多孔 $CoMoO_4+NiMoO_4-1.5$ 纳米片的电化学性能测试结果。

图 8-9（a）显示了不同扫描速率下多孔 $CoMoO_4+NiMoO_4-1.5$ 纳米片的 CV 曲线。从图中可以看出，随着扫描速率的增加，CV 曲线的形状成比例增加，峰电流也增加。这表明材料的法拉第反应加速，主要材料具有良好的稳定性。同时也从侧面表明所制备的材料具有优异的离子和电子传导性[173]。我们还在不同电流密度下测量了多孔 $CoMoO_4+NiMoO_4-1.5$ 纳米片的恒电流充放电测试，如图 8-9（b）所示。通过式（8-1），我们计算出它在不同电流密度下的比电容，如图 8-9（c）所示。从图中可以看出，多孔 $CoMoO_4+NiMoO_4-1.5$ 纳米片在 1 A/g 电流密度下具有 2140 F/g 的比电容。

即使在 20 A/g 的高电流密度下,它仍具有 1214 F/g 的比电容。这也表明该材料具有高比电容和良好的倍率性能。循环稳定性也是电化学性能的重要组成部分,我们所制备样品的循环稳定性能测试结果如图 8-9(d)所示。多孔 CoMoO$_4$+NiMoO$_4$–1.5 纳米片在 5 A/g 电流密度下循环 10 000 次,比电容从 1710 F/g 变为 1698 F/g,保持率为 99.3%。这表明该材料具有良好的循环稳定性。

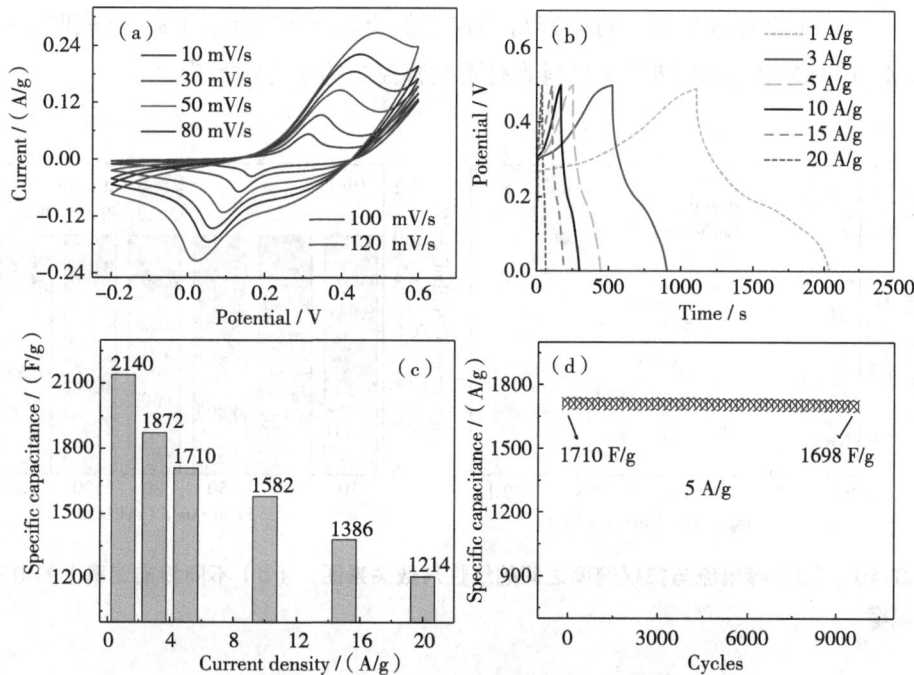

图 8-9 (a) 多孔 CoMoO$_4$+NiMoO$_4$–1.5 纳米片在不同扫描速率下的 CV 曲线;(b) 多孔 CoMoO$_4$+NiMoO$_4$–1.5 纳米片在不同电流密度下的恒电流充放电曲线;(c) 多孔 CoMoO$_4$+NiMoO$_4$–1.5 纳米片在不同电流密度下比电容;(d) 电流密度为 5 A/g 时,多孔 CoMoO$_4$+NiMoO$_4$–1.5 纳米片的循环性能测试

与此同时,我们还研究了多孔 CoMoO$_4$+NiMoO$_4$–1.5 纳米片的扩散效应和动力学行为。根据图 8-9(a)得到的 CV 曲线,将 log(i) 和 log(V) 之间的关系进行线性拟合,如图 8-10(a)所示。根据方程 $i=aV^b$,当 b = 0.5

时，扩散控制占主导地位；当 $b = 1.0$ 时，赝电容控制占主导地位[174-175]。在本章中，阳极和阴极的 b 值更接近于1。这表明多孔 $CoMoO_4+NiMoO_4$-1.5 纳米片由表面赝电容控制主导，扩散控制为辅助，两种控制模式协同作用。表面赝电容和扩散控制的控制电容可以通过经验公式 $i = k_1V + k_2V^{1/2}$ 得到[176]。在公式中，k_1V 代表表面赝电容控制，$k_2V^{1/2}$ 代表扩散控制。多孔 $CoMoO_4+NiMoO_4$-1.5 纳米片在不同扫描速率下的电容贡献率如图 8-10（b）所示。随着扫描速率的增加，赝电容行为控制的贡献率逐渐增加。当扫描速率增加到 120 mV/s 时，赝电容行为控制的贡献率增加到83%。这表明多孔 $CoMoO_4+NiMoO_4$-1.5 纳米片材料具有赝电容控制的动力学行为[177]。

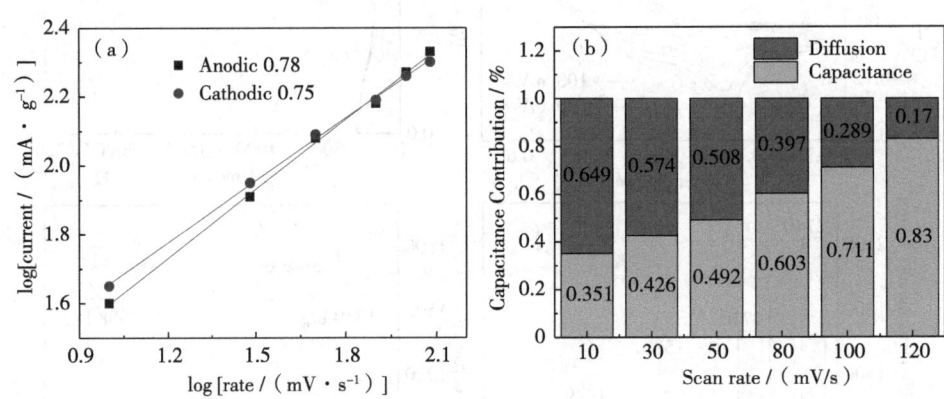

图 8-10　（a）峰电流与扫描速率之间的线性对数关系图；（b）不同扫描速率下的电容贡献率

速率性能也是衡量电化学性能的重要性能之一，相关测试数据如图 8-11 所示。

图 8-11（a）为 $CoMoO_4+NiMoO_4$-1.5 的速率性能测试结果。我们连续改变电流密度，每个电流密度循环 100 次。在第一个 100 次循环期间，材料的比电容稳定在 1710 F/g。当将电流密度返回到初始的 5 A/g 时，材料的比电容高达 1706 F/g。这些结果表明该材料具有更好的倍率性能。最后，我们总结了多孔 $CoMoO_4+NiMoO_4$-1.5 纳米片具有出色电化学性能的主要原因并绘制

了结构示意图，如图 8-11（b）所示。参考相关文献，总结和分析认为多孔 $CoMoO_4$+$NiMoO_4$-1.5 纳米片性能出色的原因如下。第一，多孔结构增加了材料的表面积并暴露了更多的活性位点[178]。第二，$CoMoO_4$ 和 $NiMoO_4$ 都是具有高氧化还原反应活性和可逆储能特性的优秀材料[179]。第三，混合异质结构极大地增强了两种材料的协同效应，提高了材料的电化学性能[180]。第四，纳米结构缩短了离子和电子的扩散路径，促进了电子的快速转移，加速了电化学反应[181]。

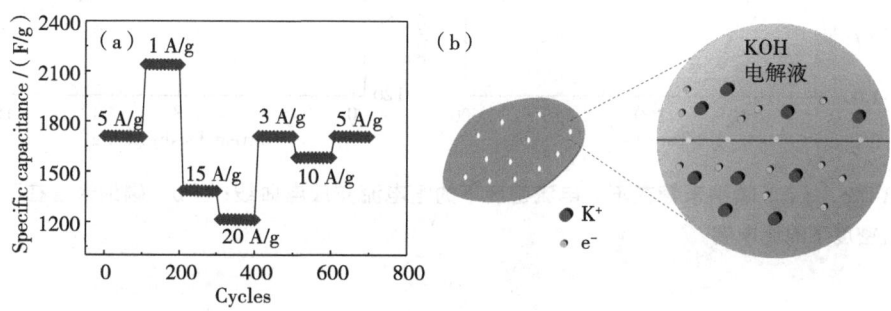

图 8-11 （a）多孔 $CoMoO_4$+$NiMoO_4$-1.5 纳米片的速率和循环性能；（b）多孔 $CoMoO_4$+$NiMoO_4$-1.5 纳米片的反应机理

8.3.4 碳纳米管的电化学性能测试

实验中，我们对负极材料 CNTs 的电化学性能进行了测试，结果如图 8-12 所示。

图 8-12（a）为 CNTs 电极材料在不同电流密度下的恒电流充放电测试结果，根据式（8-1），我们计算出它们的比电容，结果如图 8-12（b）所示。当电流密度从 1 A/g 增加到 15 A/g 时，比电容从 243 F/g 降为 168 F/g，保持率达到 69%，这表明负极材料 CNTs 具有良好的电化学性能。为了进一步研究合成材料的实际应用价值，我们用合成的活性材料组装成 $CoMoO_4$+$NiMoO_4$-1.5// CNTs 非对称超级电容器，并研究其器件性能。在 1 A/g 的电流密度下，正负极材料的比电容分别为 2140 F/g 和 242 F/g，电压窗口分别为 0.5 V 和 1 V。

根据质量匹配式（8-5），我们计算得出非对称型器件的正极和负极材料质量比为 $m^+/m^- \approx 1/5$。

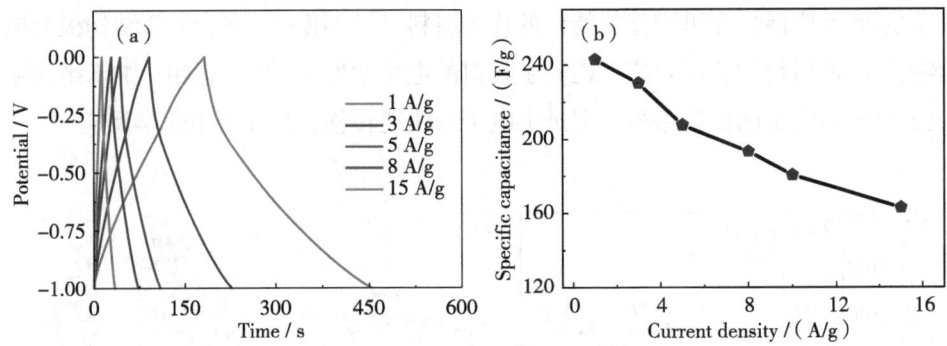

图 8-12 （a）碳纳米管在不同电流密度下的恒电流充放电曲线；（b）碳纳米管在不同电流密度下的比电容

8.3.5 非对称型器件电化学性能测试

我们对 $CoMoO_4+NiMoO_4$-1.5//CNTs 超级电容器的电化学性能测试结果如图 8-13 所示。

图 8-13（a）展示了在不同电压窗口下，5 mV/s 扫描速率下 $CoMoO_4+NiMoO_4$-1.5//CNTs 不对称器件的循环伏安曲线。可以看出，当电位窗口为 1.8 V 时，与其他电位窗口条件下的循环伏安曲线相比，循环伏安曲线有一定的变化。明显的极化峰出现，并且当电位窗口为 1.8 V 时，不对称 $CoMoO_4+NiMoO_4$-1.5//CNTs 的稳定性较差。因此，在随后的测试中，将器件的最大电位窗口设置为 1.6 V，以研究器件的电化学性能。图 8-13（b）展示了 $CoMoO_4+NiMoO_4$-1.5//CNTs 在不同扫描速率下的 CV 曲线。可以看出，随着扫描速率的增加，循环伏安曲线成比例增加。循环伏安曲线的形状没有明显变化，器件的电压窗口可以稳定在 1.6 V。这表明随着扫描次数的增加，化学反应加速，储存电荷增加，器件具有更好的稳定性[182]。我们在不同电流密度下进行了定电流充放电测试，如图 8-13（c）所示。充放电曲线具有良好的

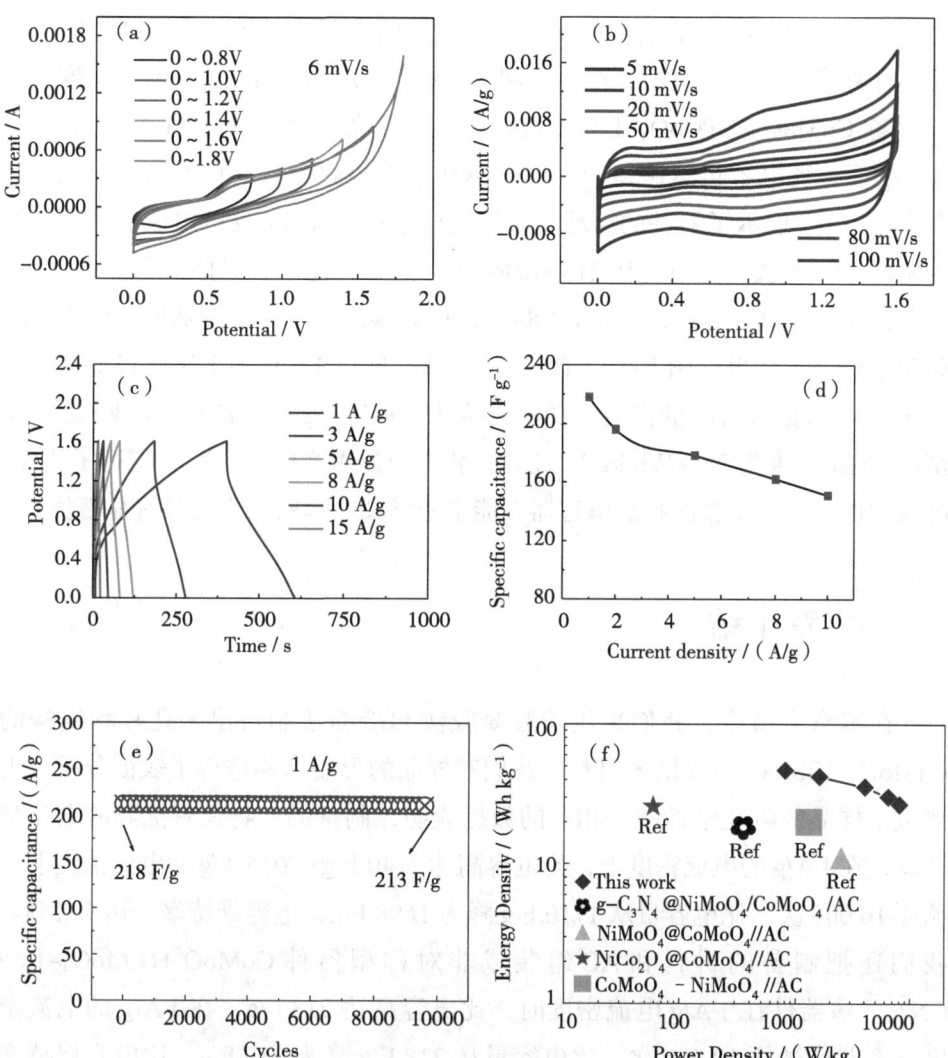

图8-13 （a）在10 mV/s扫描速率下，不同电压窗口下的CoMoO$_4$+NiMoO$_4$-1.5//CNTs超级电容器的CV曲线；（b）不同扫描速率下的CV曲线；（c）CoMoO$_4$+NiMoO$_4$-1.5//CNTs超级电容器在不同电流密度下的恒电流充放电曲线；（d）CoMoO$_4$+NiMoO$_4$-1.5//CNTs超级电容器在不同电流密度下的比电容；（e）CoMoO$_4$+NiMoO$_4$-1.5//CNTs超级电容器的循环稳定性能测试；（f）与参考文献比较的不对称器件的拉贡图

对称性，表明在测量的电压范围内具有良好的电化学性能。根据式（8-1），我们计算出它们的比电容，结果如图 8-13（d）所示。在 1 A/g 电流密度下，不对称 $CoMoO_4+NiMoO_4$-1.5//CNTs 的比电容高达 218 F/g。在高电流密度 10 A/g 下，比电容仍然达到 151 F/g，这也表明该材料具有良好的倍率性能。图 8-13（e）展示了器件的循环稳定性测试结果。在 5 A/g 的电流密度下，器件循环 10 000 次，比电容从 218 F/g 降至 213 F/g，比电容保持率高达 97.7%。最后，我们通过式（8-2）和式（8-3），计算得出了非对称型器件的能量密度和功率密度，结果如图 8-13（f）所示。该器件在 1.6 V 的电压窗口下，表现出 65.8 Wh/kg 的高能量密度（功率密度为 800 W/kg）和 12 000 W/kg 的功率密度（能量密度为 28.3 Wh/kg）。此外，我们与参考文献[168, 183-185]进行了比较。可以发现，我们制备的超级电容器在能量密度和功率密度方面具有显著优势。

8.4 本章小结

在本章实验中，我们采用溶胶凝胶法和冷冻法制备出多孔片状结构的 $CoMoO_4+NiMoO_4$-1.5 纳米材料。我们对样品的形貌结构进行了表征分析，也测试了样品的电化学性能。相关的数据表明，制备的产物具有优异的电化学性能，在 1 A/g 的电流密度下，比电容高达 2140 F/g；在 5 A/g 的电流密度下，循环 10 000 次，比电容量从 1710 F/g 降为 1698 F/g，电容维持率高达 99.3%。我们还把制备的材料和 AC 组装成非对称型器件 $CoMoO_4+NiMoO_4$-1.5//CNTs，该器件在 1 A/g 电流密度时，比电容高达 218 F/g，在 1 A/g 的电流密度下，器件循环 10 000 次，比电容量从 218 F/g 降为 213 F/g，比电容保持率高达 97.7%。同时可提供的最大能量密度为 65.8 Wh/kg，这为超级电容器的实际应用提供了一种有效的方法。

9 采用共沉淀和煅烧法制备具有高电化学性能的 Sm–NiMoO$_4$–CoMoO$_4$ 杂化纳米花

9.1 引言

电容器是一类重要的电子元件,广泛应用于电力系统、电子设备、通信系统等领域。电容器作为一种能够存储和释放电能的无源元件,具有储能速度快、容量稳定、使用寿命长的特点,在电路的供电、信号滤波和功率调节等方面发挥着重要作用[186-187]。随着电子技术和电气工程的发展,对电容器性能和应用的需求也在不断增加。传统的电容器如陶瓷电容器和铝电解电容器在某些特定的应用中一直无法满足需求,因此人们继续寻找新的材料和电容器结构,以提高性能、减少体积、增加容量等。近年来,通过材料科学、纳米技术、储能等领域的研究和发展,新的电容器材料和结构不断出现[188]。例如,超级电容器因其高能量密度、高循环性能和长寿命,已成为电容器领域的研究热点之一。此外,电容器越来越需要用于特定的应用场景,如电动汽车、可穿戴设备和可再生能源,它们需要更高的储能密度、更快的充放电速度和更长的循环寿命[189-190]。

一些研究表明,过渡金属钼酸盐作为一种电极材料具有较高的氧化还原活性。由于 Co^{2+} 具有良好的可逆氧化还原行为,因此在电化学和电池领域具有良好的电子传递性能。它广泛应用于锂离子电池、燃料电池等电化学储能和转换系统,因此 $CoMoO_4$ 材料具有高度氧化还原性[191-192]。一些研究人员已制备出基于 $CoMoO_4$ 和 $NiMoO_4$ 的纳米结构复合材料,复合材料结合了 $CoMoO_4$ 优异的比电容率性能和 $NiMoO_4$ 高比电容的优点。例如,Ga 等[193]利用电沉积在 $CoMoO_4$ 纳米棒上生长 Ni-Co-S 纳米片,以提高比电容。$CoMoO_4$@NCS 复合材料在 0.5 A/g 时的比电容为 1276 F/g,是原始材料的两倍。在电流密度为 1 A/g 时,该材料在 7000 次循环后的比电容保留率高达 98%。此外,$CoMoO_4$@NCS//AC 器件具有 48.3 Wh/kg 的高能量密度,在 10 000 次循环后,只有 4% 的电容损失。Maryam 等[194]制造了一种柔性超级电容器,使用分级的 $CoMoO_4/CoMoO_4$ 核/壳蒲公英形纳米阵列。这种设计产生了优异的电容性能,在电流密度为 1 A/g 时可达到 1548 F/g,在电流密度为 8 A/g 时进行 5000 次循环后容量保持 94%。$CoMoO_4/CoMoO_4$//AC 纳米结构非对称超级电容器具有高达 152 F/g 的优良比电容,以及优异的最大能量密度（54.04 Wh/kg）和最大功率密度（8.83 kW/kg）。这些性能结果表明，其电化学性能是显著的。Nti 等[195]简单合成了 $NiMoO_4/CoMoO_4$ 纳米棒，充分利用了两者之间的协同效应。这使得材料能够在 1 A/g 电流密度下，比电容高达 1445 F/g，并且在 10 A/g 电流密度下进行 3000 次循环后，保持其初始电容的 78.8%。这说明其具有良好的电化学性能。

综上所述，不同材料的复合具有较好的电化学性能。此外，在加入稀土元素 Sm（钐）后，由于其电子传递的快速性，杂化材料的化学性质得到了改善。研究发现混合材料具有更好的电化学性能，作者设计了纳米结构 Sm-$NiMoO_4$-$CoMoO_4$ 电极，该材料结合了 $CoMoO_4$ 和 $NiMoO_4$ 高比容量的优点，并结合稀土元素可进一步提高电化学性能。制备的 Sm-$NiMoO_4$-$CoMoO_4$ 杂化材料作为阳极，具有优异的电化学性能的碳纳米管作为阴极。即使在电流密度为 1 A/g 时，该 Sm-$NiMoO_4$-$CoMoO_4$ 电极的比容量高达 2248 F/g 的比电容，5000 次循环后高达 99.2%，材料具有良好的长期循环能力。显然，Sm-$NiMoO_4$-$CoMoO_4$ 与 AC 的完美匹配产生了显著的效果。Sm-$NiMoO_4$-$CoMoO_4$//CNTs 非对称超级电容器器件在功率密度为 698 W/kg 时，最大电压为 1.6 V，能量密度为 65.9 Wh/kg。

9.2 材料与方法

实验中使用的所有试剂均为分析级试剂，不需要进一步纯化。在合成材料之前，泡沫镍（尺寸：$1 \times 1 \times 0.1$ cm^3）在丙酮、乙醇和去离子水中进行超声波清洗 30 min。

9.2.1 Sm–NiMoO₄–CoMoO₄ 复合材料的制备

将 $Co(NO_3)_2$、$Ni(No_3)_2$ 和 Na_2MoO_4 以 Ni∶Co∶Mo=1∶1∶4 的摩尔比混合。随后，将 Sm_2O_3 逐渐加入到混合物中（Sm∶Ni∶Co∶Mo=1∶1∶1∶4），并在适当的温度和 pH 条件下搅拌均匀。在共沉淀过程中，反应体系中的离子逐渐结合形成沉淀。所产生的混合沉淀通过离心机过滤,以去除未反应的离子和杂质。随后,用纯水洗涤几次,以确保去除残留的杂质和未反应的离子。洗涤后的沉淀物用低温干燥法进行干燥,以除去溶剂中的水。然后将样品在 600 ℃ 的高温炉中煅烧 3 h,以消除残留的溶剂,促使元素之间的反应形成所需的 Sm–NiMoO$_4$–CoMoO$_4$ 混合物(图 9–1)。

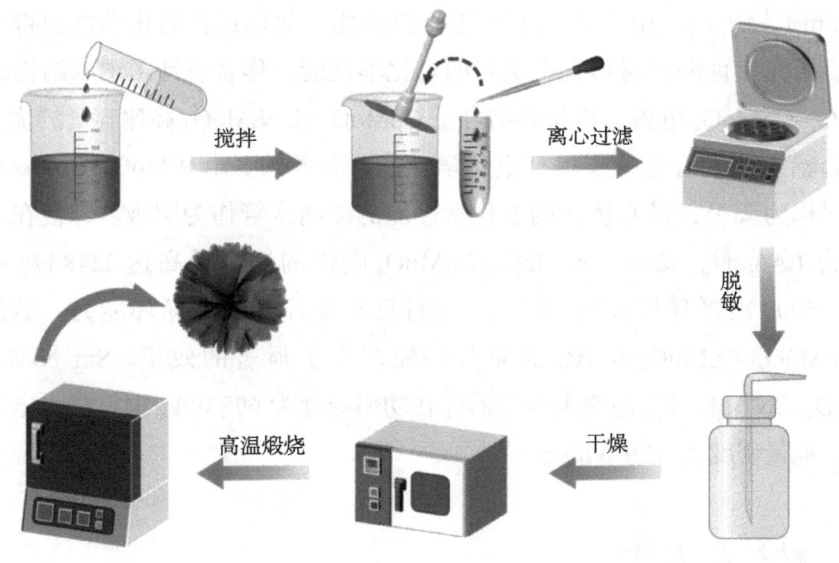

图 9–1　电极材料制备工艺示意

9.2.2　碳纳米管的制备

首先,取 0.5 g 碳纳米管(CNT),加入 60 mL 80% 硝酸(硝酸),在 80 ℃下加热 18 h,继续搅拌。完成这一步后,将混合物冷却到室温,用乙醇和去离子水清洗 3 次。接下来,将 80%(质量)碳纳米管与 10% 炭黑混合制备 CNTs/CC 电极。然后将 10% 的炭黑与 10% 的聚偏氟乙烯(PVDF)混合。在上述混合物中加入少量乙醇,将混合物涂在 CC 表面,在 90 ℃下干燥 6 h。

9.2.3 非对称超级电容器器件的组装

以制备的 Sm–NiMoO$_4$–CoMoO$_4$ 作为 Sm–NiMoO$_4$–CoMoO$_4$//CNTs 的阳极，以碳纳米管作为阴极。所制备的非对称超级电容器的正负极质量比由以下公式确定，以维持电荷平衡。

$$C_s = i\Delta t / (m\Delta V), \quad (9-1)$$

$$P = 3600E / \Delta t, \quad (9-2)$$

$$Q = C_s \Delta V m, \quad (9-3)$$

$$E = 0.5 C_s \Delta V^2, \quad (9-4)$$

$$m^+ / m^- = C^- \Delta V^- / (C^+ \Delta V^+), \quad (9-5)$$

式中：C_s 为比电容（F/g）；ΔV 为放电期间的电压降（V）；m 为材料质量（g）；I 为电流密度（A/g）；Δt 为放电时间（s）；P 为功率密度（W/kg）；Q 为板上的电荷（C）；E 为能量密度（Wh/kg）；以此类推。

9.2.4 材料性能表征

用扫描电镜（SEM）和透射电镜（TEM）观察其微观结构和形貌。扫描电镜测试使用日立 S–4800（加速电压为 20 kV）进行。利用透射电镜（JEOL JEM–2010）记录透射电镜（TEM）图像、高分辨率透射电子显微镜（HRTEM）图像和选区电子衍射（SAED）图案，并采用傅里叶变换红外光谱（FTIR）等技术确定晶体结构、形貌和化学组成。采用 X 射线衍射（XRD，Rigaku D/max–rB，Cu K_α 辐射，λ = 0.1542 nm，40 kV，100 mA）对制备产物的相结构进行测试。

9.3 结果分析与讨论

所制备样品的微观形貌如图 9-2 所示。

图 9-2（a）是 Sm-NiMoO$_4$-CoMoO$_4$ 材料在低倍率下的 SEM 图像，图 9-2（b）是更高倍率下的 SEM 图像。可以发现，这些纳米片相互交织形成大量的孔隙，使电极材料和电解质能够充分接触，提高电子传递速率，从而提高电化学性能。图 9-2（c）显示了 Sm-NiMoO$_4$-CoMoO$_4$ 的高倍率 SEM 图像。图 9-2（d）是整体映射，可以发现，各元素相互连接，元素分布均匀，不团聚。选取图 9-2（c）的整个横截面进行 SEM 光谱测试，图 9-2（e～i）证明了制备的材料中只有 Mo、Co、Ni、O、Sm 元素。

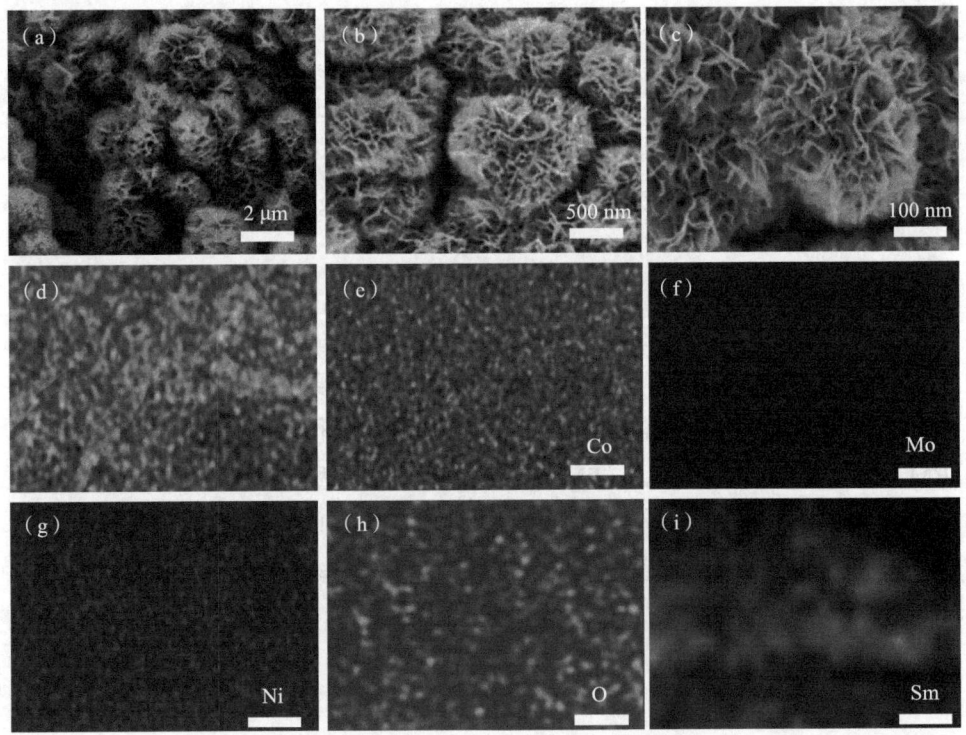

图 9-2 （a～c）Sm-NiMoO$_4$-CoMoO$_4$ 材料在不同放大倍数下的 SEM 图像；（d～i）分别为整体映射，所有元素 Co、Mo、Ni、O 和 Sm 的 TEM 映射

为了进一步观察 Sm-NiMoO$_4$-CoMoO$_4$ 纳米材料的微观结构组成,我们采用透射电镜(TEM)分析了 Sm-NiMoO$_4$-CoMoO$_4$,结果如图 9-3 所示。

图 9-3(a)为 Sm-NiMoO$_4$-CoMoO$_4$ 材料低倍率的 TEM 图,在图 9-3(a)的内部区域可以清楚地观察到多孔结构的存在,进一步证明了该材料具有多孔结构。选择图 9-3(a)中的局部图像(椭圆形部分)进行高功率透射电镜试验,结果如图 9-3(b)所示。根据图 9-3(b)中的高分辨率透射电子显微镜(HRTEM)图像,可以看到晶格条纹的晶平面间距为 0.27 nm 和 0.453 nm,分别对应 Sm-NiMoO$_4$-CoMoO$_4$ 的(100)晶格平面和(131)晶格平面。结果表明,所制备的多孔 Sm-NiMoO$_4$-CoMoO$_4$ 是一种多晶材料。此外,图 9-3 还显示了所选的电子衍射图像,以获得更多关于晶体结构的信息。另外,从图 9-3(c)到图 9-3(g)的结果显示,材料中只有 Mo、Co、Ni、O、Sm 5 种元素,没有其他元素。以上研究表明,该产品具有一定的优势。

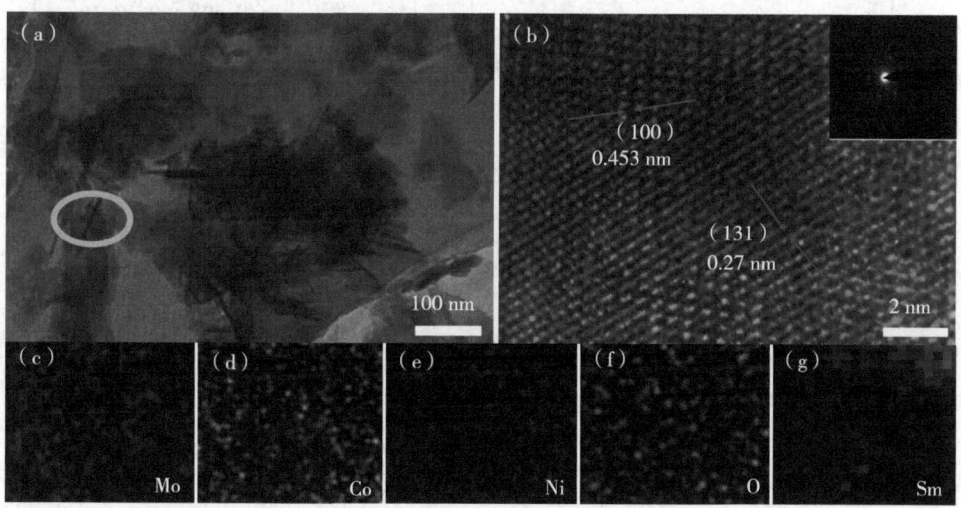

图 9-3 (a)Sm-NiMoO$_4$-CoMoO$_4$ 纳米材料的 TEM 图像;(b)Sm-NiMoO$_4$-CoMoO$_4$ 纳米材料的 HRTEM 图像,插入相应的 SAED 图;(c~f)分别为 Mo、Co、Ni、O 和 Sm 元素的 TEM 图

另外,我们对 Sm-NiMoO$_4$-CoMoO$_4$ 的元素组成进行了研究与分析,如

图 9-4 所示。

图 9-4（a）为 Sm-NiMoO$_4$-CoMoO$_4$ 材料的 EDS 分析结果，结果表明，材料中只有 Mo、Co、Ni、O 和 Sm，没有其他元素。图 9-4（b）为实验中制备的 Sm-NiMoO$_4$-CoMoO$_4$、NiMoO$_4$-CoMoO$_4$、CoMoO$_4$ 和 NiMoO$_4$ 的 XRD 结果。Sm-NiMoO$_4$-CoMoO$_4$ 的晶体结构表现出狭窄而尖锐的衍射峰，没有其他衍射峰，与典型的峰（JCPDS Card No. 21-0868）和（JCPDS Card No. 13-0128）一致。这说明所制备的产品具有较高的结晶度和纯度。

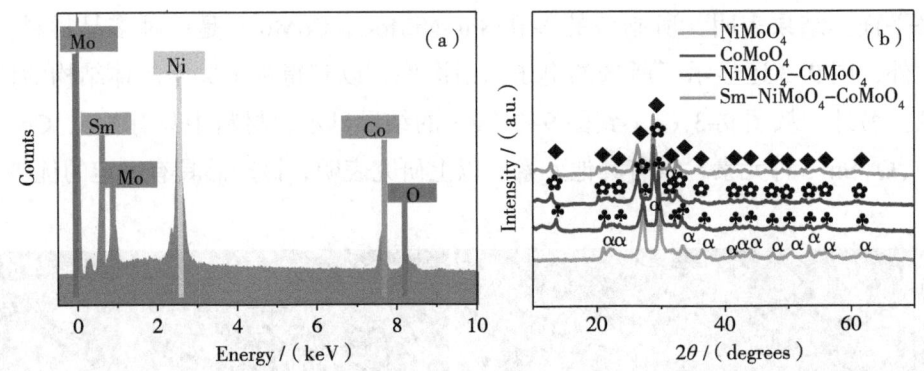

图 9-4 （a）Sm-NiMoO$_4$-CoMoO$_4$ 纳米材料的 EDS 光谱；（b）Sm-NiMoO$_4$-CoMoO$_4$ 纳米材料的 XRD 光谱

为了进一步分析稀土元素掺杂对产物的影响，我们使用 XPS 对 Sm-CoMoO$_4$-NiMoO$_4$ 进行表征和分析，以进一步了解该材料的化学状态和表面元素组成，如图 9-5 所示。

图 9-5（a～e）分别显示了 Sm-NiMoO$_4$-CoMoO$_4$ 的 Sm、Ni、Co、Mo 和 O 元素的 XPS 光谱。图 9-5（a）为 Sm 3d 的 XPS 谱，在 642.3 eV 和 653.6 eV 处可以看到两个峰，分别对应于 Sm 3d$^{3/2}$ 和 Sm 3d$^{5/2}$。图 9-5（b）为 Ni 2p 的 XPS 谱[196]，其中 Ni 2p$^{1/2}$ 和 Ni 2p$^{3/2}$ 的峰可以合并成两个峰。在 858.1 eV 和 863.2 eV 处的拟合峰对应于 Ni 3p，在 872.7 eV 和 878.2 eV 处的拟合峰对应于 Ni 2p。图 9-5（c）显示了 Co 2p 的 XPS 谱[197]，其中在 774.3eV 和 791.5eV 处有两个主峰，分别对应于 Co 2p$^{3/2}$ 和 Co 2p$^{1/2}$。图 9-5（d）

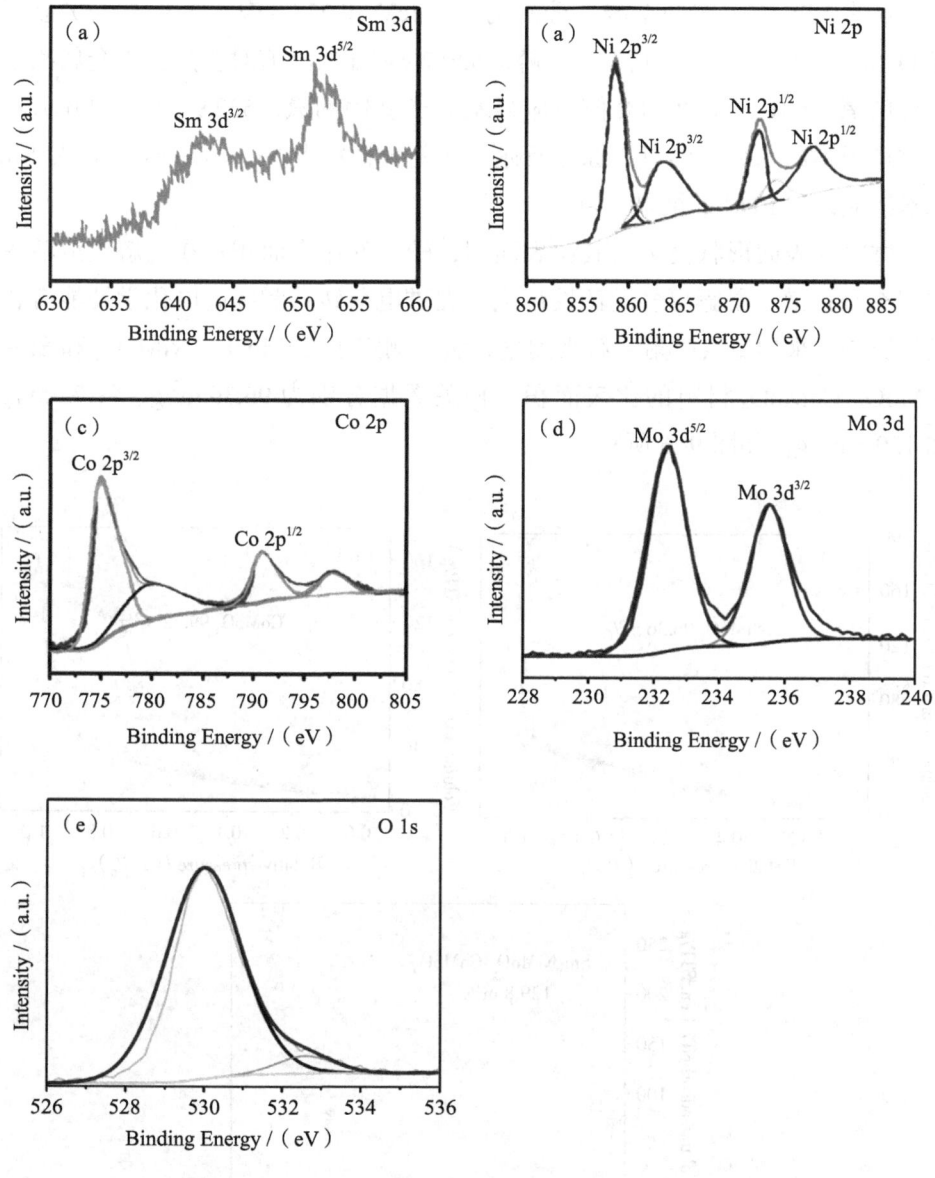

(a) Sm 3d;(b) Ni 2p;(c) Co 2p;(d) Mo 3d;(e) O 1s。

图 9-5　Sm-NiMoO$_4$-CoMoO$_4$ 中不同元素的 XPS 光谱

为 Mo 的 XPS 谱，有两个峰，分别为 232.4eV 和 235.8eV。图 9-5（e）显示了 O 1s 的 XPS 谱[198]，它有 3 个峰。529.2 eV 处的峰值对应晶格中金属离子结合的氧，531.7 eV 处的峰值对应羟基离子基团的氧，532.9 eV 处的峰值对应物理吸附的水分子的氧。综上所述，该复合材料由 Ni、Co、Mo、O 和 Sm 元素组成，与 EDS 的结果一致。

材料的表面形状会影响其比表面积，较大的比表面积对在电解质溶液中实现充分扩散、暴露更多的活性位点、促进电荷转移和提高电化学性能有积极的影响。采用氮气吸附 - 解吸测量方法，测定了 $CoMoO_4$、$NiMoO_4$ 和 Sm-$NiMoO_4$-$CoMoO_4$ 材料的比表面积。相关数据分别为 96.36 m^2/g、99.72 m^2/g 和 129.8 m^2/g，如图 9-6 所示。

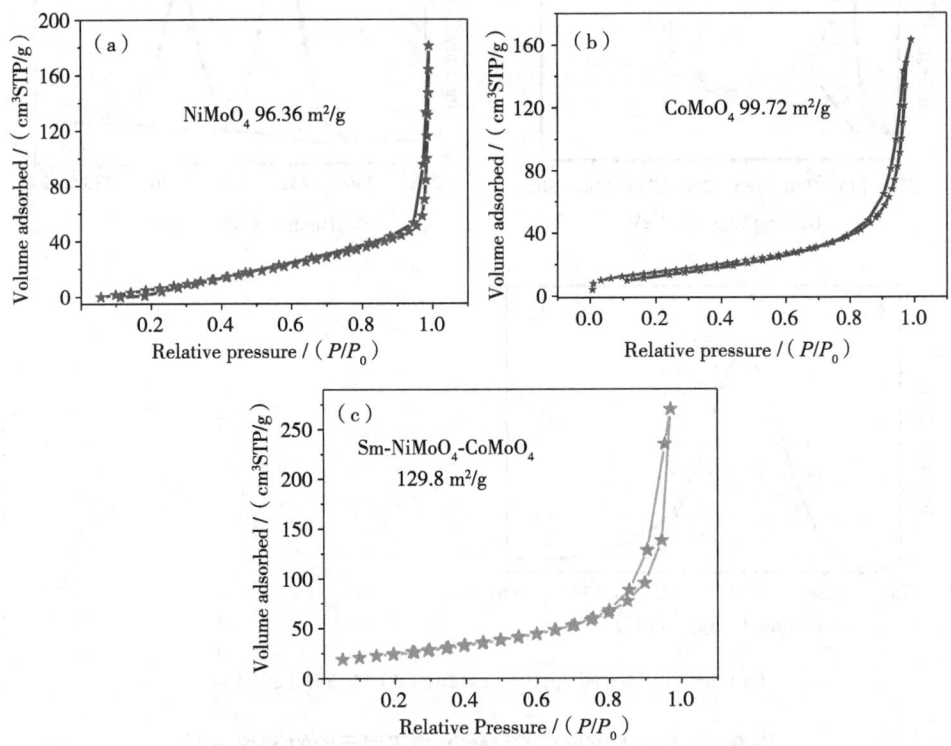

图 9-6 （a）$CoMoO_4$ 纳米片的 N_2 吸附/解吸曲线；（b）$NiMoO_4$ 纳米片的 N_2 吸附/解吸曲线；（c）Sm-$NiMoO_4$-$CoMoO_4$ 纳米片的 N_2 吸附/解吸曲线

以上结果表明，花状 Sm–NiMoO$_4$–CoMoO$_4$ 材料具有较大的比表面积，具有更宽的层间距，有助于避免纳米片的严重堆积。因此，Sm–NiMoO$_4$–CoMoO$_4$ 纳米花具有较大比表面积。

此外，为了探索 CoMoO$_4$、NiMoO$_4$ 和 Sm–NiMoO$_4$–CoMoO$_4$ 的电化学性质，我们在氢氧化钾水溶液中使用三电极系统进行电化学性能测试（图 9-7）[199]。

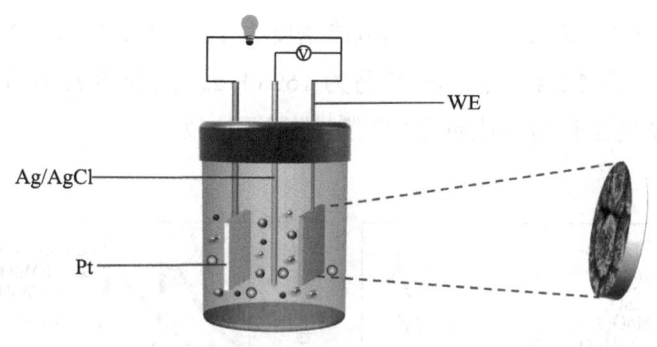

图 9-7 三电极测试

对 CoMoO$_4$、NiMoO$_4$ 和 Sm–NiMoO$_4$–CoMoO$_4$ 纳米电极材料进行电化学性能测试，结果如图 9-8 所示。

在 5 mV/s 的扫描速率下，图 9-8（a）显示了 CoMoO$_4$、NiMoO$_4$ 和 Sm–NiMoO$_4$–CoMoO$_4$ 的循环伏安曲线（CV）。从 CV 曲线来看，氧化还原峰的存在很明显，这表明这些电极具有优良的赝电容性能。Sm–NiMoO$_4$–CoMoO$_4$ 混合电极的峰值电流和曲线面积明显增加，进一步说明 Sm–NiMoO$_4$–CoMoO$_4$ 混合电极比 CoMoO$_4$ 和 NiMoO$_4$ 具有更高的电化学活性和比电容。从泡沫镍的 CV 曲线可以看出，当使用纯泡沫镍作为电极时，其响应电流相对较弱，可以忽略不计。泡沫镍、CoMoO$_4$、NiMoO$_4$ 和 Sm–NiMoO$_4$–CoMoO$_4$ 在 1 A/g 条件下的充放电曲线如图 9-8（b）所示。结果表明，Sm–NiMoO$_4$–CoMoO$_4$ 具有较高的比电容。泡沫镍对 Sm–NiMoO$_4$–CoMoO$_4$ 电极总电容的贡献是有限的。不同扫描速率下的 CV 曲线和不同电流密度下的充放电曲线如图 9-8（c）和图 9-8（d）所示，从中可以清楚地看到在 5 mV/s、10 mV/s、20 mV/s、

30 mV/s、50 mV/s、50 mV/s、80 mV/s、100 mV/s 的扫描速率下,曲线的原始形状基本保持不变,表明离子和电子传递性能非常理想。随着扫描速率的增加,这些氧化还原峰电流逐渐增加并变宽,表明发生了氧化还原反应。在电流密度为 3 A/g、5 A/g、8 A/g、10 A/g 和 12 A/g 时,Sm–NiMoO$_4$–CoMoO$_4$ 混合电极的充放电曲线基本对称,表明结果良好。Sm–NiMoO$_4$–CoMoO$_4$ 电极的比电容可以通过公式 $C_s = I\Delta t/m\Delta V$ 计算,在电流密度为 1 A/g、3 A/g、5 A/g、8 A/g、10 A/g 和 12 A/g 时,比电容分别为 2248 F/g、2160 F/g、1930 F/g、1860 F/g、1780 F/g 和 1698 F/g。当电流密度为 1 A/g 时,电容高达 2248 F/g,而当电流密度为 12 A/g 时,电容仍为 1698 F/g,比介电常数高达 75.5%。表 9-1 将本章的工作与其他研究[200-206]进行了比较。

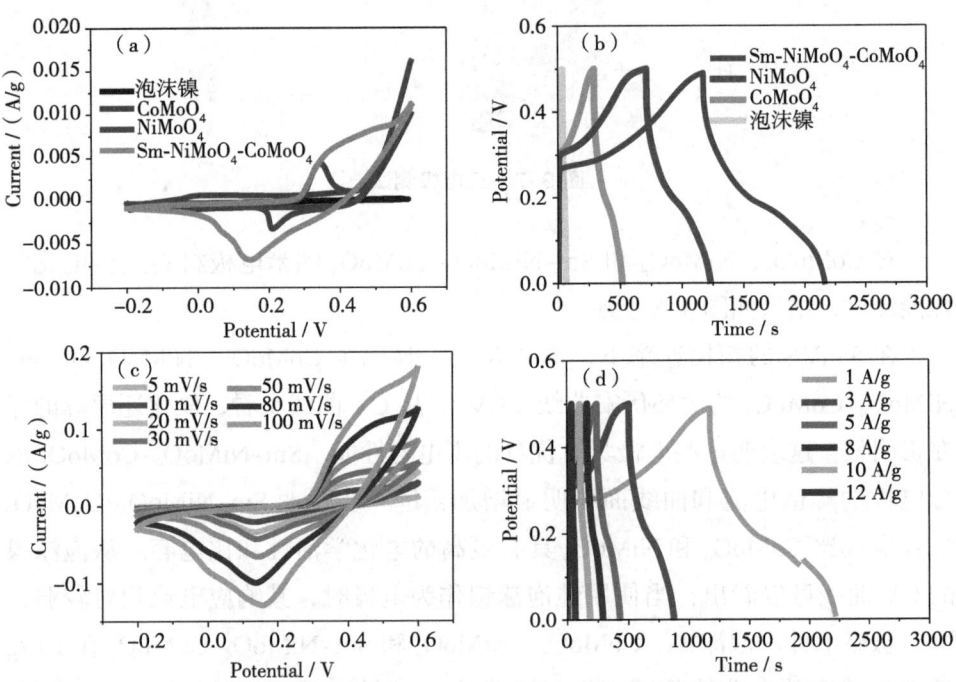

图 9-8 (a)泡沫镍、CoMoO$_4$、NiMoO$_4$ 和 Sm–NiMoO$_4$–CoMoO$_4$ 的 CV 曲线;(b)电流密度为 1 A/g 时泡沫镍、CoMoO$_4$、NiMoO$_4$ 和 Sm–NiMoO$_4$–CoMoO$_4$ 的充放电曲线;(c)Sm–NiMoO$_4$–CoMoO$_4$ 在 5~100 mV/s 扫描速率下的 CV 曲线;(d)Sm–NiMoO$_4$–CoMoO$_4$ 在 1~12 A/g 电流密度下的充放电曲线

表 9-1 本章电极材料与文献中电极材料性能比较

材料	电流密度/(A/g)	比电容/(F/g)	循环圈数	保持率/%	参考文献
D-H-NiMoO$_4$@CoMoO$_4$	0.5	1329	3000	95.8	[200]
CoMoO$_4$@NiMoO$_4$·xH$_2$O core-shell heterostructure	1.0	1582	3000	97.1	[201]
Multi-walled carbon nanotubes/NiMoO$_4$ nanostructures	1.0	727.2	2000	86.8	[202]
Hollow cotton carbon based NiCo$_2$S$_4$/NiMoO$_4$ hybrid arrays	5.0	2323	10 000	90.0	[203]
rGO-NiMoO$_4$@Ni-Co-S Hybrid Core-shell	1.0	88.33	10 000	88.87	[204]
NiMoO$_4$/CoMoO$_4$ nanorods	1.0	1445	3000	78.8	[205]
g-C$_3$N$_4$@NiMoO$_4$/CoMoO$_4$（gCN@NCM）	1.0	645.5	8000	84.21	[206]
Sm-NiMoO$_4$-CoMoO$_4$	1.0	2248	5000	99.2	本章

Sm-NiMoO$_4$-CoMoO$_4$ 电极在不同电流密度下的放电曲线如图 9-9（a）所示。比电容随电流密度的增加而减小，这可能是由于电极的电阻和活性材料在较高的放电电流密度下发生不完全法拉第氧化还原反应所致。结果表明，Sm-NiMoO$_4$-CoMoO$_4$ 电极的比电容从 2248 F/g 降低到 2229 F/g，电容保留率高达 99.2%，如图 9-9（b）所示。综上所述，Sm-NiMoO$_4$-CoMoO$_4$ 有助于在充放电过程中实现内表面的快速扩散[207]。

图 9-10 显示了具有不同产物的超级电容器器件在不同电流密度下的比电容。可以看出，与 NiMoO$_4$、CoMoO$_4$ 和 NiMoO$_4$-CoMoO$_4$ 相比，Sm-NiMoO$_4$-CoMoO$_4$ 材料的比电容显著提高，而且 Sm-NiMoO$_4$-CoMoO$_4$ 的性能更为优异。

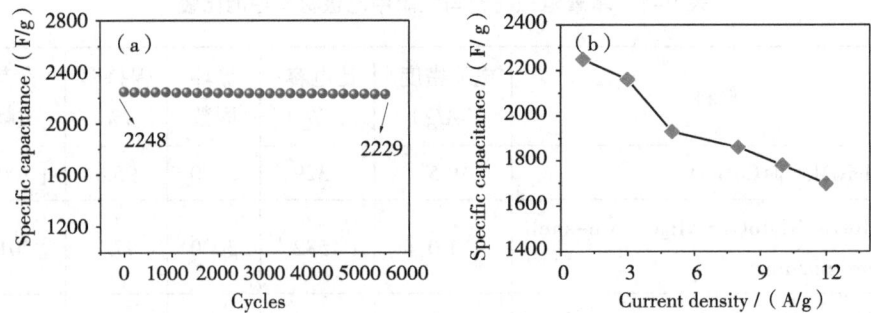

图 9-9 (a) 当放电电流密度为 1 A/g 时，Sm-NiMoO$_4$-CoMoO$_4$ 循环 5000 次的性能；(b) Sm-NiMoO$_4$-CoMoO$_4$ 材料电流密度与比电容的关系

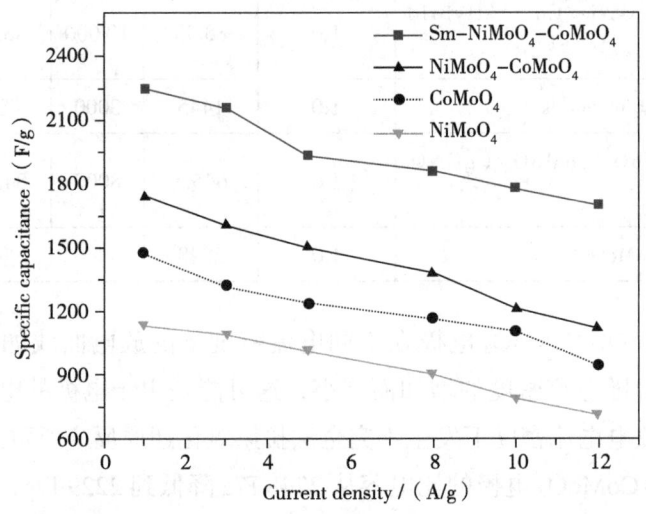

图 9-10 在不同电流密度下，具有不同产物的超级电容器器件的比电容

与电流密度相关的循环性能如图 9-11 (a) 所示，当电流密度为 8 A/g 时，经过 100 次循环后，比电容保持稳定。在连续改变电流密度后，每个电流密度循环 100 次，比电容在恢复到 8 A/g 后保持不变。图 9-11 (b) 显示了 Sm-NiMoO$_4$-CoMoO$_4$ 电极在 8 A/g 电流密度下的前 100 次循环和回到 8 A/g 电流密度后的最后 100 次循环的奈奎斯特图。在 8 A/g 条件下进行 100 次循环后，

由于活性物质的存在[208]，沿虚轴线的扩散阻抗较慢。电子在高频范围内存在着扩散现象，在高频范围内，从半圆的直径可以计算出电荷转移电阻（R_{ct}）。当电流密度恢复到 8 A/g 时，泡沫镍也被腐蚀，因为一些活性物质失去了附着于泡沫镍衬底的能力，导致电极的 R_s 略有增加。

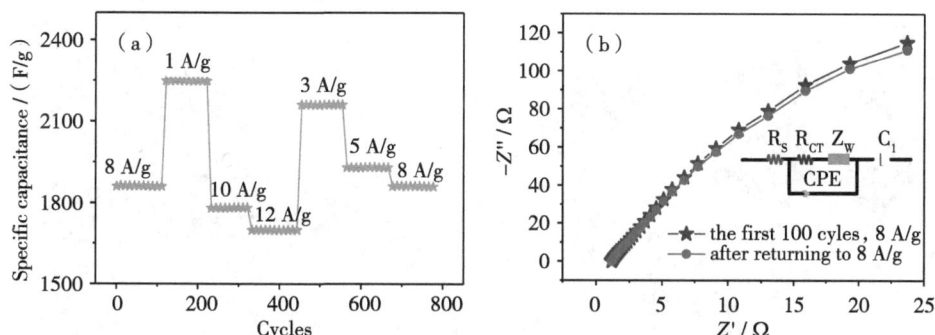

图 9-11　（a）Sm-NiMoO$_4$-CoMoO$_4$ 在不同电流密度下的速率和循环性能；（b）Sm-NiMoO$_4$-CoMoO$_4$ 电极在 8 A/g 时的前 100 次循环和最后 100 次循环的奈奎斯特图

从图 9-11 中可以看出，第一，这些纳米片相互连接，形成网络结构，从而增加了有效表面积。这可以提供更多的电荷存储和释放位置，可增加电容的容量和能量密度。第二，纳米结构也缩短了离子和电子的扩散路径，使电化学反应更快。第三，NiMoO$_4$ 和 CoMoO$_4$ 是两种常用的电化学材料，是超级电容器储能领域中优秀的赝电容材料。NiMoO$_4$ 和 CoMoO$_4$ 具有较高的比容量，在充放电过程中具有良好的循环稳定性。同时，两者都具有良好的导电性，有利于快速电荷传输和离子输运。两者的结合具有更好的电化学性能。

通过对材料电化学性能的综合分析，我们可以发现 Sm-NiMoO$_4$-CoMoO$_4$ 电极材料具有优异的性能，特别是在循环稳定性和高速率性能方面。这种特殊的性能可以归因于 3 个关键原则。首先，在生长过程中，将材料直接附着在泡沫镍的导电基底上，使材料具有优越的导电性和粘接性能。其次，泡沫镍导电基底具有多孔结构，允许有效表面积增加，提供更多的电荷存储和释放位置，从而提高电容容量和能量密度，反应机理如图 9-12 所示。第三,材料本身呈现出纳米级结构,与电解质的接触面积增加,反应进行得更快。

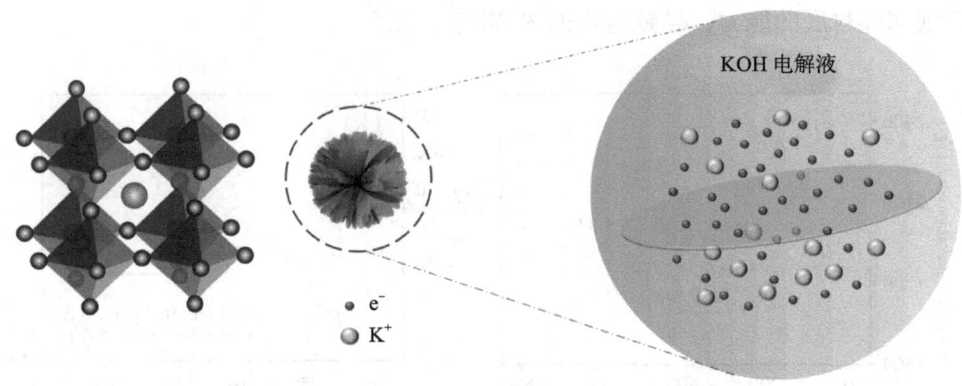

图 9-12 Sm-NiMoO$_4$-CoMoO$_4$ 电化学反应示意

为了进一步研究该材料的电化学性质,我们以 Sm-NiMoO$_4$-CoMoO$_4$ 为正极,碳纳米管为负极,组装了一个非对称超级电容器器件,如图 9-13 所示。

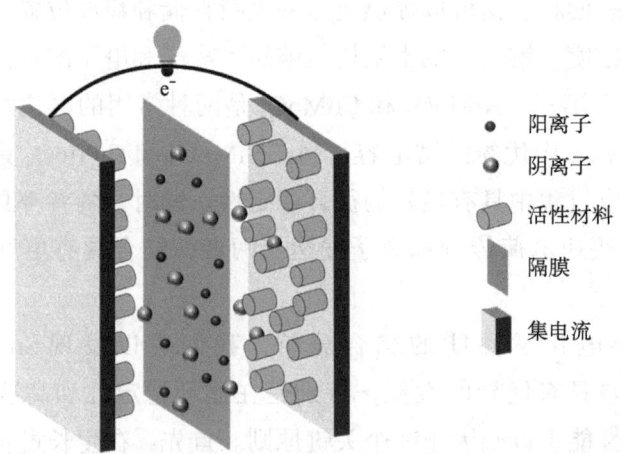

图 9-13 Sm-NiMoO$_4$-CoMoO$_4$ 超级电容器装置

为了实现电荷平衡，我们优化了 Sm-NiMoO$_4$-CoMoO$_4$ 阳极和碳纳米管阴极之间的电荷。碳纳米管在不同电流密度下的充放电曲线如图 9-14 所示。电位窗口范围为 –1～0 V。两个电极的质量比通过电位窗口值和比电容来评估。根据上述计算，确定了 Sm-NiMoO$_4$-CoMoO$_4$ 阳极与碳纳米管阴极的最佳电荷优化质量比为 1∶5。

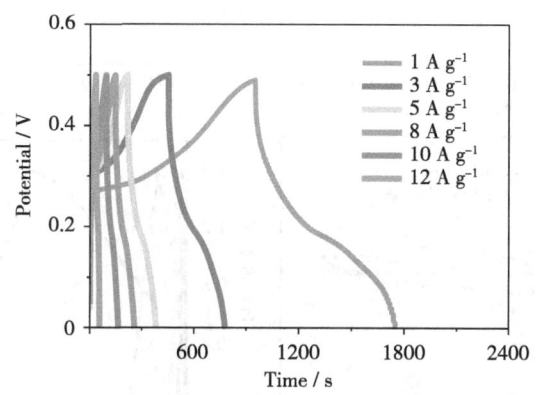

图 9-14　不同电流密度下碳纳米管电极的充放电曲线

我们将组装的非对称超级电容器器件置于两电极中进行性能测试，如图 9-15 所示。

当扫描速率为 10 mV/s 时，Sm-NiMoO$_4$-CoMoO$_4$//CNTs 的循环伏安法（CV）曲线如图 9-15（a）所示，碳纳米管电极的电位窗口范围为 –1～0 V，Sm-NiMoO$_4$-CoMoO$_4$ 电极的电位窗口范围为 –0.2～0.6 V。图 9-15（b）为 Sm-NiMoO$_4$-CoMoO$_4$//CNTs 在不同电位窗口下的 CV 曲线，其形状近似矩形。Sm-NiMoO$_4$-CoMoO$_4$//CNTs 在不同扫描速率下的 CV 曲线如图 9-15（c）所示，随着扫描速率的增加，这些曲线的形状保持不变，说明非对称超级电容器件具有快速充放电的特性。另外，图 9-15（d）显示了超级电容器件在不同电流密度下进行的充放电试验。结果表明，放电曲线和充电曲线几乎是对称的，表明改性材料具有优良的电容性。分析放电曲线表明，当电流密度分别为 1 A/g、3 A/g、5 A/g、8 A/g、10 A/g、12 A/g 时，比电容分别为 150 F/g、

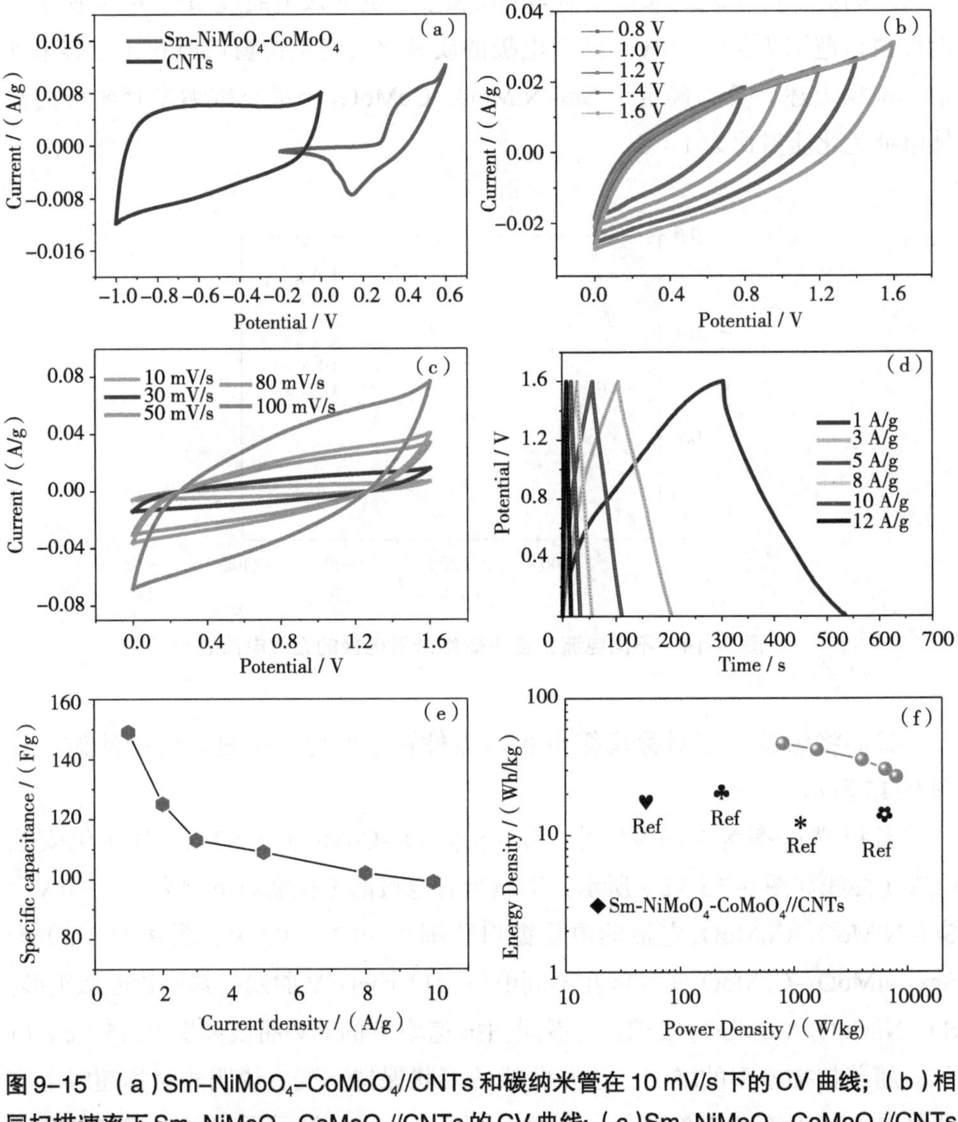

图9-15 （a）Sm-NiMoO$_4$-CoMoO$_4$//CNTs和碳纳米管在10 mV/s下的CV曲线；（b）相同扫描速率下Sm-NiMoO$_4$-CoMoO$_4$//CNTs的CV曲线；（c）Sm-NiMoO$_4$-CoMoO$_4$//CNTs的CV曲线；（d）不同扫描速率下Sm-NiMoO$_4$-CoMoO$_4$//CNTs的充放电曲线；（e）不同电流密度下Sm-NiMoO$_4$-CoMoO$_4$//CNTs的比电容；（f）Sm-NiMoO$_4$-CoMoO$_4$//CNTs与其他储能器件的能量密度和功率密度比较

125 F/g、113 F/g、109 F/g、102 F/g、99 F/g，如图 9-15（e）所示。将该器件的能量密度和功率密度与其他储能器件[209-212]进行比较，如图 9-15（f）所示。我们所制备的器件可提供的最大能量密度为 55.7 Wh/kg，最大功率密度为 9500 W/kg，优于其他文献中所制备的器件。

9.4 本章小结

本章采用共沉淀和煅烧法成功地合成 Sm-$NiMoO_4$-$CoMoO_4$ 材料。基于这些材料的成功合成结果，我们进一步研究了以 Sm-$NiMoO_4$-$CoMoO_4$ 为正极的固态非对称储能装置。此外，研究了一种以 Sm-$NiMoO_4$-$CoMoO_4$ 为正极、碳纳米管为负极的固态非对称储能器件，在电化学性能方面得到了满意的结果。这些结果表明，共沉淀和煅烧法合成的 Sm-$NiMoO_4$-$CoMoO_4$ 复合材料作为高性能超级电容器中的电化学电极具有广阔的应用前景，为新型储能技术的发展提供了强有力的支持。

10 Nd 掺杂型花状 CoMoO$_4$@NiMoO$_4$ 材料的合成及其电化学性能分析

10.1 引言

近年来,由于化石燃料的燃烧导致全球污染加剧,研究人员开始广泛关注能源转换的相关技术[150]。特别是在电化学能源存储设备中,潜在应用十分广泛,例如在生物医学设备、消费电子和电动汽车等领域[213]。在各种储能技术中,超级电容器具有功率密度高、循环稳定性能好、充电速度快、绿色环保等优点从而受到了人民的广泛关注[214]。但较低的能量密度极大地限制了超级电容器的商用应用[215-216]。电极材料是超级电容器的重要组成部分,是影响和限制其发展的关键因素[217]。

为了进一步优化和改进 $CoMoO_4$ 及 $NiMoO_4$ 复合结构的电化学性能,本章在实验中掺杂稀土元素并优化产物的形貌。首先,添加结构导向剂 BPDA,使产物的形貌由片状结构变为相互堆叠的花状结构,具有更加稳定的结构,能承受更大的体积膨胀和防止电极材料的粉化。此外,花状结构具有较大的比表面积,与电解液的接触更加充分,更有利于化学反应的快速进行[218-219]。其次,稀土元素的掺杂能使钼酸盐晶格发生膨胀,改变晶格结合能。这有利于形成晶格缺陷,产生氧缺陷和提高导电性能,增加活性中心位点,这对于解决产物的反应动力学缓慢问题具有积极的意义[220]。XING 等[221]将一系列稀土金属(La、Nd、Gd、Sm)掺杂的 Co_3O_4 材料进行测试,结果发现,相较于 Co_3O_4 材料,掺杂后的材料比电容均有所提高。掺杂 Sm 的材料比电容从原来的 656.2 F/g 提升至 2193 F/g。同时还表现出良好的循环稳定性,5000 次循环后的电容保持率为 93.18%。最后,通过溶胶凝胶法制备 $CoMoO_4$ 以及 $NiMoO_4$ 的复合物,二者的结合会更加均匀,这有利于进一步提高复合产物的协同效应,这对于提升产物的电化学性能具有积极的意义[222]。

本章采用溶胶凝胶法合成了 Nd 掺杂型花状 $CoMoO_4$@$NiMoO_4$ 复合材料。探究了结构导向剂 BPDA 及 Nd 掺杂浓度对产物电化学性能的影响。相关的数据表明,结构导向剂 BPDA 可以有效地使产物由片状结构向花状结构转变,0.8% 的 Nd 为最佳的掺杂浓度。0.8% Nd-$CoMoO_4$@$NiMoO_4$ 花状复合材料在电化学性能方面表现优异,具有优异的比容量和循环稳定性能。在 1 A/g 的条件下,比电容达到 2387 F/g,在 20 A/g 的大电流密度下,比电容仍然高达 1586 F/g。在 5 A/g 的电流密度下,循环 10 000 次,比电容维持率高达 99.2%。0.8% Nd–CoMoO$_4$@NiMoO$_4$//CNTs 器件在 1 A/g 电流密度时,比电容高达 262 F/g,在 20 A/g 的大电流密度下,比电容仍具有 172 F/g。在 2 A/g 的电流密度下,0.8% Nd–CoMoO$_4$@NiMoO$_4$//CNTs 循环 3000 次,比电容保持率高达 99.2%,库伦效率为 79.8%。该材料表现出良好的电化学性能。以上相关数据表明,0.8% Nd–CoMoO$_4$@NiMoO$_4$ 花状复合材料具有良好的电化学性能,具有潜在的实际应用价值。

10.2 材料与方法

10.2.1 CoMoO$_4$ 纳米片以及 NiMoO$_4$ 纳米片的制备

将 3 g 乙基纤维素粉末加入 50 mL 去离子水的烧杯中,并用磁力搅拌器在 60 ℃下进行搅拌直到完全融合,记为溶液 A。将 17.7 g(NH$_4$)$_6$Mo$_7$O$_{24}$·4H$_2$O、8.7 g Co(NO$_3$)$_2$·6H$_2$O、10 g 柠檬酸置于 50 mL 去离子水中,并用磁力搅拌器进行搅拌直到完全融合,记为溶液 B。先将小块的泡沫镍放入溶液 A 中,随后将溶液 B 逐滴添加到溶液 A 中,并在 50 ℃下不断搅拌并缓慢加热至 90 ℃,形成溶胶。将凝胶样品置于 115 ℃烘箱中干燥 6 h。将得到的前驱体放到马弗炉中,从室温加热至 650 ℃并保持 2 h,去除模板,形成 CoMoO$_4$ 纳米片状结构。实验中,将上述的 Co(NO$_3$)$_2$·6H$_2$O 和(NH$_4$)$_6$Mo$_7$O$_{24}$·4H$_2$O 原料改为 1 mmol Na$_2$MoO$_4$·7H$_2$O 和 1 mmol Ni(NO$_3$)$_2$·6H$_2$O,其余条件不变,即可得到 NiMoO$_4$ 纳米片状结构。

10.2.2 复合材料的制备

当原料为 17.7 g(NH$_4$)$_6$Mo$_7$O$_{24}$·4H$_2$O、8.7 g Co(NO$_3$)$_2$·6H$_2$O,1 mmol Na$_2$MoO$_4$·7H$_2$O、1 mmol Ni(NO$_3$)$_2$·6H$_2$O、1 mmol 联苯二酐(BPDA)

和 1 mmol Nd（NO_3）$_3$·$6H_2O$，制备方法和 10.2.1 部分相同，则得到 0.8% Nd–$CoMoO_4$@$NiMoO_4$ 纳米花。原料中不加结构导向剂 BPDA，则得到 Nd–$CoMoO_4$@$NiMoO_4$ 纳米片。原料中不加 Nd（NO_3）$_3$·$6H_2O$，则得到 $CoMoO_4$@$NiMoO_4$ 纳米花。制备过程如图 10-1 所示。

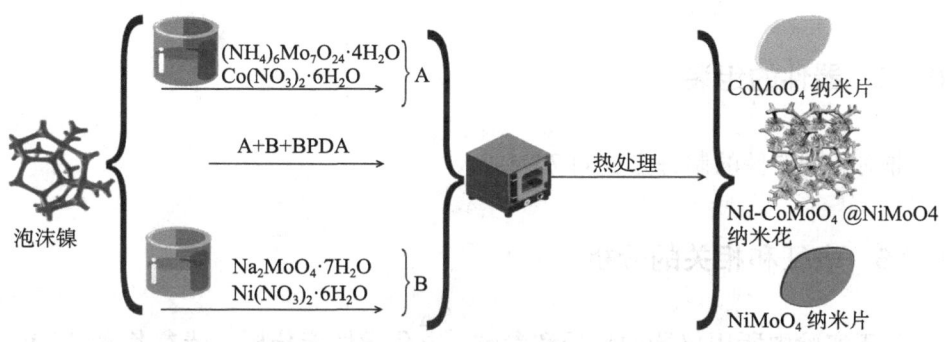

图 10-1　制备过程示意

10.2.3　电化学性能的测试

实验中，所制备的材料单一电极的电化学性能测试首先是在 5 mol/L KOH 电解液、三电极体系条件下进行测试。以实验中制备的电极材料作为工作电极、铂片作为对电极、饱和甘汞电极作为参比电极。0.8% Nd–$CoMoO_4$@$NiMoO_4$//CNTs 非对称超级电容器的电化学测试则是在两电极体系条件下进行的。

10.2.4　CNTs 的制备

将 1 g 碳纳米管粉末与 200 mL 质量分数为 68% HNO_3 进行磁力搅拌，使其混合，同时在 80 ℃下加热处理 24 h。冷却到室温后，用超纯水进行反复离心清洗，直到上清液用 pH 试纸测试为中性后，停止离心清洗。将离心分离后得到的碳纳米管粉末在恒温干燥箱中 60 ℃干燥 12 h。作为非对称负极材料的碳纳米管制备是混合质量比为 80% 碳纳米管、10% 炭黑及 10% PVDF 黏合剂。将少量的 N- 甲基吡咯烷酮添加到上述混合的固体粉末中，同时进行不断磁力搅拌。将上述混合搅拌好后得到的悬浊液涂抹到 1 cm² 泡沫镍基底上并进行压片，然后在恒温干燥箱中 80 ℃ 干燥 12 h，取出后再按压，再继续 80 ℃ 干燥 12 h，反复多次操作。

10.2.5 器件的组装

非对称型器件的制备方法同 7.2.5。

10.2.6 表征和相关的分析

关于实验中所用仪器的型号和参数、电化学性能分析，请参考我们以前的文章。实验中所需要的公式如下：

$$C_s = I\Delta t / m\Delta V, \quad (10\text{-}1)$$

$$E = 0.5 C_s \Delta V^2, \quad (10\text{-}2)$$

$$P = 3600 E / \Delta t, \quad (10\text{-}3)$$

$$Q = C_s \times \Delta V \times m, \quad (10\text{-}4)$$

$$m^+/m^- = C^- \times \Delta V^- / (C^+ \times \Delta V^+), \quad (10\text{-}5)$$

式中，C_s 为比电容（F/g）；I 为放电电流（A）；Δt 为放电时间（s）；ΔV 为电压降（V）；m 为活性物质的质量（g）；Q 为极板的电荷数量（C）；P 为功率密度（W/kg）；E 为能量密度（Wh/kg）；C 为电容（F）。

10.3 结果分析与讨论

10.3.1 制备材料的形貌表征和物相分析

0.8% Nd-CoMoO₄@NiMoO₄ 材料的形貌分析，如图 10-2 所示。

上　篇　钼酸盐基纳米材料的设计及其在超级电容器中的仿真研究

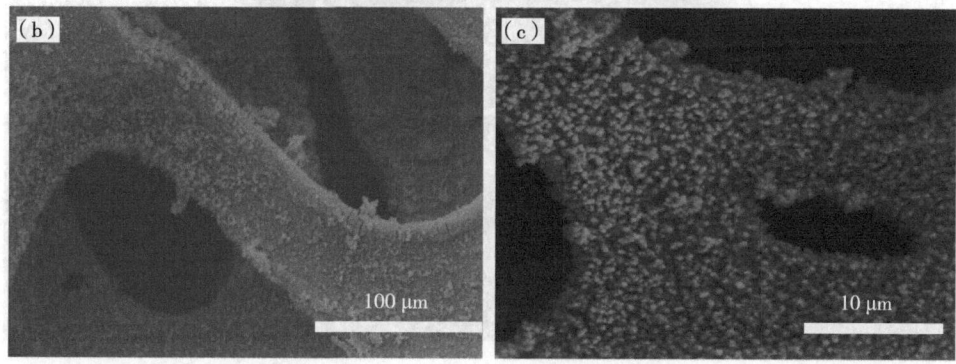

图 10-2　(a)泡沫镍扫描电镜图像；(b～c)在不同放大倍数下，所制备样品在泡沫镍上的扫描电镜图像

图 10-2（a）为泡沫镍的 SEM 图片，泡沫镍具有三维多孔的骨架结构。图 10-2（b）为 0.8% Nd-CoMoO$_4$@NiMoO$_4$ 纳米材料生长在泡沫镍基底上的 SEM 图片。可以明显地发现 0.8% Nd-CoMoO$_4$@NiMoO$_4$ 均匀分布在泡沫镍基底骨架之上。图 10-2（c）为相应放大的 SEM 图片，可以看出图中存在大量形貌较均一的花状结构。

为了更加仔细地观察花状结构，我们对其进行了高倍 SEM 测试，如图 10-3 所示。

图 10-3 （a～b）0.8% Nd-CoMoO₄@NiMoO₄ 在不同放大倍数下的扫描电镜图像；（c）TEM 映射图；（d）总谱图；（e）Co 元素；（f）Mo 元素；（g）Ni 元素；（h）O 元素；（i）Nd 元素

从图 10-3（a）可以发现，0.8% Nd-CoMoO₄@NiMoO₄ 纳米花是由片状结构组装形成，形貌比较统一。图 10-3（b）为纳米花的 SEM 图片，纳米花的大小比较均匀，直径约为 5 μm。图 10-3（c）为 0.8% Nd-CoMoO₄@NiMoO₄ 纳米花瓣处的高倍 SEM 图片，我们对其进行 SEM 元素分布分析，如图 10-3（d～i）所示。从图 10-3（d）可以发现，元素均匀分布，各个元素之间相互连接，没有发生团聚现象[223]。从图 10-3（e～i）可以看出，0.8% Nd-CoMoO₄@NiMoO₄ 纳米花中只存在 Mo、Co、Nd、Ni 和 O 这 5 种元素，不含有其他的元素。

为了更加仔细地观察花状结构的组成，我们对"花瓣"进行 TEM 分析，如图 10-4 所示。

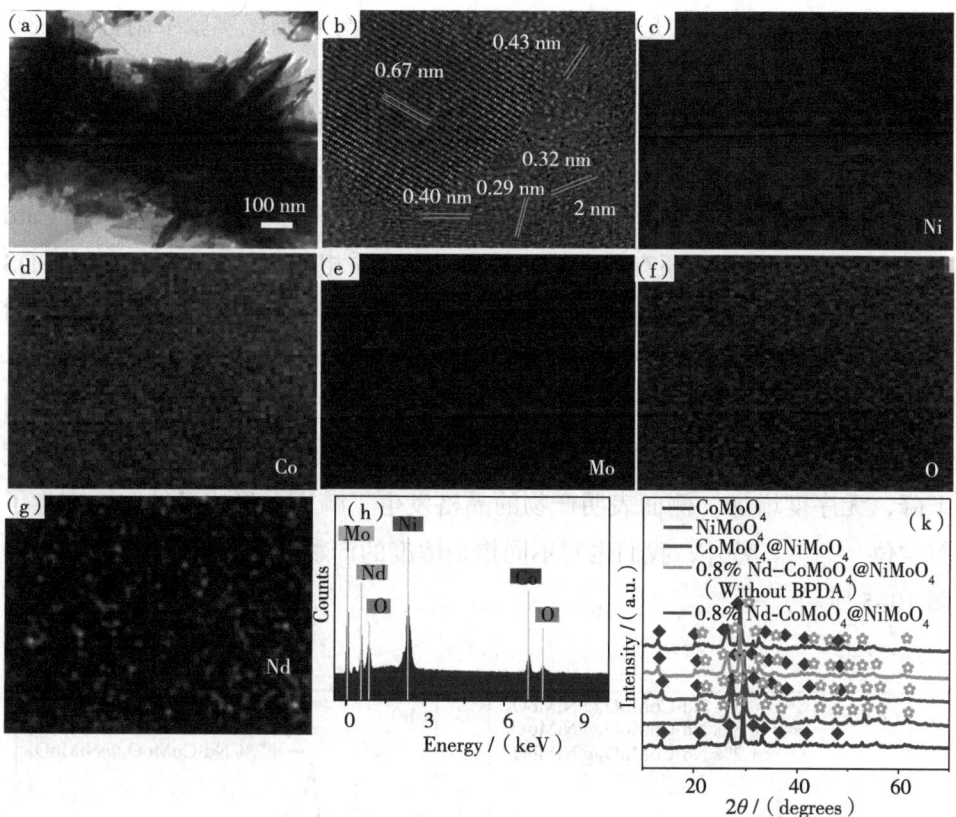

图10-4 （a）0.8% Nd-CoMoO$_4$@NiMoO$_4$的透射电镜图片；（b）0.8% Nd-CoMoO$_4$@NiMoO$_4$的HRTEM图像；（c）Ni元素TEM映射图；（d）Co元素TEM映射图；（e）Mo元素TEM映射图；（f）O元素TEM映射图；（g）Nd元素TEM映射图；（h）0.8% Nd-CoMoO$_4$@NiMoO$_4$的EDS能谱图；（k）所制备产物的XRD测试

在图10-4（a）中截取黄色三角形部分进行高倍透射电镜测试，如图10-4（b）所示。HRTEM图显示了0.43 nm、0.40 nm、0.32 nm的晶面间距，分别对应于NiMoO$_4$（PDF, Card No. 13-0128）的（020）、（220）和（040）晶面。0.67 nm对应于CoMoO$_4$（PDF, Card No. 21-0868）的（001）晶面。0.29 nm对应Nd$_2$O$_3$的（002）晶面。同时，我们也用TEM mapping和EDS分析了产物的元素组成，分别如图10-4（c～g）和图10-4（h）所示。结果都表明只存在Mo、Co、Nd、Ni和O这5种元素，不含有其他的元素。这从

侧面表明实验中制备的是纯净物。图 10-4（k）分别测试实验中制备的 0.8% Nd-CoMoO₄@NiMoO₄（无 BPDA）、CoMoO₄@NiMoO₄、0.8% Nd-CoMoO₄@NiMoO₄、CoMoO₄ 和 NiMoO₄ 的 XRD。通过与标准卡的比较，在未掺杂的产物中（CoMoO₄@NiMoO₄、CoMoO₄ 和 NiMoO₄），CoMoO₄ 是单斜的 CoMoO₄（JCPDS Card No.21-0868），NiMoO₄ 基本上是单斜的 NiMoO₄（JCPDS Card No.13-0128）。此外，还有几个弱衍射峰属于杂质相 CoMoO₄·0.9H₂O（JCPDS Card No.14-1186）和 NiMoO₄（JCPDS Card No.12-0348）[224-226]。在掺杂稀土元素 Nd 的产物中 0.8% Nd-CoMoO₄@NiMoO₄（无 BPDA）和 0.8% Nd-CoMoO₄@NiMoO₄，衍射峰均发生了向左偏移，并且强度略有降低。这说明稀土元素 Nd 固溶到晶格之后，产物的晶面间距增大，晶格常数增大，结晶度下降，无序度增加。侧面表明产物的晶格发生了畸变，形成了缺陷，产生了氧空位[227-229]。另外，我们也对不同掺杂浓度的产物进行 XRD 测试，结果如图 10-5 所示。

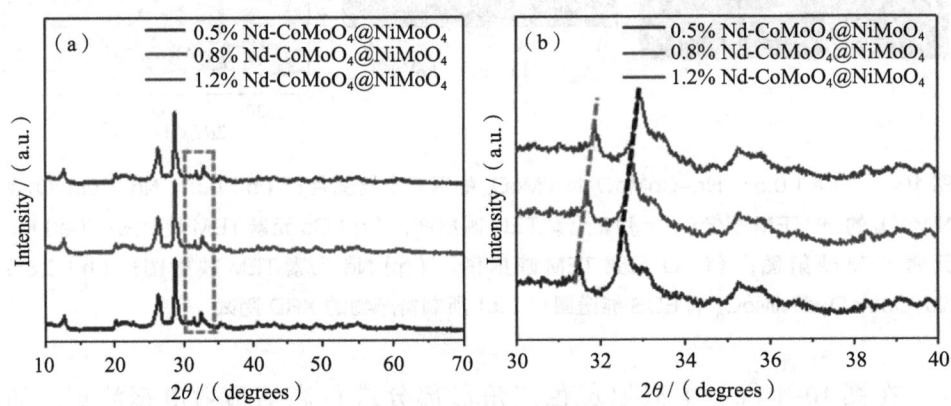

图 10-5 （a）产物在不同 Nd 含量下的 XRD 谱图；（b）32°左右衍射峰的放大图

图 10-5（a）为不同掺杂浓度产物的 XRD 衍射峰。从图中我们可以发现，不同 Nd 掺杂浓度下的产物都有相似的 XRD 衍射峰，这证明稀土元素 Nd 对样品的晶相没有明显的影响。然而，我们也注意到，放大图样中的衍射峰在 30°～40°附近，如图 10-5（b）所示。随着稀土元素 Nd 浓度的增加，单个

衍射峰发生正相关位移，这是由晶格缺陷引起的[230]。

同时，我们也对实验中的产物进行了形貌表征，如图10-6所示。

图10-6 扫描电镜图像：（a）$CoMoO_4$；（b）$NiMoO_4$；（c）0.8% $Nd-CoMoO_4@NiMoO_4$（无BPDA）；（d）$CoMoO_4@NiMoO_4$；（e）0.8% $Nd-CoMoO_4@NiMoO_4$

图10-6（a，b）为$CoMoO_4$和$NiMoO_4$的SEM图片。可以发现，制备的$CoMoO_4$和$NiMoO_4$的形貌基本相同，均为片状结构，片的长度约为2 μm。图10-6（c～e）分别为0.8% $Nd-CoMoO_4@NiMoO_4$（无BPDA）、$CoMoO_4@NiMoO_4$和0.8% $Nd-CoMoO_4@NiMoO_4$的SEM图片。从图10-6（c）和图10-6（e）可以发现，在添加结构聚合剂BPDA之后，产物由片状结构错乱地堆叠在一起，组装而成三维有序的微米花状。在这里我们分析了其形成机理，附着在纳米片表面的分子不仅起到结构导向剂的作用，还与$CoMoO_4$原子层产生非共价相互作用，进而诱导纳米片扭曲堆叠，形成摩尔超晶格。随着反应的进行，生成的有机吸附层既充当封端剂阻碍纳米晶融合长大，又能作为结构导向剂引导原子级纳米片基元自组装生成纳米片介晶。由于该介晶结构处于亚稳态，在高温的作用下，在空间上被隔离开的小尺度二维晶粒会通过结晶学融合生成大单晶。非共价相互作用，诱导纳米片扭曲堆

叠，导致大面积的摩尔超晶格形成，最终得到由片状结构组装而成的三维有序的花状结构[157, 231-232]。从图10-6（d）和图10-6（e）可以发现，稀土元素Nd掺杂后，产物的形貌为由片状结构堆叠在一起的三维花状结构，与未掺杂产物的形貌基本一样。所以，稀土元素掺杂对产物的形貌基本上没有影响。

材料的表面形貌会影响材料的比表面积。大的比表面积有利于电极材料在电解液中充分扩散，暴露更多的反应活性位点，从而改善其电化学特性。实验中我们通过氮气吸脱附测试，测试了$CoMoO_4$、$NiMoO_4$和0.8% Nd-$CoMoO_4$@$NiMoO_4$的比表面积，如图10-7所示。

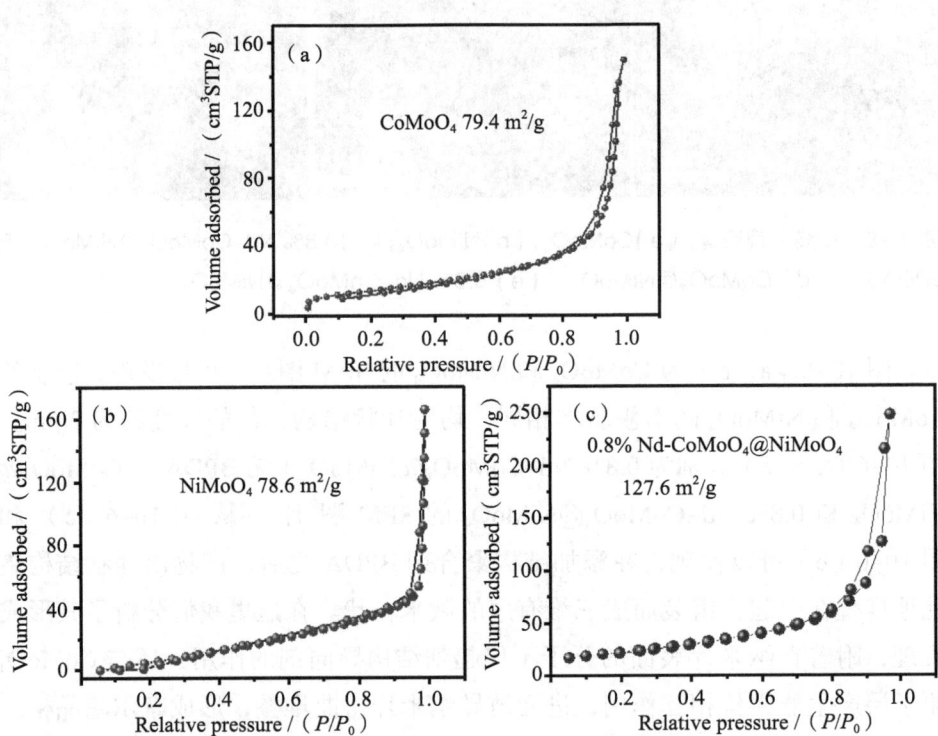

图10-7 氮气吸脱附曲线：（a）$CoMoO_4$；（b）$NiMoO_4$；（c）0.8% Nd-$CoMoO_4$@$NiMoO_4$

图 10-7（a～c）结果表明其比表面积分别为 79.4 m^2/g、78.6 m^2/g 和 127.6 m^2/g。这从侧面说明，三维花状结构具有更大的比表面积。三维花状结构具有较大的片层间距，可以避免片状结构的严重聚集，这是 0.8% Nd-CoMoO$_4$@NiMoO$_4$ 纳米花具有较大的表面积的主要原因[233]。

为了进一步分析稀土元素掺杂对产物的影响，我们利用 XPS 对 CoMoO$_4$@NiMoO$_4$ 和 0.8% Nd-CoMoO$_4$@NiMoO$_4$ 进行表征和分析，如图 10-8 所示。

在 Nd-CoMoO$_4$@NiMoO$_4$ 中，图 10-8（a）展示了 Co 2p XPS 谱，其特征是在 780.4 eV 和 796.6 eV 处具有突出的峰，对应于 Co $2p^{3/2}$ 和 Co $2p^{1/2}$，分别对应 Co^{3+} 和 Co^{2+}，对于 CoMoO$_4$@NiMoO$_4$ 也是如此[234-236]。图 10-8（b）展示了 Ni 2p XPS 谱，具有两个主要峰位，分别位于 855.3 eV 和 873.1 eV 处，分别对应于 Ni $2p^{3/2}$ 和 Ni $2p^{1/2}$。分别位于 861.7 eV 和 880.1 eV 处的卫星峰，则符合 Ni^{2+} 的特征[237]。此外，如图 10-8（c）所示，Mo XPS 谱中两个峰的结合能分别为 231.2 eV 和 234.3 eV，对应 Mo^{6+} 的 Mo $3d^{5/2}$ 和 Mo $3d^{3/2}$ 能级。在 Nd-CoMoO$_4$@NiMoO$_4$ 中，Co 2p、Ni 2p 和 Mo 3d 的结合能向低能量方向移动，表明了因 Nd 元素掺杂，电子从 Co 和 Ni 向相邻的 Mo 发生转移。图 10-8（d）展示了 O 1s XPS 谱，在 Nd-CoMoO$_4$@NiMoO$_4$ 中，其中显示一个突出峰位于 530.0 eV，这是金属氧键的特征，以及一个位于 532.4 eV 的缺陷氧峰[238]。然而在 CoMoO$_4$@NiMoO$_4$ 中，并无缺陷氧峰，这也从侧面说明 Nd 的掺杂形成了氧缺陷，这和 XRD 的分析是一致的。图 10-8（e）为 Nd 3d XPS 光谱。在 982 eV 和 1004 eV 处的峰是 Nd_2O_3 的特征位置，表明 CoMoO$_4$ 载体中存在无定形的 Nd_2O_3 纳米颗粒[239]。

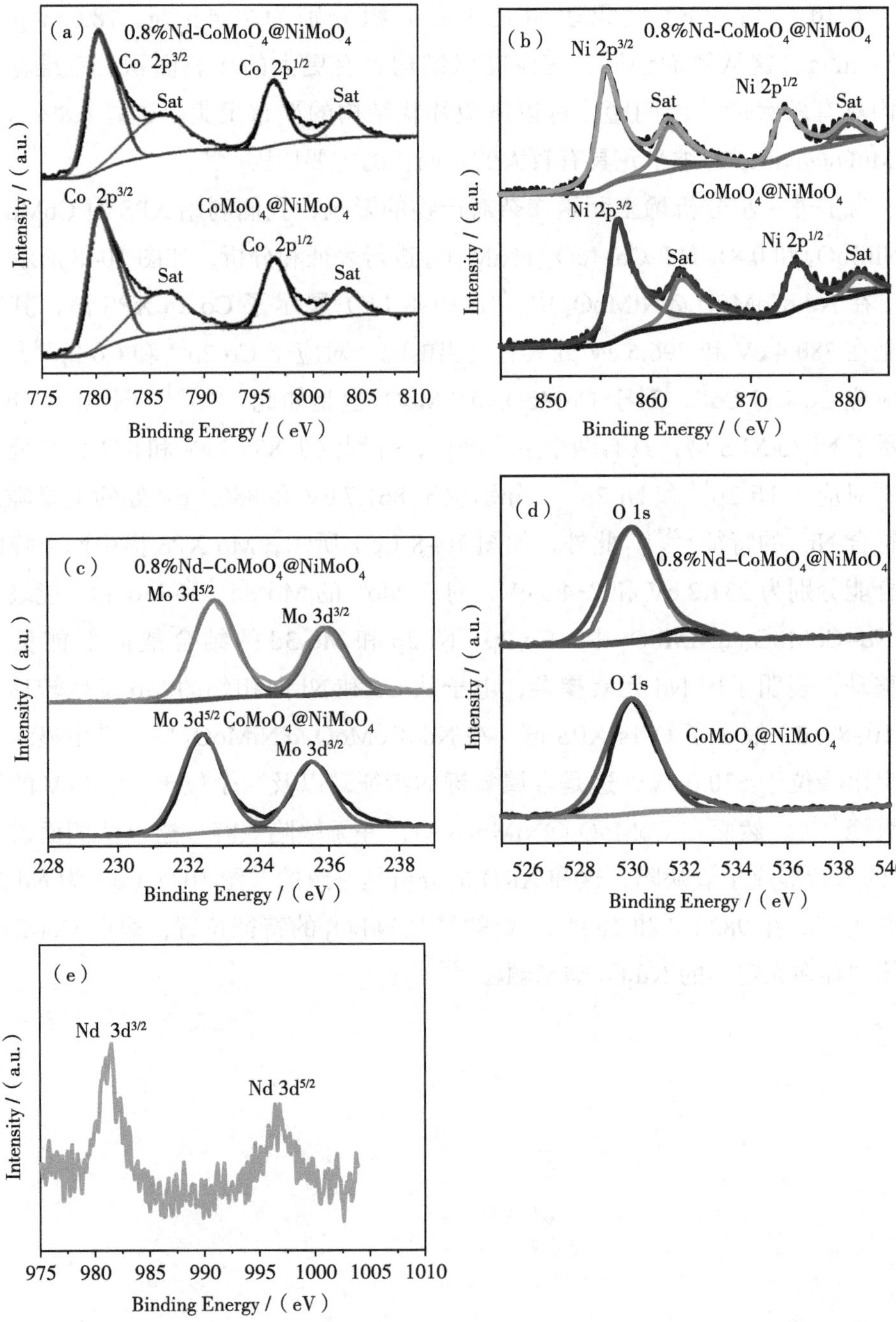

图 10-8 XPS 测试：（a）Co 2p；（b）Ni 2p；（c）Mo 3d；（d）O 1s；（e）Nd 3d

10.3.2 制备电极材料的电化学性能测试

为了进一步分析产物的电化学性能,我们在 2 mol/L KOH 电解液中三电极体系下对实验中的产物进行电化学性能分析,如图 10-9 所示。

图 10-9(a)为 $NiMoO_4$、$CoMoO_4$、$CoMoO_4@NiMoO_4$、0.8% Nd–$CoMoO_4@NiMoO_4$(无 BPDA)和 0.8% Nd–$CoMoO_4@NiMoO_4$ 的 CV 曲线。测试条件是扫描速度为 4 mV/s 和电压窗口为 –0.2 ~ 0.6 V。从图中可以看出,0.8% Nd–$CoMoO_4@NiMoO_4$ 电极的 CV 曲线面积最大,说明此电极具有更高的比电容和储存更多电荷的能力。0.8% Nd–$CoMoO_4@NiMoO_4$ 的 CV 曲线在 –0.2 V 和 0.6 V 出现了氧化还原峰,这说明该材料具有赝电容反应特性[51]。氧化还原峰对应的法拉第反应如下[240-241]:

$$3[Co(OH)_3]^- \leftrightarrow Co_3O_4 + 4H_2O + OH^- + 2e^- \quad (10\text{-}6)$$

$$Co_3O_4 + H_2O + OH^- \leftrightarrow 3CoOOH + e^- \quad (10\text{-}7)$$

$$CoOOH + OH^- \leftrightarrow CoO_2 + H_2O + e^- \quad (10\text{-}8)$$

$$Ni^{2+} + 2OH^- \leftrightarrow Ni(OH)_2 \quad (10\text{-}9)$$

$$Ni(OH)_2 + OH^- \leftrightarrow NiOOH + H_2O + e^- \quad (10\text{-}10)$$

0.8% Nd–$CoMoO_4@NiMoO_4$ 纳米花的电化学电容主要是由 Co^{2+}/Co^{3+} 和 Ni^{2+}/Ni^{3+} 可逆氧化还原过程引起的。在碱性溶液中,Ni^{2+}/Ni^{3+} 氧化还原电子对会受到 OH^- 离子的影响,Mo 原子的主要作用是提高金属钼酸盐的导电性。稀土元素 Nd 的掺杂,能调节催化活性位点的电子结构、提高导电性和引起晶格畸变形成氧缺陷。良好的导电性能,能促进电化学反应的电子转移速率,同时其大的比表面积,提供了丰富的反应活性位点,这是 0.8% Nd–$CoMoO_4@NiMoO_4$ 具有最大 CV 积分面积的主要原因[242]。图 10-9(b)为图 10-9(a)中各产物的恒充放电曲线。充放电曲线具有良好的对称性,展现出良好的电化学可逆性和充放电性能。通过式(10-1),我们计算出它们的比电容,如图 10-9(c)所示。可以发现,0.8% Nd–$CoMoO_4@NiMoO_4$ 的比电容远远超过其余的 4 种产物,表明其具有更好的电化学性能。这也从侧面说明,稀

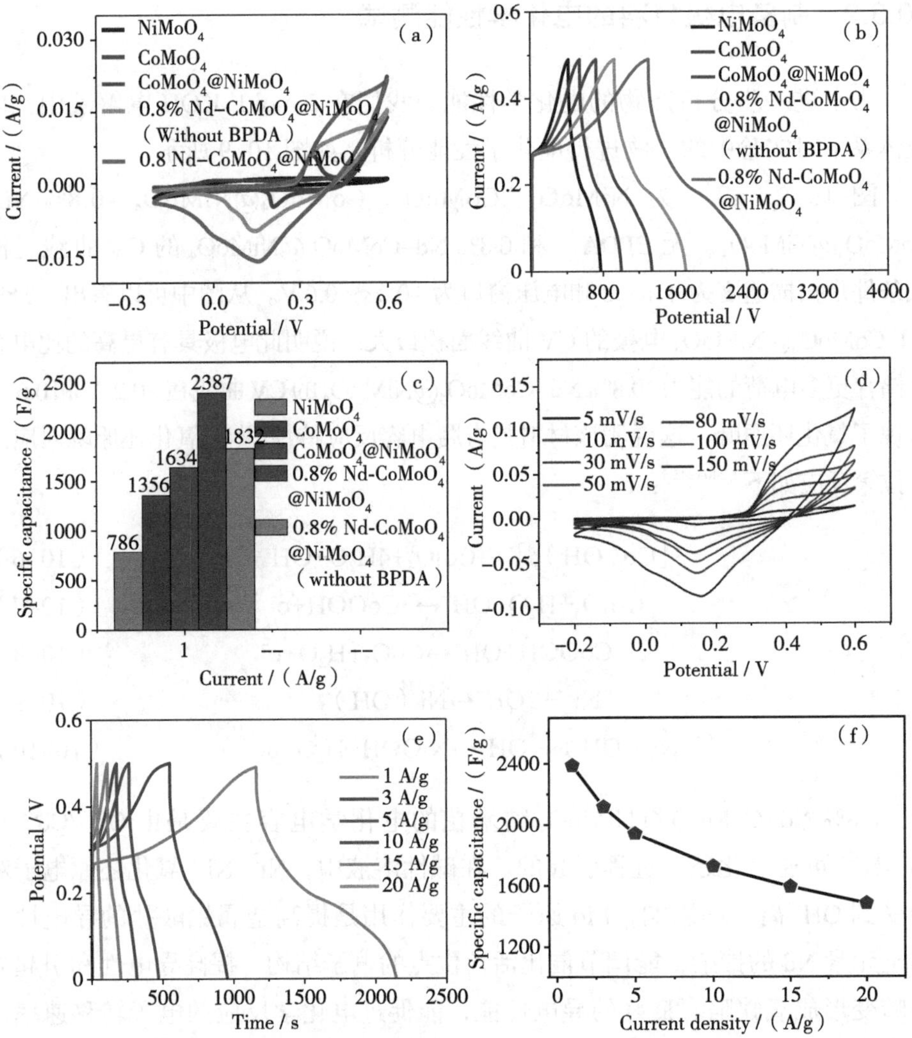

图10-9 （a）NiMoO₄、CoMoO₄、CoMoO₄@NiMoO₄、0.8% Nd-CoMoO₄@NiMoO₄（无BPDA）、0.8% Nd-CoMoO₄@NiMoO₄在4 mV/s条件下的CV曲线；（b）在1 A/g条件下，NiMoO₄、CoMoO₄、CoMoO₄@NiMoO₄、0.8% Nd-CoMoO₄@NiMoO₄（无BPDA）和0.8% Nd-CoMoO₄@NiMoO₄的恒电流充放电曲线；（c）在1 A/g条件下，NiMoO₄、CoMoO₄、CoMoO₄@NiMoO₄、0.8% Nd-CoMoO₄@NiMoO₄（无BPDA）和0.8% Nd-CoMoO₄@NiMoO₄的比电容；（d）0.8% Nd-CoMoO₄@NiMoO₄在不同扫描速率下的CV曲线；（e）0.8% Nd-CoMoO₄@NiMoO₄在不同电流密度下的恒电流充放电曲线；（f）0.8% Nd-CoMoO₄@NiMoO₄在不同电流密度下的比电容

上　篇　钼酸盐基纳米材料的设计及其在超级电容器中的仿真研究

土元素的掺杂和多种材料的复合对材料的电化学性能提升有重要的意义。图10-9（d）为 0.8% Nd-CoMoO$_4$@NiMoO$_4$ 在不同扫描速率下的 CV 曲线，这些 CV 曲线表明了材料的赝电容特性。随着扫描速率的增加，CV 曲线的形状成正比例增大，峰电流也在升高。这说明在快速充放电过程中具有良好的可逆性，以及良好的稳定性能，也从侧面说明了制备的材料具有优异的离子和电子导电性能[243]。我们也测试了 0.8% Nd-CoMoO$_4$@NiMoO$_4$ 在不同电流密度下的恒电流充放电曲线，如图 10-9（e）所示，通过式（10-1），我们计算出它在不同电流密度下的比电容，如图 10-9（f）所示。0.8% Nd-CoMoO$_4$@NiMoO$_4$ 纳米材料在 1 A/g 的电流密度下，比电容高达 2387 F/g。在 20 A/g 的大电流密度下，比电容仍然高达 1586 F/g。这也从侧面表明该材料具有较高的比电容及良好的倍率性能。

此外，我们还研究了不同掺杂浓度对产物电化学性能的影响，如图 10-10 所示。

图 10-10（a）为产物的 CV 曲线，可以看出，当稀土元素 Nd 的浓度为 0.8% 时，CV 曲线所包围的面积最大。图 10-10（b）为产品相应的恒流充放电曲线。我们使用式（10-1）计算了 0.5% Nd-CoMoO$_4$@NiMoO$_4$ 和 1.2% Nd-CoMoO$_4$@NiMoO$_4$ 的数据，如图 10-10（c～d）所示。通过对比图 10-9（f）和图 10-10（c～d）的数据，可以明显看出，0.8% Nd-CoMoO$_4$@NiMoO$_4$ 的电化学性能优于其他的掺杂浓度。进一步证实了最佳掺杂浓度为 0.8%。

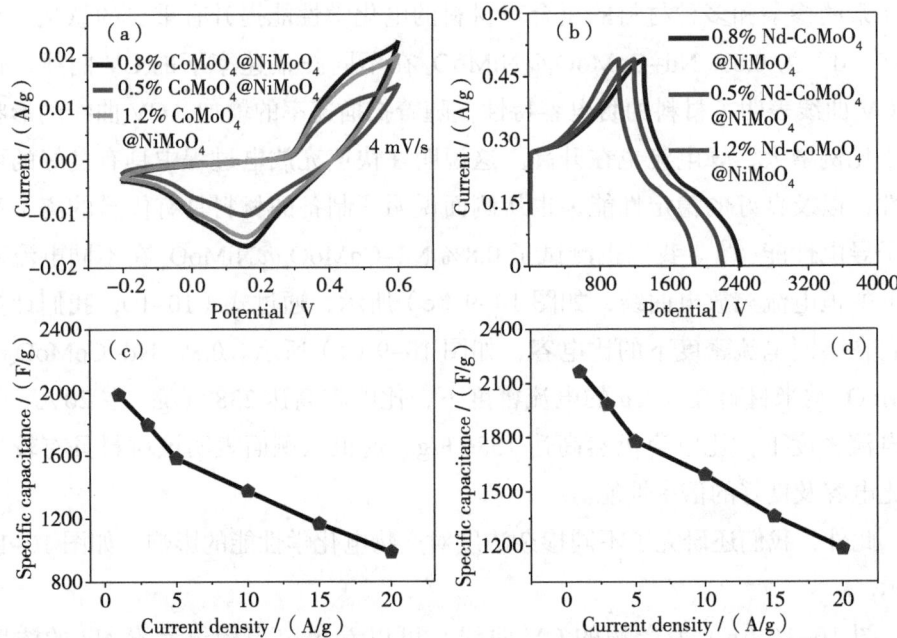

图 10-10 （a）扫描速率为 4 mV/s 时，0.5% Nd-CoMoO$_4$@NiMoO$_4$、0.8% Nd-CoMoO$_4$@NiMoO$_4$ 和 1.2% Nd-CoMoO$_4$@NiMoO$_4$ 的 CV 曲线；（b）0.5% Nd-CoMoO$_4$@NiMoO$_4$、0.8% Nd-CoMoO$_4$@NiMoO$_4$ 和 1.2% Nd-CoMoO$_4$@NiMoO$_4$ 的恒电流充放电曲线；（c～d）0.5% Nd-CoMoO$_4$@NiMoO$_4$ 和 1.2% Nd-CoMoO$_4$@NiMoO$_4$ 在不同电流密度下的比电容

图 10-11 为稀土元素 Nd 掺杂前后产物的晶体结构示意图。

从图中可以看出，稀土元素掺杂后，产物的晶体结构发生了明显的变化，导致氧空位的产生。适当合理的氧空位存在，可以使电极材料在氧化还原反应中暴露出更多的反应位点，吸收更多的 OH$^-$ 离子，这有助于提高电极材料的反应动力学和氧化还原活性。此外，氧空位极大地增加了载流子浓度，加速电子转移，提高电导率，从而提高电化学性能[244]。

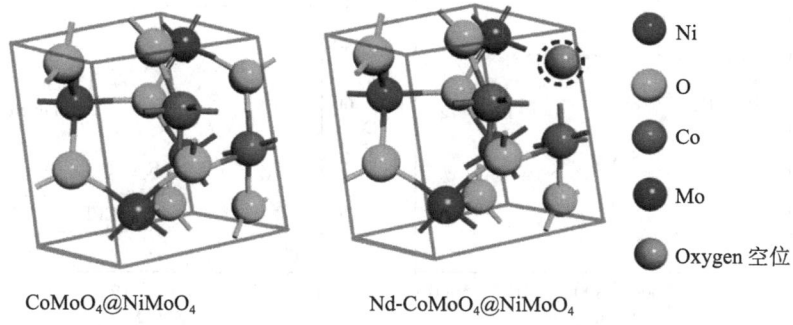

图 10-11　稀土元素 Nd 掺杂前后产物的晶体结构

倍率性能也是衡量电化学性能的重要性能之一，相关数据如图 10-12 所示。

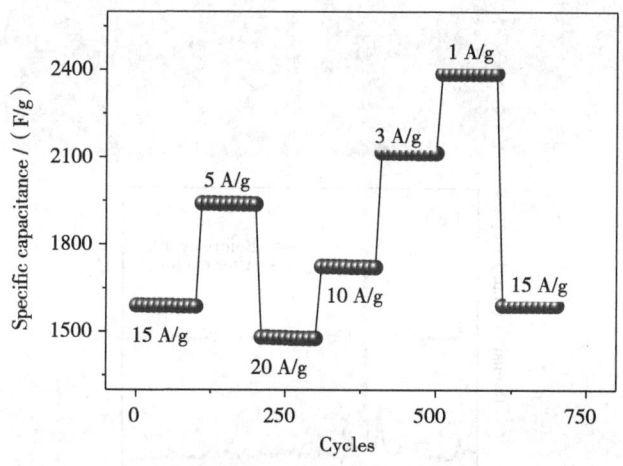

图 10-12　0.8%Nd-CoMoO$_4$@NiMoO$_4$ 的倍率性能测试

我们对 0.8% Nd-CoMoO$_4$@NiMoO$_4$ 多次改变电流密度，每个电流密度下循环 100 圈来测试其倍率性能。当 0.8% Nd-CoMoO$_4$@NiMoO$_4$ 在初始的 100 个循环内，其比电容稳定在 1654 F/g。经过 600 次循环，在返回到初始电流密度 15 A/g 时，0.8% Nd-CoMoO$_4$@NiMoO$_4$ 仍能显示出 1637 F/g，比电容保持率达到 98.97%，这很好地表明该材料具有较好的倍率性能。

循环稳定性也是电化学性能的重要组成部分，测试结果如图 10-13 所示。

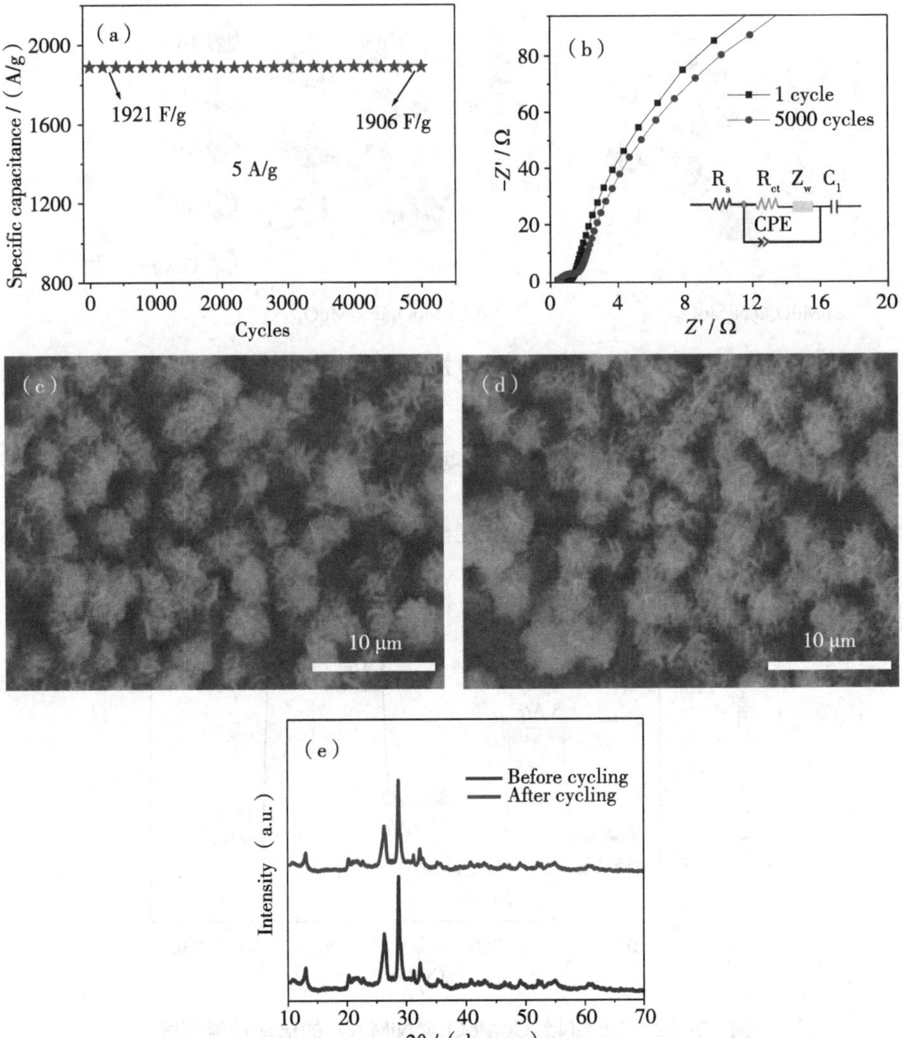

图 10-13 （a）0.8% Nd–CoMoO$_4$@NiMoO$_4$ 的循环稳定性能测试；（b）首次和最后一次循环 0.8% Nd–CoMoO$_4$@NiMoO$_4$ 的奈奎斯特图；（c～d）循环前后的扫描电镜图像；（e）相应的 XRD 分析

经过测试，0.8% Nd–CoMoO$_4$@NiMoO$_4$ 在 5 A/g 的电流密度下，循环 10 000 次，如图 10-13（a）所示。从图中可以发现，比电容从 1921 F/g 降低为 1906 F/g，容量维持率高达 99.2%，说明材料具有良好的循环稳定性。图

10-13（b）为 0.8% Nd-CoMoO$_4$@NiMoO$_4$ 循环前后的交流阻抗测试结果。在高频区域内，通过等效电路图计算，其电子转移阻抗（R_{ct}）分别为 0.886 Ω/cm^2 和 1.013 Ω/cm^2，这说明循环后，电子转移阻抗增大，原因可能为活性物质与导电基底出现了分离[245]。在低频区域内，0.8% Nd-CoMoO$_4$@NiMoO$_4$ 直线的斜率略有降低，其可能为循环过程中材料发生体积形变而有所增大[246]。最后，我们对循环前后的 0.8% Nd-CoMoO$_4$@NiMoO$_4$ 形貌和结构进行了测试，如图 10-13（c～d）所示。从图中我们可以发现，循环前后材料的结构基本没有变化，花状结构保持良好，未遭到破坏。图 10-13（e）为循环前后材料的 XRD 测试结果。可以观察到，经过 5000 次循环后，产物的衍射峰保存完好，但衍射峰的强度略有下降。这表明该产品的晶体结构可能发生了一些变化。上述各种数据表明，用该方法制备的产品具有优良的容量保持性和良好的稳定性。这表明该方法制备的 0.8% Nd-CoMoO$_4$@NiMoO$_4$ 具有良好的结构稳定性。其主要的原因是片状结构堆叠形成的花状结构，稳定性更佳，能承受更大的体积膨胀及防止电极材料的粉化[247]。

根据上述的实验结果，Nd-CoMoO$_4$@NiMoO$_4$ 纳米花优异的电化学性能主要表现在以下几个方面：第一，花状结构具有相对大的比表面积，可暴露更多的反应活性位点，促进电解质离子扩散，从而形成优异的电化学性能[248]。第二，CoMoO$_4$ 和 NiMoO$_4$ 均是良好的材料，具有很高的氧化还原活性和可逆的电荷存储能力，复合材料充分发挥了不同组分的优势，增强其协同效应，实现了性能的互补[249]。第三，稀土元素 Nd 的掺杂可以直接调节离子状态，改变晶体结构，产生晶格缺陷和空位，使离子可以自由迁移，进一步提高离子的导电性能[250]。

10.3.3 碳纳米管的电化学性能测试

碳纳米管的电化学性能测试结果如图 10-14 所示。

图 10-14（a）为负极 CNTs 在不同电流密度下的恒电流充放电测试结果。充放电曲线具有良好的对称性，展现出良好的电化学可逆性和充放电性能。根据式（10-1），我们计算出它的比电容，如图 10-14（b）所示。当电

流密度从 1 A/g 增加到 20 A/g 时，比电容从 319 F/g 降为 243 F/g，保持率达到 76.2%，这表明实验中制备的负极材料 CNTs 具有良好的电化学性能。为了进一步研究合成材料的实际应用价值，我们将 0.8% Nd–CoMoO$_4$@NiMoO$_4$ 和 CNTs 组装成非对称超级电容器（0.8% Nd–CoMoO$_4$@NiMoO$_4$//CNTs），并研究其性能。在 1 A/g 的电流密度下，0.8% Nd–CoMoO$_4$@NiMoO$_4$ 和 CNTs 的比电容分别为 2387 F/g 和 319 F/g，相应的电压窗口分别为 0.5 V 和 1 V。根据式（10-3），非对称型器件的最佳质量比为 $m^+/m^- \approx 1/4$。

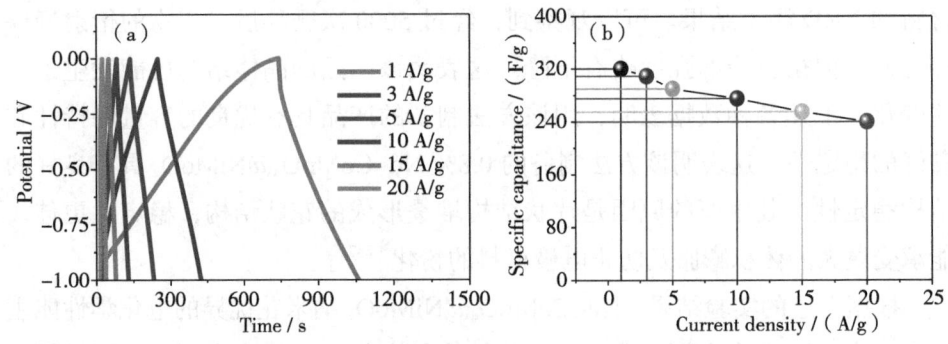

图 10-14　（a）碳纳米管在不同电流密度下的恒电流充放电曲线；（b）碳纳米管在不同电流密度下的比电容

10.3.4　非对称型器件电化学性能测试

非对称型器件的电化学性能测试结果，如图 10-15 所示。

图 10-15（a）为在一定扫描速度下 0.8% Nd–CoMoO$_4$@NiMoO$_4$ 和 CNTs 电极的 CV 曲线。由图 10-15（a）可以发现，这两种材料制成的不对称器件，其理论电压窗口达到 1.6 V。图 10-15（b）为 0.8% Nd–CoMoO$_4$@NiMoO$_4$//CNTs 在不同电压窗口下的 CV 曲线。这些 CV 曲线在 0.8～1.6 V 的电压窗口下，呈现出近乎矩形的曲线，并且没有出现极化现象，表明该器件可以在 1.6 V 的电压下稳定工作[251-252]。图 10-15（c）为 0.8% Nd–CoMoO$_4$@NiMoO$_4$//CNTs 在不同扫描速率下的 CV 曲线。随着扫描速率的增加，CV 曲线保持相同的形状，且呈现一定比例的增大，表明 0.8% Nd–CoMoO$_4$@

NiMoO₄//CNTs 具有良好的电容性能。0.8% Nd-CoMoO₄@NiMoO₄//CNTs 在不同电流密度下的恒电流充放电测试结果，如图 10-15（d）所示。充放电

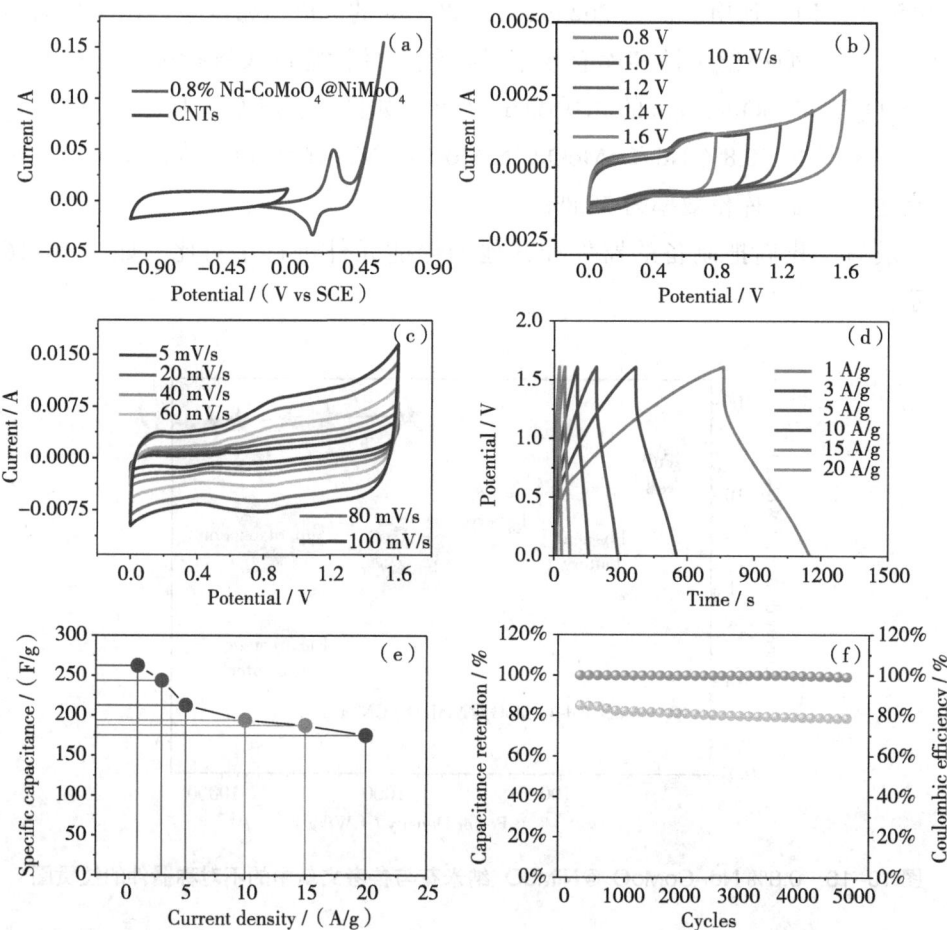

图 10-15 （a）扫描速率为 10 mV/s 时，0.8% Nd-CoMoO₄@NiMoO₄ 与 CNTs 的 CV 曲线；（b）在 10 mV/s 扫描速率下，不同电位窗口下 0.8% Nd-CoMoO₄@NiMoO₄//CNTs 非对称型器件的 CV 曲线；（c）不同扫描速率下 0.8% Nd-CoMoO₄@NiMoO₄//CNTs 非对称型器件的 CV 曲线；（d）不同电流密度下的 0.8% Nd-CoMoO₄@NiMoO₄//CNTs 非对称型器件的恒电流充放电曲线；（e）0.8% Nd-CoMoO₄@NiMoO₄//CNTs 非对称型器件在不同电流密度下的比电容；（f）0.8% Nd-CoMoO₄@NiMoO₄//CNTs 非对称型器件的循环稳定性能测试和库伦效率测试

曲线大致呈现三角形，具有良好的对称性，说明该器件具有良好的充放电可逆性。根据式（10-1），我们计算出 0.8% Nd-CoMoO$_4$@NiMoO$_4$//CNTs 的比电容，如图 10-15（e）所示。0.8% Nd-CoMoO$_4$@NiMoO$_4$//CNTs 在 1 A/g 电流密度时，比电容高达 262 F/g，在 20 A/g 的大电流密度下，比电容仍具有 172 F/g。循环稳定性和库仑效率是衡量器件性能的关键指标，0.8% Nd-CoMoO$_4$@NiMoO$_4$//CNTs 的相关测试结果，如图 10-15（f）所示。在 2 A/g 的电流密度下，0.8% Nd-CoMoO$_4$@NiMoO$_4$//CNTs 循环 3000 次，比电容保持率高达 99.2%，库伦效率为 79.8%。

最后，我们把制备的器件和其他的储能元件进行了对比，如图 10-16 所示。

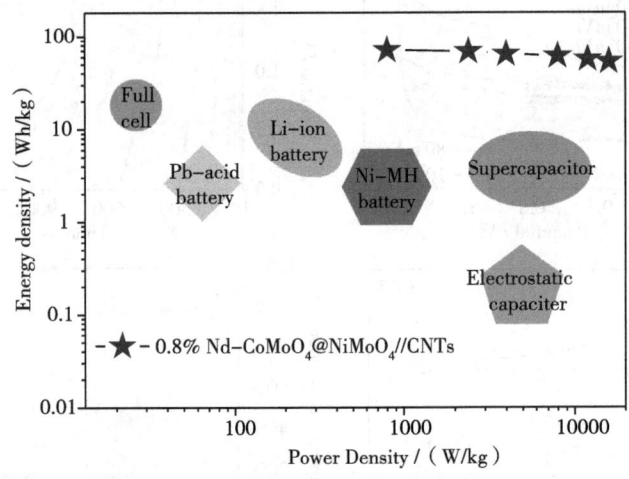

图 10-16　0.8% Nd-CoMoO$_4$@NiMoO$_4$ 纳米花与参考文献中的不对称器件的拉贡图

可以发现，制备的超级电容器最大能量密度达到 89.3 Wh/kg（电流密度为 1 A/g）、最大功率密度达到 11 237 W/kg。此外，本器件的性能还和参考文献的进行了比较，如表 10-1 所示。

表 10-1　0.8% Nd-CoMoO₄@NiMoO₄ 纳米花不对称型器件与参考文献对比

器件名称	电流	比电容/（F/g）	循环稳定性/%	参考文献
β-CoMoO₄//AC	1 A/g	27.7	92%（8000）	[253]
NiMoO₄//AC	1 A/g	151.7	97.7%（2000）	[254]
NiMoO₄//AC	1 mA/cm²	156.25	83.6%（6000）	[255]
MnCo₂O₄@NiMoO₄//AC	1 A/g	118.27	93%（8000）	[160]
NiMoO₄-CoMoO₄//G-ink	1 A/g	104.1	95.88%（5000）	[256]
CoMoO₄+NiMoO₄//CNTs）	1 A/g	142	97.7%（10 000）	[257]
MnMoO₄@CNF//AC	0.2 A/g	102.56	92.1%（5000）	[258]
CoMoO₄@NiCo₂S₄//AC	5 mA/cm²	182	84%（5000）	[243]
Nd-CoMoO₄@NiMoO₄//CNTs	1 A/g	262	99.2%（3000）	本章

可以发现，制备的 0.8% Nd-CoMoO₄@NiMoO₄//CNTs 在能量密度和功率密度方面具有显著的优势。根据对 0.8% Nd-CoMoO₄@NiMoO₄//CNTs 器件的性能分析，我们总结了其优异的电化学性能的主要原因：第一，0.8% Nd-CoMoO₄@NiMoO₄ 具有良好的电化学性能（高比电容和良好的循环稳定性能）。第二，我们对 CNTs 进行了亲水性处理，使其具有更好的溶解性，有助于避免 CNTs 在电解质中聚集形成团聚。第三，我们采用了非对称设计，优化了超级电容器的能量密度和功率密度。

10.4　本章小结

本章论文的研究工作是探究结构导向剂 BPDA 及 Nd 掺杂浓度对产物电化学性能的影响。相关的数据表明，结构导向剂 BPDA 可以有效地使产物由片状结构向花状结构转变，0.8% 的 Nd 为最佳的掺杂浓度。0.8% Nd-CoMoO₄@

NiMoO$_4$//CNTs 具有优异的电化学性能，在 1 A/g 的电流密度下，比电容高达 2387 F/g；在 5 A/g 的电流密度下，循环 10 000 次，比电容从 1921 F/g 降低为 1906 F/g，容量维持率高达 99.2%。我们把 Nd–CoMoO$_4$@NiMoO$_4$ 和具有亲水性的 CNTs 组装成非对称型器件 0.8% Nd–CoMoO$_4$@NiMoO$_4$//CNTs，该器件具有良好的储能效果，具有优异的比电容（262 F/g，1 A/g）和循环稳定性能（99.2%，经 3000 次循环）。同时，器件可提供的最大能量密度为 89.3 Wh/kg（电流密度为 1 A/g），最大功率密度为 11 237 W/kg（电流密度为 20 A/g）。本工作为制备具有多功能的复合材料提供了一种新的策略和方法，具有潜在的应用价值。

11 超级电容器的车用动力系统仿真

11.1 超级电容器系统的确定

目前,由于实验室的诸多限制,研究人员所制备的非对称超级电容器大多数为微型超级电容器。其应用场景基本为微机电系统的微能源装置,例如,驱动手表、笔筒、电子贺卡等。Li 等[154]采用水热合成和加氢还原法制备了多孔片状结构的 $CoMoO_{4-x}$。以 $CoMoO_{4-x}$ 为正极、AC 为负极组装成 $CoMoO_{4-x}$//AC 超级电容器。该器件成功地点亮了一个绿色发光二极管(LED)并驱动一个小型电风扇,结果分别如图 11-1(a)和图 11-1(b)所示。虽然当前的微型超级电容器技术得到了广泛的研究,但到目前为止还没有商业化应用。为了更好地了解和分析所制备非对称超级电容器在电动汽车上的应用前景,我们以常见的蓄电池为参照,通过串并联电路连接超级电容器单体使之构成超级电容器模组,以满足实际应用过程中的电压及额定容量的要求。然后将其作为纯电动汽车的动力源,进行粗略的动力性仿真。

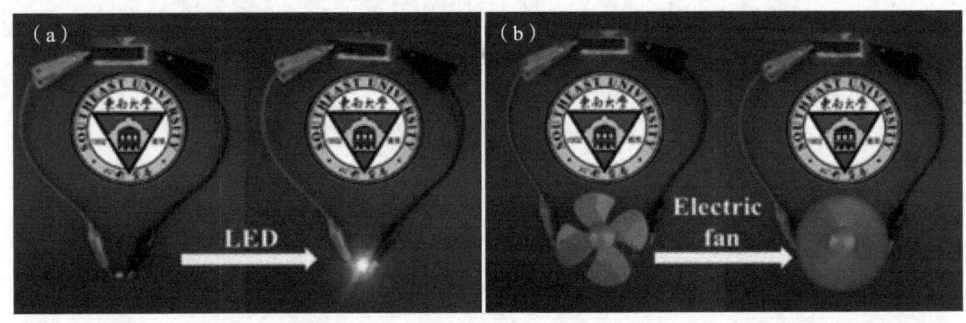

图 11-1 (a)$CoMoO_{4-x}$//AC 点亮 LED 灯;(b)$CoMoO_{4-x}$//AC 驱动风扇旋转

第 8 章制备的 $CoMoO_4$+$NiMoO_4$-1.5//CNTs 和第 10 章制备的 0.8% Nd-$CoMoO_4$@$NiMoO_4$//CNTs 非对称超级电容器,我们已通过恒电流充放电实验计算得到它们的比电容、能量密度、功率密度等性能指标。二者的最大比电容分别为 218 F/g 和 262 F/g。由于第 10 章制备的 0.8% Nd-$CoMoO_4$@$NiMoO_4$ 电极材料是在第 8 章 $CoMoO_4$+$NiMoO_4$-1.5 电极材料的基础上加以改进的,其电极材料的性能和组装的器件的性能均优于前者。后者比电容更大,能量密度以及功率密度更高,组装成某一额定容量的设备所需要的单体器件更少,考虑到实际的应用情况,我们以后者为例。

电动汽车在工作时,储能元件提供电能传递给电动机,电动机转动通过减速器将电能转化为机械能,最后通过传动轴将机械能传递给车轮。通过对电动汽车进行等速工况续驶里程仿真,我们可以预测在特定的驾驶条件下车辆的续航里程和性能,这有助于改善驾驶体验。某款电动汽车的主要参数如表 11-1 所示,本章以这些参数进行动力性仿真、等速工况续驶里程仿真。

表 11-1　电动汽车的主要参数

参数	数值	参数	数值
整车满载总质量/kg	1500	空气阻力系数 C_D	0.3
迎风面积 A/m^2	2.5	滚动阻力系数 f	0.012
空气阻力系数 C_d	0.3	车轮滚动半径 r/m	0.318
转矩 $T_m/(Nm)$	210	传动系统总效率 η_T	0.92
放电效率	0.95	储能元件的额定电压/V	320
储能元件的总能量 $E/(kWh)$	180	—	—

假设超级电容器模组的总能量与电池组的总能量一致,均为 180 kWh。考虑到超级电容器系统的内阻、漏电流、温度等各种条件的影响,我们假设其综合利用率为 90%。电动汽车的电动机额定电压为 320 V。单个超级电容器的电压为 1.6 V,则需要串联的超级电容器数量为 200 个。依据能量守恒原理,计算得到并联的组数为 107.8 组,向上取整,即为 108 组。

11.2　非对称超级电容器的动力系统仿真

汽车的动力性,是确保汽车行驶方向的运动状况,也就是研究沿汽车行驶方向作用于汽车的各种外力,即驱动力与行驶阻力。传统燃油汽车通过发动机做功产生的机械能，经传动系统将能量传递给车轮，从而驱动汽车前进。对于纯电动汽车，电池的电能通过电动机转换为机械能，产生转矩，然后传给车轮驱动汽车前进。汽车在行驶过程中，行驶阻力包括滚动阻力、空气阻力、加速阻力与坡度阻力。电动汽车的驱动电机产生的转矩，通过减速器、变速器以及传动系统，最后作用在驱动轮上。中间存在能量传递损失，相应的公式如下：

$$T_t = T_m i_g i_0 \eta_T, \quad (11-1)$$

$$F_t = \frac{T_t}{r}, \quad (11-2)$$

式中：T_t 为驱动转矩（Nm）；T_m 为驱动电机的转矩（Nm）；i_g 为变速器的传动比；i_0 为主减速器的传动比；η_T 为机械效率；F_t 为驱动力（N）；r 为车轮半径（m）。

电机输出转矩与转速之间的关系是进行汽车动力性计算的主要依据。电机驱动具有低速恒转矩、高速恒功率的特点，故可以由电机转速计算电机转矩，计算公式为：

$$T_e = \begin{cases} T_c & n \leq n_b \\ \dfrac{9550 P_e}{n} & n > n_b \end{cases}, \quad (11-3)$$

式中：T_e 为电机的低速恒转矩（Nm）；P_e 为电机的高速恒功率（W）；n 为电机转速（rpm）；n_b 为电机基速（rpm）。

汽车的行驶速度与驱动电机转速可表示为：

$$u = \frac{0.377 rn}{i_t}, \quad (11-4)$$

式中：u 为电动汽车行驶速度（m/s）；i_t 为驱动电机传动比。

电动汽车行驶过程中，受到的阻力主要有滚动阻力、空气阻力、坡度阻力和加速阻力。

汽车在行驶过程中的滚动阻力公式为：

$$F_f = Gf, \quad (11-5)$$

式中：F_f 为滚动阻力（N）；G 为汽车所受到的重力（N）；f 为滚动阻力系数（0.01）。

汽车在行驶过程中的空气阻力公式为：

$$F_w = \frac{C_D A u_a^2}{21.15}, \tag{11-6}$$

式中：F_w 为空气阻力（N）；C_D 为空气阻力系数；A 为汽车的迎风面积（m²）；u_a 为汽车行驶速度（m/s）。

汽车在行驶过程中的坡度阻力的公式为：

$$F_i = Gi, \tag{11-7}$$

式中：F_i 为坡度阻力；i 为汽车行驶道路的坡度（%）。

汽车在行驶过程中的加速阻力的公式为：

$$F_j = \delta m \frac{du}{dt}, \tag{11-8}$$

式中：F_j 为加速阻力（N）；δ 为汽车旋转质量换算系数；m 为整车质量（kg）；$\frac{du}{dt}$ 为汽车行驶过程中的加速度（m/s²）。

汽车的加速度可表示为：

$$\frac{du}{dt} = \frac{g}{\delta}(F_t - F_w - F_f)。 \tag{11-9}$$

电动汽车行驶方程式为：

$$\frac{T_e i_t \eta_t}{r} = mgf \cos\alpha_G + \frac{C_D A u^2}{21.15} + mg \sin\alpha_G + \delta m \frac{du}{dt}。 \tag{11-10}$$

最高车速：电动汽车的驱动力与滚动阻力和空气阻力之和处于平衡状态：

$$u_{\max} = \sqrt{\frac{21.15}{C_D A}\left(\frac{T_e i_t \eta_t}{r} - mgf\right)}。 \tag{11-11}$$

加速能力：电动汽车在平坦路面上的加速度为：

$$a_j = \frac{F_t - F_f - F_w}{\delta m} 。 \quad (11-12)$$

坡道起步能力：电动汽车动力因数为：

$$D = \frac{F_t - F_w}{mg} 。 \quad (11-13)$$

电动汽车最大爬坡度为：

$$i_{\max} = \tan\left(\arcsin\frac{D - f\sqrt{1 - D^2 + f^2}}{1 + f^2}\right) \times 100\% 。 \quad (11-14)$$

MATLAB 仿真所需要的代码如附录中的代码 1 所示。仿真结果如图 11-2～图 11-5 所示。

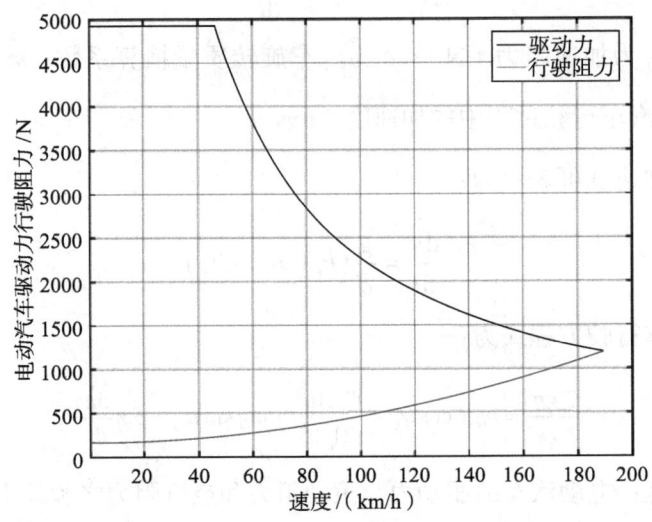

图 11-2　驱动力 - 行驶阻力平衡图

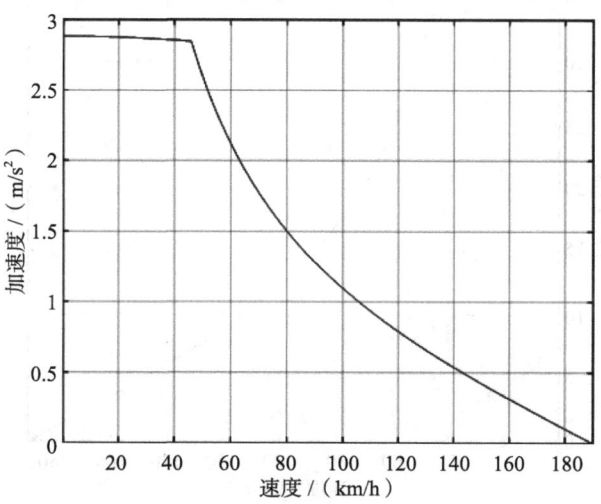

图 11-3 最大加速度曲线

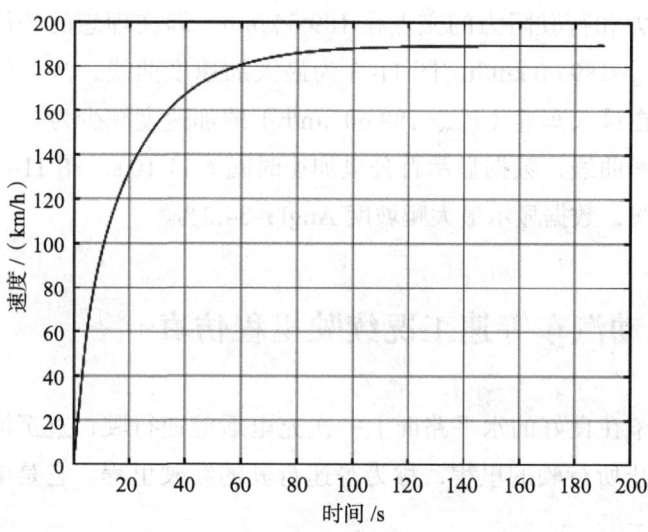

图 11-4 加速时间曲线

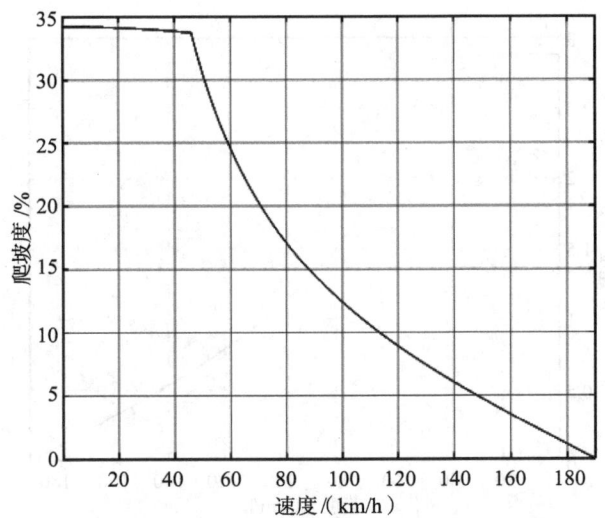

图 11-5 最大爬坡度曲线

图 11-2 ～图 11-5 是经过 MATLAB 模拟得到的相关数据。从图 11-2 中可知，驱动力和行驶阻力的交点在 189.6 km/h。即在理想的条件下，汽车的最大车速 V_{max}=189.60 km/h。图 11-3 为最大加速度曲线，汽车的加速度先不变后减小，在最大车速（V_{max}=189.60 km/h）的加速度减少为 0。图 11-4 为汽车的加速时间曲线，数据显示百公里加速时间 t=11.10 s。图 11-5 为汽车的最大爬坡度曲线，数据显示最大爬坡度 Angle=34.2%。

11.3 电动汽车等速工况续驶里程仿真

电动汽车在良好的水平路面上一次充电后等速行驶，直至消耗掉全部携带的电能为止所行驶的里程，称为等速行驶的续驶里程。它是电动汽车的经济性指标之一。

电动汽车在平坦道路上等速行驶时所需的功率为：

$$P_d = \frac{u}{3600\eta_d\eta_j}(mgf + \frac{C_D A u^2}{21.15}),\qquad(11-15)$$

式中：P_d 为电动汽车在平坦道路上等速行驶时所需的功率（W）；u 为电动汽车等速行驶速度（m/s）；m 为电动汽车整车质量（kg）；f 为滚动阻力系数；C_D 为空气阻力系数；A 为迎风面积（m²）；η_d 为电机效率；η_j 为机械传动效率。

储能装置携带的总能量为：

$$E = Q_m U_e = G_e q,\qquad(11-16)$$

式中：E 为电池携带的总能量；Q_m 为电池的额定容量；U 为电池的端电压；G 为电动汽车携带的电池总质量；q 为储能装置的比能量。

电动汽车等速行驶续驶里程为：

$$S_d = \frac{Eu}{1000P_d}\eta_e = \frac{76.14 Q_m U_e \eta_d \eta_j \eta_e}{21.15 mgf + C_D A u^2},\qquad(11-17)$$

式中：S_d 为电动汽车等速行驶续驶里程（km）；η_T 为储能装置的放电效率。

根据汽车的具体数据和等速工况电动汽车续驶里程数学模型，编写等速工况电动汽车续驶里程仿真的 MATLAB 程序，如附录中的代码 2 所示。

图 11-6 是汽车在不同车速条件下的续驶里程曲线，我们可以发现，在 180 kWh 的总容量下，当车速为 30 km/h 时，续驶里程超过 800 km。而在 100 km/h 的高车速下，续驶里程接近 350 km。可以发现，在理想情况下，降低车速能够获得更大的行驶里程，因为车速越高，行驶阻力越大。

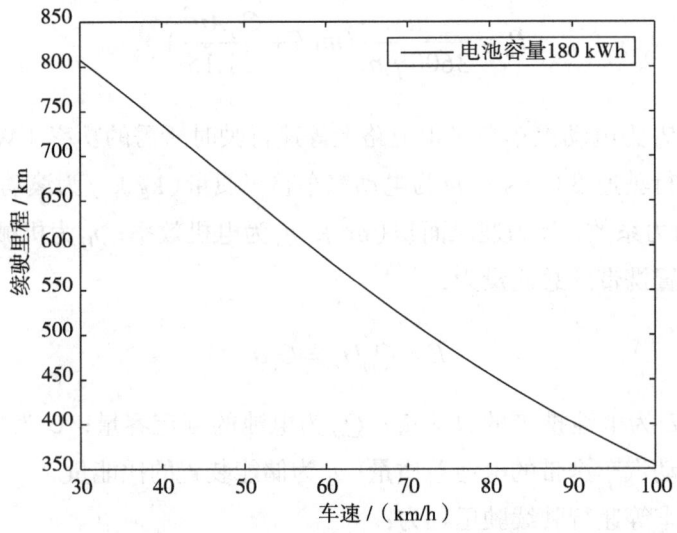

图 11-6　不同车速对续驶里程的影响

11.4　本章小结

  本章以制备的超级电容器为对象，通过设计串并联超级电容器模组来替代总能量为 180 kWh 的蓄电池。总共需要串联 200 个超级电容器单体，并联 208 组即可满足要求。在理想条件下，电动汽车的最大车速 V_{max}=189.60 km/h，百公里加速时间 t=11.10 s，最大爬坡度 Angle=34.2%。在 30 km/h 时，汽车的续驶里程超过 800 km。而在 100 km/h 的高车速下，续驶里程接近 350 km。

结论与展望

电极材料是超级电容器的重要组成部分，是提高超级电容器性能的关键。本篇以探究多元与单一电极材料的性能，以及多元复合电极材料的性能改进为研究目标。具体以 $CoMoO_4$ 和 $NiMoO_4$ 的复合电极材料为主要研究对象，探究多元与单一材料不同的形貌及元素掺杂对产物电化学性能的影响。然后组装成非对称超级电容器并研究其实际应用价值。最后以某电动汽车为研究对象，将原电动汽车的主动力源蓄电池替换成本篇研究得到的性能最好的超级电容器，对整车进行仿真分析。

具体总结与结论如下：

①采用恒温搅拌法制备出多孔 $CoMoO_4$ 纳米片。在制备过程中，通过对比 $CoMoO_4$ 纳米粒子不同反应时间下的产物，研究发现，所制备的产物具有优异的电化学性能。在电流密度为 1 A/g 时，比电容高达 1982 F/g；在 3 A/g 电流密度下，比电容从 1756 F/g 降至 1743 F/g，比电容保持率为 99.3%。我们还组装了一个不对称的超级电容器。该器件在电流密度为 1 A/g 时，比电容为 293 F/g，在 1 A/g 的电流密度下，经 10 000 次循环后，比电容由 293 F/g 下降至 286 F/g，电容留存率高达 98%。这些结果证实了所制备的电极和器件具有较优异的电化学性能，有助于钼酸钴纳米复合材料在新一代超级电容器中的多功能应用。

②采用冷冻干燥法合成 La-$CoMoO_4$ 纳米花。通过 SEM、TEM、XRD 和 EDS 对材料微观形貌和元素组成进行分析。使用 CV、GCD、EIS 对 $CoMoO_4$ 纳米花、La-$CoMoO_4$ 纳米花材料进行电化学性能测试与分析。实验结果表明，原始 $CoMoO_4$ 纳米花材料的比电容为 1400 F/g，掺杂后 La-$CoMoO_4$ 纳米花材料的比电容为 2248 F/g。我们对 La-$CoMoO_4$ 纳米花进行了循环稳定性测试，在电流密度 1 A/g 下，经过 5500 次循环后，电容保持率为 99.2%。以 La-$CoMoO_4$ 纳米花为正极组装成的非对称超级电容器器件的能量密度为 55 Wh/kg（功率密度为 1000 W/kg）。可见 La-$CoMoO_4$ 纳米花是有应用价值的电极材料。

③本篇通过常温搅拌法，在碳纤维组成的碳布基底上制备出钪元素掺杂的钼酸钴/碳纤维复合材料，样品具有多孔片状结构、高纯度和高循环性能等优点。实验中，对 Sc-$CoMoO_4$/CF 电极材料的电化学性质进行了研究。

在 1 A/g 的电流密度下，该电极具有 2095 F/g 的比电容，并且在每 100 次电流密度就会变化的条件下，能够维持 99.3% 的比电容。在 1 A/g 条件下，对 Sc-CoMoO$_4$/CF//CNTs 器件进行了 10 000 次充放电试验，其比电容稳定性达到 92%。上述实验证明，该电极材料在充放电过程中表现出较好的循环稳定性及较长的循环寿命。

④本篇提出了一种稀土元素 Ce 掺杂 CoMoO$_4$ 的纳米复合材料（Ce-CoMoO$_4$），整个制备流程具有合成工艺简单，易于操作且原材料容易获取等优点。水热法制备的 CoMoO$_4$ 结构为纳米片状结构材料，片状结构之间相互交织形成网络多孔结构，有助于电解液离子和电子的传输，加快电化学反应的进行。Ce 掺杂 CoMoO$_4$ 进一步使得材料性能得到了提升，当电流密度为 1 A/g 时，Ce-CoMoO$_4$ 电容器的比电容为 1864F/g。在电流密度为 3 A/g 时，经 10 000 次循环后比电容保持率为 99.31%。这表明 Ce-CoMoO$_4$ 多孔片材料具有更高的比容量和存储更多电荷的能力。实验中，进一步将该电极材料作为正极、碳纳米管（CNTs）作为负极，组装为 Ce-CoMoO$_4$//CNTs 非对称型器件。电化学测试结果表明，该非对称型器件在电流密度为 1 A/g 时，器件的比电容为 159 F/g。在电流密度为 20 A/g 时，该器件的比电容仍然可以达到 100 F/g；在电流密度为 1 A/g 时，该器件经过 8000 次循环后比电容为 156 F/g，为初始比电容 159 F/g 的 98.11%。Ce-CoMoO$_4$//CNTs 非对称型器件可以提供最大 75.8 Wh/kg 的能量密度和 890 W/kg 的功率密度。Ce 掺杂纳米钼酸钴是一种具有良好电容性能的新型电极材料，且制备方法简单，这一研究结果对于纳米钼酸钴作为电极材料具有潜在的实际应用价值。

⑤通过凝胶法制备出片状的稀土掺杂 Nd-NiMoO$_4$ 电极材料，并研究了掺杂不同含量稀土元素对电极材料性能的影响。结果表明，在 Nd 含量为 0.5% 时制备出的样品电化学性能最佳。电流密度为 1 A/g 时，比电容达到 2182 F/g；在电流密度为 5 A/g 下，经过 10 000 次循环，比电容从 1790 F/g 降低到 1764 F/g，电容保持率为 98.5%。随后，将 0.5% Nd-NiMoO$_4$ 材料和 CNTs 材料组装成不对称电容器器件，非对称型器件在 1 A/g 电流密度下的比电容高达 210 F/g；在电流密度为 1 A/g 时，经过 10 000 次循环，比电容从 221 F/g 降低

到 203 F/g，比电容保持率高达 91.9%，具有优秀的实际应用价值。同时，制备的器件具有较高的能量密度（73.5 Wh/kg）和功率密度（902 W/kg），为之后掺杂材料的制备提供了实际参考价值。

⑥通过溶胶凝胶法和冷冻法制备的钼酸钴和钼酸镍共混物呈多孔片状结构。该材料具备良好的电化学性能（在 1 A/g 的电流密度下，比电容量高达 2140 F/g；在 5 A/g 的电流密度下，循环 10 000 次，比电容从 1710 F/g 降低为 1698 F/g，容量维持率高达 99.3%）。此外，我们还把制备的材料和 AC 组装成非对称型器件 $CoMoO_4+NiMoO_4$-1.5//AC，该器件在 1 A/g 电流密度时，比电容高达 142 F/g；在 5 A/g 的电流密度下，器件循环 10 000 次，比电容从 218 F/g 降低为 213 F/g，比电容保持率高达 97.7%。同时可提供的最大能量密度为 76.8 Wh/kg（电流密度为 1 A/g），最大功率密度为 9563 W/kg（电流密度为 15 A/g）。本工作制备的二元金属共混物具有优异的电化学性能，为制备优异的超级电容器电极材料提供了一种新的策略和方法。

⑦本篇采用共沉淀和煅烧法成功地合成了 Sm-$NiMoO_4$-$CoMoO_4$ 材料。基于这些成功的材料合成结果，我们进一步研究了以 Sm-$NiMoO_4$-$CoMoO_4$ 为正极的固态非对称储能装置。此外，研究了一种以 Sm-$NiMoO_4$-$CoMoO_4$ 为正极、碳纳米管为负极的固态非对称储能器件，在电化学性能方面得到了满意的结果。这些结果表明，共沉淀和煅烧法合成的 Sm-$NiMoO_4$-$CoMoO_4$ 复合材料作为高性能超级电容器中的电化学电极具有广阔的应用前景，为新型储能技术的发展提供了强有力的支持。

⑧通过添加结构导向剂形成花状形貌和掺杂 Nd 元素形成氧空位的策略，我们成功地利用溶胶凝胶法制备出 0.8% Nd-$CoMoO_4$@$NiMoO_4$ 纳米花。本方法成功地解决了活性材料结构易坍塌和反应动力学缓慢的问题，使复合材料的电化学性能和光催化性能得到了极大的提升。通过电化学性能的相关测试，制备的 0.8% Nd-$CoMoO_4$@$NiMoO_4$ 电极材料具备优异的比电容（2387 F/g，电流密度为 1 A/g）和循环稳定性能（99.3%，在电流密度为 5 A/g，经 10 000 次循环），其性能远远超过其余的产物。我们把 0.8% Nd-$CoMoO_4$@$NiMoO_4$ 和具有亲水性的 CNTs 组装成非对称型器件 0.8% Nd-$CoMoO_4$@$NiMoO_4$//

CNTs，该器件具有良好的储能效果、优异的比电容（262 F/g，电流密度为 1 A/g）和循环稳定性能（99.2%，经 3000 次循环）。同时该器件可提供的最大能量密度为 89.3 Wh/kg（1 A/g），最大功率密度为 11 237 W/kg（20 A/g）。本篇为制备掺杂型多元金属混合物提供了一种新的策略和方法，具有潜在的应用价值。

⑨以制备的超级电容器为研究对象，通过串并联来设计超级电容器模组来替代总能量为 180 kWh 的蓄电池。总共需要串联 200 个超级电容器单体，并联 208 组即可满足要求。在理想的条件下，电动汽车的最大车速 V_{max}=189.60 km/h，百公里加速时间 t=11.10 s，最大爬坡度 Angle=34.2%。在 30 km/h 时，汽车的续驶里程接近 1000 km。在 100 km/h 的高车速下，续驶里程接近 400 km。

本篇以两种钼酸盐为电极材料，研究形貌结构和掺杂对产物的电化学性能的影响。此外还做了一些汽车的仿真分析。但由于时间的限制，实验设施的匮乏与作者的水平有限，本篇的研究深度一般，如有条件希望从以下方面进一步探究：

①本篇只以钼酸盐中的 $CoMoO_4$ 和 $NiMoO_4$ 展开分析，另外还可以将其余的钼酸盐材料展开测试，分析其电化学性能。

②本篇以掺杂形成氧空位，还可以尝试其余的方法，例如高温氧化等。此外，我们只是验证存在氧空位，还并未测量氧空位的具体数值，后续研究可以进一步分析氧空位的数量对产物性能的影响。

③在制备过程中，还可添加其他过渡金属阳离子，探究过渡金属阳离子的种类和含量对电极材料性能的影响。

④受限于实验条件，本篇只进行了较为粗浅的仿真分析。后续研究者可以尝试制备商业用的大型单体超级电容器，然后将其运用于主动力源，进行试验与仿真研究，探究串并联单体的数量对电动汽车性能的影响。

附 录

代码 1

```
m=1500;r=0.318;Cd=0.3;A=2;f=0.012;at=0.9;dt=1.1;
it=8.3;g=9.8;
Pm=70;Tm=210;Pr=35;Tr=105;
aa=0;
nn=Pr*9550/Tr;
Ff=m*g*f*cos(aa);
Fj=m*g*sin(aa);
for i=1:1901;
    v(i)=0.1*i-0.1;
    n(i)=it*v(i)/r/0.377;
    if n(i)<nn
        Ft(i)=Tm*it*at/r;
    else
        Ft(i)=(Pm*9550/n(i))*it*at/r;
    end
    Fw(i)=Cd*A*(v(i) ^2)/21.15;
    F(i)=Fw(i)+Ff+Fj;
    if abs(Ft(i)-F(i))<1
    vmax=v(i);
    end
    a(i)=(Ft(i)-F(i))/dt/m;
    angle(i)=tan(asin((Ft(i)-Fw(i)-Ff)/m/g))*100;
end
for j=1:1901
 va(1)=0;
 na(j)=it*va(j)/r/0.377;
 if na(j)<nn
    Fta(j)=Tm*it*at/r;
```

```
    else
        Fta(j)=(Pm*9550/na(j))*it*at/r;
    end
    Fwa(j)=Cd*A*(va(j)^2)/21.15;
    Fa(j)=Fwa(j)+Ff+Fj;
    acc(j)=(Fta(j)-Fa(j))/m/at;
    va(j+1)=va(j)+acc(j)*0.1*3.6;
    if abs(va(j)-100)<0.5
        ta=(j-1)*0.1;
    end
end
figure(1)
plot(v,Ft,v,F)
grid on
xlabel(' 速度 /(km/h)')
ylabel(' 电动汽车驱动力行驶阻力 N')
fprintf(' 最大车速 vmax=%.2fkm/h\n',vmax)
figure(2)
plot(v,a)
axis( [0 inf 0 3] )
grid on
xlabel(' 速度 /(km/h)')
ylabel(' 加速度 /(m/s^2)')
figure(3)
t=0:1901;
plot(t*0.1,va)
grid on
xlabel(' 时间 /s')
ylabel(' 速度 /(km/h)')
```

```
fprintf(' 百公里加速时间 t=%.2fs\n',ta)
figure(4)
plot(v,angle)
axis([0 inf 0 35]);
grid on
xlabel(' 速度 /(km/h)')
ylabel(' 爬坡度 /%')
fprintf(' 最大爬坡度 angle=%.2fs\n',angle)
```

代码 2

```
m=1500;f=0.012;Cd=0.3;A=2.0;nt=0.92;g=9.8;
nd=0.9;
Ue=320;ne=0.95;
u=30:1:100;
Qm=[180];
for i=1:1
S=76.14*Qm(i)*Ue*nd*nt*ne./(21.15*m*g*f+Cd*A*u.^2);
figure(1)
gss=['-'];
    plot(u,S,gss(i));
hold on
end
xlabel(' 车速 /(km/h)')
ylabel(' 续驶里程 /km')
legen(' 电池容量 180 kWh')
```

参考文献

上 篇 钼酸盐基纳米材料的设计及其在超级电容器中的仿真研究

［1］田悦.太阳能可充电储能器件的设计及其电化学性能的研究［D］.上海：上海师范大学，2019.

［2］陈哲.锂离子电池组液冷散热控制策略设计及性能优化研究［D］.镇江：江苏大学，2022.

［3］韩伟.多目标优化约束条件下充电设施有序充电控制策略研究［D］.济南：山东大学，2021.

［4］庞知非，李枭，赵洪雪.基于大数据的纯电动物流车辆运行现状分析［J］.交通节能与环保，2020，16：28-31.

［5］王晨.钴基双金属氧化物电极材料的制备及其电容性能研究［D］.哈尔滨：哈尔滨商业大学，2022.

［6］曾熠.比亚迪新能源汽车战略成本管理研究［D］.南昌：江西财经大学，2023.

［7］阎烁.新时期汽车消费对经济增长拉动作用的研究：以吉林省为例［J］.经济视角，2021，40：54-61.

［8］苏浩.钼钴基电极材料的设计与制备及其超级电容性能研究［D］.兰州：兰州理工大学，2023.

［9］林本祥.混合电源功率分配控制技术研究［D］.烟台：烟台大学，2020.

［10］袁博.碳中和目标下新能源汽车技术发展趋势［J］.汽车文摘，2022：57-62.

［11］孙靖平.氮硫氟掺杂多孔碳材料的合成及电化学应用研究［D］.郑州：郑州大学，2021.

［12］李飞羽.石墨烯/聚苯胺类复合电极材料的制备与性能［D］.广州：华南理工大学，2017.

［13］张瑞，唐四叶.超级电容器活性炭电极材料的制备研究现状［J］.山东化工，2020，49：51-52，54.

［14］黄晓斌，张熊，韦统振，等.超级电容器的发展及应用现状［J］.电工电能新技术，2017，36：63-70.

［15］许检红，王然，陈经坤，等.超级电容器在电动汽车上应用的研究进展［J］.电池工业，2008，12（5）：344-348.

［16］乔亮波，张晓虎，孙现众，等.电池-超级电容器混合储能系统研究进展［J］.储能科学与技术，2022，11：98-106.

［17］王金忠.电动汽车用混合电源功率分配优化方法研究［D］.烟台：烟台大学，2021.

［18］于海芳.混合动力汽车复合储能系统参数匹配与控制策略研究［D］.哈尔滨：哈尔滨工业大学，2010.

［19］叶建伟.智能电动车辆复合电池系统优化与控制［D］.南京：东南大学，2020.

［20］顾子宜.伊敏褐煤酸碱处理物多孔炭的制备及其超级电容器性能研究［D］.徐州：中国矿业大学，2022.

［21］董韬文，张伟，郑伟涛.赝电容的起源和本体相赝电容的实现［J］.硅酸盐学报，52（2）：442-453.

［22］王正杰，时志强.MCMB在超级电容器中的研究进展［J］.山东化工，2023，52：95-97，102.

［23］周华，王丽，崔伟娜，等.N/S共掺杂多孔炭材料的制备及在超级电容器中的应用［J］.炭素技术，2023，42：55-58，66.

［24］柯倩兰，张瑜晖，吴凡，等.氧化镍/还原氧化石墨烯/碳布复合材料超级电容器的制备与电化学性能［J］.上海纺织科技，2023，51：32-36.

［25］刘晓娴.部分炭化策略制备Si@C材料及其储锂性能研究［D］.南昌：江西理工大学，2022.

［26］邵光伟，郭珊珊，于瑞，等.可拉伸超级电容器的研究进展：电极、电解质和器件［J］.物理学报，2020，69：155-174.

［27］徐甲强，高天歌，卫雪菲，等.$NiCo_2O_4$@PANI复合材料的制备及其电化学性能研究［J］.河南师范大学学报（自然科学版），2024，52（1）：28-33.

［28］QIU D, MA X, ZHANG J, et al. In situ synthesis of mesoporous NiO nanoplates embedded in a flexible graphene matrix for supercapacitor electrodes［J］. Materials Letters, 2018, 232：163-166.

［29］陈欣良，李巧玲，刘振兴，等.聚吡咯导电水凝胶的制备及其研究进展［J］.化工新型材料，2024，52（4）：65-68.

［30］YIN Z, CHEN Y J, ZHAO Y, et al. Hierarchical nanosheet-based $CoMoO_4$-$NiMoO_4$ nanotubes for applications in asymmetric supercapacitor and oxygen evolution reaction［J］. Journal of Materials Chemistry A, 2015, 3：22750-22758.

［31］刘婧倩.镍钴磷（硫）化物基自支撑电极的构建及超级电容器性能研究［D］.西安：

西安理工大学, 2023.

[32] 刘小妮. 钠离子电池碳基负极材料的设计与性能研究[D]. 青岛: 青岛科技大学, 2023.

[33] 杨旭. 钼酸盐基电极材料的制备、改性及电化学性能研究[D]. 天津: 河北工业大学, 2021.

[34] 陈晓, 徐开兵. 磷掺杂 $NiMoO_4$ 电极材料的制备及电化学性能[J]. 实验室研究与探索, 2022, 41: 65-67, 147.

[35] WANG J, WANG S, TIAN Y, et al. 3D heterogeneous $ZnCo_2O_4$@$NiMoO_4$ nanoarrays grown on Ni foam as a binder-free electrode for high-performance energy storage[J]. Journal of Energy Storage, 2020, 32: 101899.

[36] KOUR S, TANWAR S, SHARMA A L. A review on challenges to remedies of MnO_2 based transition-metal oxide, hydroxide, and layered double hydroxide composites for supercapacitor applications[J]. Materials Today Communications, 2022, 32: 104033.

[37] LI W, ZHAO X, BI Q, et al. Recent advances in metal-organic framework-based electrode materials for supercapacitors[J]. Dalton Transactions, 2021, 50: 11701-11710.

[38] SIMON P, GOGOTSI Y. Perspectives for electrochemical capacitors and related devices[J]. Nature materials, 2020, 19: 1151-1163.

[39] DONG W, XIE M, ZHAO S, et al. Materials design and preparation for high energy density and high power density electrochemical supercapacitors[J]. Materials Science and Engineering: R: Reports, 2023, 152: 100713.

[40] SIVAKUMAR P, RAJ C J, PARK J W, et al. Facile fabrication of flower-like binary metal oxide as a potential electrode material for high-performance hybrid supercapacitors[J]. Ceramics International, 2022, 48: 9459-9467.

[41] SHAHEEN N, AADIL M, ZULFIQAR S, et al. Fabrication of different conductive matrix supported binary metal oxides for supercapacitors applications[J]. Ceramics International, 2021, 47: 5273-5285.

[42] XIE Y, FEI B, CAI D, et al. Multicomponent hierarchical $NiCo_2O_4$@$CoMoO_4$@ Co_3O_4 arrayed structures for high areal energy density aqueous NiCo//Zn batteries[J]. Energy

Storage Materials, 2020, 31: 27-35.

[43] CUI X, CUI Y, CHEN M, et al. Enhancing Electrochemical Hydrogen Evolution Performance of $CoMoO_4$-Based Microrod Arrays in Neutral Media through Alkaline Activation. [J]. ACS applied materials & interfaces, 2020, 12: 30905-30914.

[44] PRABHU S, GOWDHAMAN A, HARISH S, et al. Synthesis of petal-like $CoMoO_4$/r-GO composites for high performances hybrid supercapacitor [J]. Materials Letters, 2021, 295: 129821.

[45] HUSSAIN I, MOHAPATRA D, DHAKAL G, et al. Uniform growth of ZnS nanoflakes for high-performance supercapacitor applications [J]. Journal of Energy Storage, 2021, 36: 102408.

[46] ANSARI M Z, ANSARI S A, PARVEEN N, et al. Lithium ion storage ability, supercapacitor electrode performance, and photocatalytic performance of tungsten disulfide nanosheets [J]. New Journal of Chemistry, 2018, 42: 5859-5867.

[47] DANESHVAR S, ARVAND M. In-situ growth of hierarchical Ni-Co LDH/$CoMoO_4$ nanosheets arrays on Ni foam for pseudocapacitors with robust cycle stability [J]. Journal of Alloys and Compounds, 2020, 815: 152421.

[48] NANDAGOPAL T, BALAJI G, VADIVEL S. Enhanced electrochemical performance of $CoMoO_4$ nanorods/reduced graphene oxide (rGO) as asymmetric supercapacitor devices [J]. Journal of Energy Storage, 2023, 68: 107710.

[49] SHAMEEM A, DEVENDRAN P, MURUGAN A, et al. Cost-effective synthesis of efficient La doped $CoMoO_4$ nanocomposite electrode for sustainable high-energy symmetric supercapacitors [J]. Journal of Energy Storage, 2023, 73: 108856.

[50] ZHAI Z, YAN W, DONG L, et al. Multi-dimensional materials with layered structures for supercapacitors: advanced synthesis, supercapacitor performance and functional mechanism [J]. Nano Energy, 2020, 78: 105193.

[51] EGA S P, SRINIVASAN P. Quinone materials for supercapacitor: Current status, approaches, and future directions [J]. Journal of Energy Storage, 2022, 47: 103700.

[52] DONG X W, ZHANG Y Y, WANG W J, et al. Rational construction of 3D $NiCo_2O_4$@ $CoMoO_4$ core/shell nanoarrays as a positive electrode for asymmetric supercapacitor [J].

Journal of Alloys and Compounds, 2017, 729: 716-723.

[53] XU X, WEI T, ZHANG X, et al. Boosting the energy storage performance of cobalt molybdate microspheres constructed from urotropin-induced ultrathin nanosheets [J]. International Journal of Energy Research, 2020, 44: 2196-2207.

[54] ZHAO Y, HE X, CHEN R, et al. Hierarchical $NiCo_2S_4$@$CoMoO_4$ core-shell heterostructures nanowire arrays as advanced electrodes for flexible all-solid-state asymmetric supercapacitors [J]. Applied Surface Science, 2018, 453: 73-82.

[55] WANG J J, HONG W, FU Y L. Urea-assisted synthesis of $CoMoO_4$-$NiMoO_4$ microspheres for the electrochemical energy storage [J]. Ionics, 2023, 29(8): 3077-3086.

[56] RAHMAN M M, ONI A O, GEMECHU E, et al. Assessment of energy storage technologies: A review [J]. Energy Conversion and Management, 2020, 223: 113295.

[57] MISHRA A, MEHTA A, BASU S, et al. Electrode materials for lithium-ion batteries [J]. Materials Science for Energy Technologies, 2018, 1: 182-187.

[58] RAJKUMAR S, GOWRI S, DHINESHKUMAR S, et al. Investigation on $NiWO_4$/PANI composite as an electrode material for energy storage devices [J]. New Journal of Chemistry, 2021, 45: 20612-20623.

[59] WANG Y, QU Q, GAO S, et al. Biomass derived carbon as binder-free electrode materials for supercapacitors [J]. Carbon, 2019, 155: 706-726.

[60] ZHANG Y Z, WANG Y, CHENG T, et al. Flexible supercapacitors based on paper substrates: a new paradigm for low-cost energy storage [J]. Chemical Society Reviews, 2015, 44: 5181-5199.

[61] LI H, ZHANG X, ZHAO Z, et al. Flexible sodium-ion based energy storage devices: Recent progress and challenges [J]. Energy Storage Materials, 2020, 26: 83-104.

[62] ZHANG W, LIU H, ZHANG X, et al. 3D printed micro-electrochemical energy storage devices: from design to integration [J]. Advanced Functional Materials, 2021, 31: 2104909.

[63] XU T, DU H, LIU H, et al. Advanced nanocellulose-based composites for flexible

functional energy storage devices [J]. Advanced materials, 2021, 33: 2101368.

[64] DING H, ZANG W, LI J, et al. CB/PDMS electrodes for dielectric elastomer generator with low energy loss, high energy density and long life [J]. Composites Communications, 2022, 31: 101132.

[65] SONG L, ZHENG T, ZHENG L, et al. Cobalt-doped basic iron phosphate as bifunctional electrocatalyst for long-life and high-power-density rechargeable zinc-air batteries [J]. Applied Catalysis B: Environmental, 2022, 300: 120712.

[66] RAZA W, ALI F, RAZA N, et al. Recent advancements in supercapacitor technology [J]. Nano Energy, 2018, 52: 441-473.

[67] NAJIB S, ERDEM E. Current progress achieved in novel materials for supercapacitor electrodes: mini review [J]. Nanoscale Advances, 2019, 1: 2817-2827.

[68] CHEN G Z. Supercapacitor and supercapattery as emerging electrochemical energy stores [J]. International Materials Reviews, 2017, 62: 173-202.

[69] WANG Y, WU X, HAN Y, et al. Flexible supercapacitor: Overview and outlooks [J]. Journal of Energy Storage, 2021, 42: 103053.

[70] MENG Q, CAI K, CHEN Y, et al. Research progress on conducting polymer based supercapacitor electrode materials [J]. Nano Energy, 2017, 36: 268-285.

[71] MEVADA C, MUKHOPADHYAY M. Limitations and recent advances in high mass loading asymmetric supercapacitors based on pseudocapacitive materials [J]. Industrial & Engineering Chemistry Research, 2021, 60: 1096-1111.

[72] WU M, YU S, WANG X, et al. Ultra-high energy storage density and ultra-wide operating temperature range in $Bi_2Zn_{2/3}Nb_{4/3}O_7$ thin film as a novel lead-free capacitor [J]. Journal of Power Sources, 2021, 497: 229879.

[73] LI X, ZHANG J, LIU B, et al. A critical review on the application and recent developments of post-modified biochar in supercapacitors [J]. Journal of Cleaner Production, 2021, 310: 127428.

[74] LIU S, XU Y, WU J, et al. Correction: Celery-derived porous carbon materials for superior performance supercapacitors [J]. Nanoscale Advances, 2024, 6: 1272.

[75] LIU X, LIU L, YAN W, et al. Hierarchical Fe_3O_4@FeS_2 nanocomposite as high-

specific-capacitance electrode material for supercapacitors [J]. Energy Technology, 2020, 8: 2000544.

[76] FOROUZANDEH P, KUMARAVEL V, PILLAI S C. Electrode materials for supercapacitors: a review of recent advances [J]. Catalysts, 2020, 10: 969.

[77] ABAZARI R, SANATI S, MORSALI A, et al. High specific capacitance of a 3D-metal-organic framework-confined growth in $CoMn_2O_4$ nanostars as advanced supercapacitor electrode materials [J]. Journal of Materials Chemistry A, 2021, 9: 11001-11012.

[78] XIONG S, HE Y, ZHANG X, et al. Hydrothermal synthesis of high specific capacitance electrode material using porous bagasse biomass carbon hosting MnO_2 nanospheres [J]. Biomass Conversion and Biorefinery, 2021, 11: 1325-1334.

[79] CHOUDHARY N, LI C, MOORE J, et al. Asymmetric supercapacitor electrodes and devices [J]. Advanced Materials, 2017, 29: 1605336.

[80] GUO T, ZHOU D, PANG L, et al. Perspectives on working voltage of aqueous supercapacitors [J]. Small, 2022, 18: 2106360.

[81] SONG F, AO X, CHEN Q. Effect of heteroatom doping on the charge storage and operating voltage window of nickel-based sulfide composite electrodes in alkaline electrolytes [J]. Chemical Engineering Journal, 2022, 427: 130885.

[82] GONG K, LEE H, CHOI Y, et al. A flexible supercapacitor with high energy density and wide range of temperature tolerance using a high-concentration aqueous gel electrolyte [J]. Electrochimica Acta, 2024, 475: 143585.

[83] WANG J, CHANG J, WANG L, et al. One-step and low-temperature synthesis of $CoMoO_4$ nanowire arrays on Ni foam for asymmetric supercapacitors [J]. Ionics, 2018, 24: 3967-3973.

[84] ILAYAS T, ANJUM S, RAJA M Y A, et al. Rietveld refinement, 3D view and electrochemical properties of rare earth lanthanum doped nickel ferrite to fabricate high performance electrodes for supercapacitor applications [J]. Ceramics International, 2023.49, 28864-28877.

[85] MELKIYUR I, RATHINAM Y, KUMAR P S, et al. A comprehensive review on novel

quaternary metal oxide and sulphide electrode materials for supercapacitor: Origin, fundamentals, present perspectives and future aspects[J]. Renewable and Sustainable Energy Reviews, 2023, 173: 113106.

[86] CHEN H, HU H, HAN F, et al. CoMoO$_4$/bamboo charcoal hybrid material for high-energy-density and high cycling stability supercapacitors[J]. Dalton Transactions, 2020, 49: 10799-10807.

[87] FEI F, ZHOU H, KANG M. POM-derived MoO$_3$/CoMoO$_4$ mixed oxides directed by glucose for high-performance supercapacitors[J]. New Journal of Chemistry, 2022, 46: 16914-16921.

[88] CHEN C, DENG H, WANG C, et al. Petal-like CoMoO$_4$ clusters grown on carbon cloth as a binder-free electrode for supercapacitor application[J]. ACS omega, 2021, 6: 19616-19622.

[89] XU B, ZHANG H, MEI H, et al. Recent progress in metal-organic framework-based supercapacitor electrode materials[J]. Coordination Chemistry Reviews, 2020, 420: 213438.

[90] 李中奇.新能源发电系统中储能系统的应用探究[J].现代工业经济和信息化,2023,13:246-248.

[91] 崔爽.为实现"双碳"目标夯实基础[N].科技日报,2024-02-29.

[92] 杨华磊,杨敏.碳达峰碳中和:中国式现代化的能源转型之路[J].经济问题,2024:1-7.

[93] 曲恩霖.超级电容器过渡金属化合物电极材料的研究进展[J].当代化工研究,2023:8-10.

[94] 耿沛育.应用于超级电容器的金属氧化物基复合电极的研究[D].长春:吉林建筑大学,2023.

[95] 张亚飞.碳纳米材料在超级电容器中的应用[J].材料导报,2023,37:37-43.

[96] Reece R, Lekakou C, Smith P A. A high-performance structural supercapacitor[J]. ACS applied materials & interfaces, 2020, 12(23): 25683-25692.

[97] 杨小龙,王晨溪,卢振杰,等.三维多孔碳纳米管-还原氧化石墨烯复合气凝胶应用于高性能对称超级电容器[J].无机化学学报,2024,40:155-163.

[98] 牛婷婷,毛喜玲,闫欣雨,等.三维纳米花NiCo-MOF非对称超级电容器储能特性[J].微纳电子技术,2024,61:7-16.

[99] 卢强.钴锰基双金属氧化物超级电容器电极材料的性能研究[D].兰州:兰州理工大学,2022.

[100] 孙玉晨.钼酸钴(镍)基电极材料的合成及其超级电容器性能研究[D].沈阳:沈阳工业大学,2023.

[101] 刘恒岐.钼酸钴基纳米复合电极材料的结构调控及电化学性能研究[D].沈阳:沈阳工业大学,2021.

[102] PANDA S, DESHMUKH K, PASHA S K K, et al. MXene based emerging materials for supercapacitor applications: Recent advances, challenges, and future perspectives[J]. Coordination Chemistry Reviews, 2022, 462: 214518.

[103] LIU W, DONG C, ZHANG B, et al. Thermal characteristic and performance influence of a hybrid supercapacitor[J]. Journal of Energy Storage, 2022, 53: 105188.

[104] GUO W, WU Y, TIAN Y, et al. Hydrothermal Synthesis of $NiCo_2O_4/CoMoO_4$ Nanocomposite as a High-Performance Electrode Material for Hybrid Supercapacitors[J]. ChemElectroChem, 2019, 6: 4645-4652.

[105] 曹敏,巨健,白泽洋.供暖领域电能代替技术环保效益模糊评价研究[J].环境科学与管理,2021,46:159-163.

[106] 袁丹丹,王林,尚随军.赝电容型超级电容器电极材料的研究进展[J].电池工业,2023,27:199-204.

[107] 王晶鑫,张艳丽,张强,等.金属化合物超级电容器电极材料研究现状[J].辽宁化工,2023,52:1035-1038.

[108] 王海,陈伟平,邱亚明,等.锂离子电池液态有机电解液的研究进展[J].广东化工,2023,50:44-45,37.

[109] JI D, KIM J. Trend of Developing Aqueous Liquid and Gel Electrolytes for Sustainable, Safe, and High-Performance Li-Ion Batteries[J]. Nano-micro letters, 2023, 16: 2-2.

[110] 梁凤丽,陈昭亿,张业鹏,等.多种燃料供给的燃料电池混合电推进技术[J].航空动力,2023:74-78.

［111］陈政，王志文．两相质子交换膜燃料电池工作性能优化［J］．通化师范学院学报，2023，44：32-40．

［112］谢兆威，丘东元，顾文超，等．基于超级电容器储能状态的动态均压技术［J］．电力电子技术，2023，57：46-49．

［113］王晶．$CoMoO_4$基核壳纳米复合材料的构筑及其电容性能研究［D］．哈尔滨：哈尔滨工业大学，2017．

［114］MARYAM M A, MAJID A, SAMANEH D. Facile stepwise hydrothermal synthesis of hierarchical $CoMoO_4/CoMoO_4$ core/shell dandelion-like nanoarrays：A promising binder-free positive electrode for high-performance asymmetric supercapacitors［J］. Journal of Electroanalytical Chemistry, 2022, 904：115934.

［115］ZHAI Z, ZHANG L, DU T, et al. A review of carbon materials for supercapacitors［J］. Materials & Design, 2022, 221：111017.

［116］吴洪玉，刘壮，王刚，等．Ce掺杂的钴酸锌多孔网状材料的制备及性能研究［J］．当代化工，2023，52：1513-1518，1543．

［117］MAI L Q, YANG F, ZHAO Y L. Hierarchical $MnMoO_4/CoMoO_4$ Heterostructured Nanowires with Enhanced Supercapacitor Performance［J］. Nature Communication, 2011, 2：381-387.

［118］董世知，何佳奇，马壮，等．一步水热法合成镍铜复合磷化物及其电催化析氢性能［J］．硅酸盐学报，2023，51：152-162．

［119］陆小龙，徐志伟，季佳雯，等．MoO_2/石墨烯多尺度纳米复合材料构筑及其电化学性能［J］．常州大学学报（自然科学版），2023，35：17-22．

［120］贾岩，李渊，郭志平，等．电化学储能用锂离子动力电池充放电特性试验研究［J］．机械工程与自动化，2022（6）：10-11，15．

［121］Al-AZAWII M M S, ALHAMDI S F H, BRAUN S, et al. Thermocline in packed bed thermal energy storage during charge–discharge cycle using recycled ceramic materials-Commercial scale designs at high temperature［J］. Journal of Energy Storage, 2023, 64：107209.

［122］HEKIMOĞLU G, SARI A, GENCEL O, et al. Activated carbon/expanded graphite hybrid structure for development of nonadecane based composite PCM with excellent shape stability, enhanced thermal conductivity and heat charging-discharging performance [J]. Thermal Science and Engineering Progress, 2023, 44: 102081.

[123] 黄妙逢. 含水电解质机理及其储能应用研究[D]. 北京：北京科技大学，2023.

[124] 何陈. 钼酸钴纳米复合材料的制备及超级电容性能研究[D]. 上海：上海第二工业大学，2021.

[125] AMIRI M, MOOSAVIFARD S E, HOSSEINY DAVARANI S S, et al. Novel Rugby-Ball-like FeCoCuS$_2$ Triple-Shelled Hollow Nanostructures with Enhanced Performance for Supercapattery [J]. Energy & Fuels, 2021, 35: 15108-15117.

[126] WU S, YANG X, CUI T, et al. Tubular-like NiS/Mo$_2$S$_3$ microspheres as electrode material for high-energy and long-life asymmetric supercapacitors [J]. Colloids and Surfaces A: Physicochemical and Engineering Aspects, 2021, 628: 127332.

[127] AHMAD M W, ANAND S, SHALINI K, et al. MnMoO$_4$ nanorods-encapsulated carbon nanofibers hybrid mat as binder-free electrode for flexible asymmetric supercapacitors [J]. Materials Science in Semiconductor Processing, 2021, 136: 106176.

[128] 赵怡星. 钼酸钴/碳纳米复合材料的制备及电化学性能研究[D]. 西安：陕西科技大学，2020.

[129] YANG A, WANG H, LI B, TAN Z. Capacity optimization of hybrid energy storage system for microgrid based on electric vehicles' orderly charging/discharging strategy [J]. Journal of Cleaner Production, 2023, 411: 137346.

[130] ABBAS Q, MIRZAEIAN M, HUNT M R, et al. Current state and future prospects for electrochemical energy storage and conversion systems [J]. Energies, 2020, 13(21): 5847.

[131] REN G, WANG H, CHEN C, et al. An energy conservation and environmental improvement solution-ultra-capacitor/battery hybrid power source for vehicular applications [J]. Sustainable Energy Technologies and Assessments, 2021, 44: 100998.

[132] SAVITHRI V, RAMAKRISHNA S S H M. Low temperature synthesis of crystalline pyrite FeS$_2$ for high energy density supercapacitors [J]. Chemical Communications,

2023, 59: 9263-9266.

[133] MEGHANATHAN K L, PARTHIBAVARMAN M, SHARMILA V, et al. Metal-organic framework-derived Nickle Tellurideporous structured composites electrode materials for asymmetric supercapacitor application [J]. Journal of Energy Storage, 2023, 72: 108665.

[134] LIANG S, WANG H, LI Y, et al. Rare-earth based nanomaterials and their composites as electrode materials for high performance supercapacitors: a review [J]. Sustainable Energy & Fuels, 2020, 4: 3825-3847.

[135] ARUNACHALAM S, KIRUBASANKAR B, PAN D, et al. Research progress in rare earths and their composites based electrode materials for supercapacitors [J]. Green Energy & Environment, 2020, 5: 259-273.

[136] FENG X, NING J, WANG D, et al. Heterostructure arrays of $NiMoO_4$ nanoflakes on N-doping of graphene for high-performance asymmetric supercapacitors [J]. Journal of Alloys and Compounds, 2020, 816: 152625.

[137] ZHANG Y, CHANG C R, JIA X D, et al. Morphology-dependent $NiMoO_4$/carbon composites for high performance supercapacitors [J]. Inorganic Chemistry Communications, 2020, 111: 107631.

[138] YIN J, ZHANG W, ALHEBSHI N A, et al. Synthesis strategies of porous carbon for supercapacitor applications [J]. Small methods, 2020, 4 (3): 1900853.

[139] THEERTHAGIRI J, DURAI G, TATARCHUK T, et al. Synthesis of hierarchical structured rare earth metal-doped Co_3O_4 by polymer combustion method for high performance electrochemical supercapacitor electrode materials [J]. Ionics, 2020, 26: 2051-2061.

[140] BOKOV D, TURKI JALIL A, CHUPRADIT S, et al. Nanomaterial by solgel method: synthesis and application [J]. Advances in Materials Science and Engineering, 2021, 2021: 1-21.

[141] MURUGAN E, GOVINDARAJU S, SANTHOSHKUMAR S. Hydrothermal synthesis, characterization and electrochemical behavior of $NiMoO_4$ nanoflower and $NiMoO_4$/rGO nanocomposite for high-performance supercapacitors [J]. Electrochimica

Acta, 2021, 392: 138973.

[142] KIAN Y, RASOUL S, AIDA M C. A new strategy for the preparation of multi-walled carbon nanotubes/NiMoO$_4$ nanostructures for high-performance asymmetric supercapacitors [J]. Journal of Energy Storage, 2023, 59: 106438.

[143] REN B, ZHANG X, WANG B, et al. Designed formation of hierarchical core-shell NiCo$_2$S$_4$@ NiMoO$_4$ arrays on cornstalk biochar as battery-type electrodes for hybrid supercapacitors [J]. Journal of Alloys and Compounds, 2023, 937: 168403.

[144] ABBAS Y, YUN S, JAVED M S, et al. Anchoring 2D NiMoO$_4$ nano-plates on flexible carbon cloth as a binder-free electrode for efficient energy storage devices [J]. Ceramics International, 2020, 46: 4470-4476.

[145] SUN Y, LIU Z, ZHENG X, et al. Construction of KCu$_7$S$_4$@NiMoO$_4$ three-dimensional core-shell hollow structure with high hole mobility and fast ion transport for high-performance hybrid supercapacitors [J]. Composites Part B: Engineering, 2023, 249: 110409.

[146] LI J, LIN Q, WANG Z, et al. Hierarchical porous carbon with high specific surface area and superb capacitance made from palm shells for supercapacitors [J]. Diamond and Related Materials, 2023, 135: 109852.

[147] LI P, RUAN C, XU J, et al. Supercapacitive performance of CoMoO$_4$ with oxygen vacancy porous nanosheet [J]. Electrochimica Acta, 2020, 330: 135334.

[148] WANG J, WANG G, WANG S, et al. Coupling of Nd doping and oxygen-rich vacancy in CoMoO$_4$@NiMoO$_4$ nanoflowers toward advanced supercapacitors and photocatalytic degradation [J]. Physical Chemistry Chemical Physics, 2023, 25: 26748-26766.

[149] PENG S, LI L, WU H B, et al. Controlled growth of NiMoO$_4$ nanosheet and nanorod arrays on various conductive substrates as advanced electrodes for asymmetric supercapacitors [J]. Advanced Energy Materials, 2015, 5: 1401172.

[150] LU J, HU C, GONG J, et al. Nanorod NiMoO$_4$@NiCo$_2$S$_4$ as an advanced electrode material for high-performance supercapacitors [J]. Journal of Alloys and Compounds, 2023, 931: 167505.

[151] Pershaanaa M, Bashir S, Ramesh S, et al. Every bite of Supercap: A brief review

on construction and enhancement of supercapacitor [J]. Journal of Energy Storage, 2022, 50: 104599.

[152] ZHAO X, TAO K, HAN L. Self-supported metal-organic framework-based nanostructures as binder-free electrodes for supercapacitors [J]. Nanoscale, 2022, 14: 2155-2166.

[153] Loganathan N N, Perumal V, Pandian B R, et al. Recent studies on polymeric materials for supercapacitor development [J]. Journal of Energy Storage, 2022, 49: 104149.

[154] XIE T, XU J, WANG J, et al. In situ growth of core-shell heterostructure $CoMoO_4@CuCo_2S_4$ meshes as advanced electrodes for high-performance supercapacitors [J]. Energy & Fuels, 2020, 34: 16791-16799.

[155] BI Q, MA Q, TAO K, et al. Hierarchical core-shell 2D MOF nanosheet hybrid arrays for high-performance hybrid supercapacitors [J]. Dalton Transactions, 2021, 50: 8179-8188.

[156] WANG J, WANG G, WANG S, et al. Preparation of $ZnCo_2O_4$ Nanosheets Coated on evenly arranged and fully separated Nanowires with high capacitive and photocatalytic properties by a One-Step Low-Temperature Water bath method [J]. ChemistrySelect, 2022, 7: e202200472.

[157] LIU M C, KONG L B, LU C, et al. Design and synthesis of $CoMoO_4$-$NiMoO_4 \cdot xH_2O$ bundles with improved electrochemical properties for supercapacitors [J]. Journal of Materials Chemistry A, 2013, 1: 1380-1387.

[158] LUO Y, GONG M, WANG J, et al. Preparation of $NiMoO_4$ nanoarrays electrode. Preparation of $NiMoO_4$ nanoarrays electrodes with optimized morphology and internal crystal water for efficient supercapacitors and water splitting [J]. Colloids and Surfaces A: Physicochemical and Engineering Aspects, 2022, 655: 130119.

[159] NTI F, ANANG D A, HAN J I. Facilely synthesized $NiMoO_4$/$CoMoO_4$ nanorods as electrode material for high performance supercapacitor [J]. Journal of Alloys and Compounds, 2018, 742: 342-350.

[160] RAJAK R, KUMAR R, ANSARI S N, et al. Recent highlights and future prospects on mixed-metal MOFs as emerging supercapacitor candidates [J]. Dalton Transactions,

2020, 49 (34): 11792-11818.

[161] KANDASAMY M, SAHOO S, NAYAK S K, et al. Recent advances in engineered metal oxide nanostructures for supercapacitor applications: experimental and theoretical aspects [J]. Journal of Materials Chemistry A, 2021, 9 (33): 17643-17700.

[162] MIAO F, LU N, ZHANG P, et al. Multidimension-controllable synthesis of ant nest-structural electrode materials with unique 3D hierarchical porous features toward electrochemical applications [J]. Advanced Functional Materials, 2019, 29: 1808994.

[163] BELLO I T, YU N, SONG Y, et al. Electrokinetic insights into the triple ionic and electronic conductivity of a novel nanocomposite functional material for protonic ceramic fuel cells [J]. Small, 2022, 18: 2203207.

[164] YARI A, HEIDARI FATHABAD S. A high-performance supercapacitor based on cerium molybdate nanoparticles anchored on N, P co-doped reduced graphene oxide nanocomposite as the electrode [J]. Journal of Materials Science: Materials in Electronics, 2020, 31: 13051-13062.

[165] WEI Y, LUO W, ZHUANG Z, et al. Fabrication of ternary MXene/MnO_2/polyaniline nanostructure with good electrochemical performances [J]. Advanced Composites and Hybrid Materials, 2021, 4: 1082-1091.

[166] DANG W, FENG C, DENG P, et al. Optimized pseudocapacitance of $CoMn_2O_4$@MoO_3 nano-microspheres for advanced lithium storage properties [J]. Journal of Materials Science, 2021, 56: 649-663.

[167] GOPI C V V M, RAMESH R, VINODH R, et al. Facile Synthesis of Battery-Type $CuMn_2O_4$ Nanosheet Arrays on Ni Foam as an Efficient Binder-Free Electrode Material for High-Rate Supercapacitors [J]. Nanomaterials, 2023, 13: 1125.

[168] RAJEEVAN S, JOHN S, GEORGE S C. Polyvinylidene fluoride: A multifunctional polymer in supercapacitor applications [J]. Journal of Power Sources, 2021, 504: 230037.

[169] CHEN J, PAN A, WANG Y, et al. Hierarchical mesoporous $MoSe_2$@CoSe/N-doped carbon nanocomposite for sodium ion batteries and hydrogen evolution reaction

applications [J]. Energy Storage Materials, 2019, 21: 97-106.

[170] YANG F, GUO H, ZHANG J, et al. Core-shell structured WS$_2$@Ni-Co-S composite and activated carbon derived from rose flowers as high-efficiency hybrid supercapacitor electrodes [J]. Journal of Energy Storage, 2022, 54: 105234.

[171] JIANG Y, WU F, YE Z, et al. Fe$_2$VO$_4$ nanoparticles anchored on ordered mesoporous carbon with pseudocapacitive behaviors for efficient sodium storage [J]. Advanced Functional Materials, 2021, 31: 2009756.

[172] MA K, JIANG H, HU Y, et al. 2D nanospace confined synthesis of pseudocapacitance-dominated MoS$_2$-in-Ti$_3$C$_2$ superstructure for ultrafast and stable Li/Na-ion batteries [J]. Advanced Functional Materials, 2018, 28: 1804306.

[173] AHMAD J, AWAIS M, RASHID U, et al. A systematic and critical review on effective utilization of artificial intelligence for bio-diesel production techniques [J]. Fuel, 2023, 338: 127379.

[174] SOLYALI D, SAFAEI B, ZARGAR O, et al. A comprehensive state-of-the-art review of electrochemical battery storage systems for power grids [J]. International Journal of Energy Research, 2022, 46: 17786-17812.

[175] SU F, XING F, WANG X, et al. Enabling rapid pseudocapacitive multi-electron reactions by heterostructure engineering of vanadium oxide for high-energy and high-power lithium storage [J]. Energy & Environmental Science, 2023, 16: 222-230.

[176] KHAN K, TAREEN A K, ASLAM M, et al. Going green with batteries and supercapacitor: Two dimensional materials and their nanocomposites based energy storage applications [J]. Progress in solid state chemistry, 2020, 58: 100254.

[177] LOKHANDE P E, SINGH P P, VO D V N, et al. Bacterial nanocellulose: Green polymer materials for high performance energy storage applications [J]. Journal of Environmental Chemical Engineering, 2022, 10: 108176.

[178] LANG J, ZHANG X, LIU L, et al. Highly enhanced energy density of supercapacitors At extremely low temperatures [J]. Journal of Power Sources, 2019, 423: 271-279.

[179] WU F, LIU M, LI Y, et al. High-mass-loading electrodes for advanced secondary batteries and supercapacitors [J]. Electrochemical Energy Reviews, 2021, 4: 382-

446.

[180] PATEL K K, SINGHAL T, PANDEY V, et al. Evolution and recent developments of high performance electrode material for supercapacitors: A review [J]. Journal of Energy Storage, 2021, 44: 103366.

[181] RAY S K, HUR J. Surface modifications, perspectives, and challenges of scheelite metal molybdate photocatalysts for removal of organic pollutants in wastewater [J]. Ceramics International, 2020, 46: 20608-20622.

[182] NADERI L, SHAHROKHIAN S. Nickel molybdate nanorods supported on three-dimensional, porous nickel film coated on copper wire as an advanced binder-free electrode for flexible wire-type asymmetric micro-supercapacitors with enhanced electrochemical performances [J]. Journal of colloid and interface science, 2019, 542: 325-338.

[183] QIN H, LIU P, CHEN C, et al. A multi-responsive healable supercapacitor [J]. Nature Communications, 2021, 12 (1): 4297.

[184] ANIL KUMAR Y, KOYYADA G, RAMACHANDRAN T, et al. Carbon materials as a conductive skeleton for supercapacitor electrode applications: a review [J]. Nanomaterials, 2023, 13 (6): 1049.

[185] CHEN S, CHANDRASEKARAN S, CUI S, et al. Self-supported $NiMoO_4$@$CoMoO_4$ core/sheath nanowires on conductive substrates for all-solid-state asymmetric supercapacitors [J]. Journal of Electroanalytical Chemistry, 2019, 846: 113153.

[186] WANG J, CHENG Y, LIU Z, et al. Fabrication of hybrid $CoMoO_4$-$NiMoO_4$ nanosheets by chitosan hydrogel assisted calcinations method with high electrochemical performance [J]. Journal of Sol-Gel Science and Technology, 2020, 93: 131-141.

[187] PENG Z, ZHANG H, ALI I, et al. A rod-on-tube $CoMoO_4$@hydrogel composite as lithium-ion battery anode with high capacity and stable rate-performance [J]. Journal of Alloys and Compounds, 2021, 858: 157648.

[188] BOKHARI S W, SIDDIQUE A H, SHERRELL P C, et al. Advances in graphene-based supercapacitor electrodes [J]. Energy Reports, 2020, 6: 2768-2784.

[189] HAN J, ZHANG L L, LEE S, et al. Generation of B-doped graphene nanoplatelets

using a solution process and their supercapacitor applications [J]. ACS nano, 2013, 7(1): 19-26.

[190] GOPI C V V M, SAMBASIVAM S, RAGHAVENDRA K V G, et al. Facile synthesis of hierarchical flower-like $NiMoO_4$-$CoMoO_4$ nanosheet arrays on nickel foam as an efficient electrode for high rate hybrid supercapacitors [J]. Journal of Energy Storage, 2020, 30: 101550.

[191] RAY S K, PANT B, PARK M, et al. Cavity-like hierarchical architecture of WS_2/α-$NiMoO_4$ electrodes for supercapacitor application [J]. Ceramics International, 2020, 46: 19022-19027.

[192] LI H, LI Y, ZHAO G, et al. $CoMoO_4$ Supported by N-doped Carbon Derived from ZIF-67 as a Novel Electrode Material for High Performance Supercapacitors [J]. International Journal of Electrochemical Science, 2020, 15: 10276-10288.

[193] GAO Y, TAO J, LI J, et al. Construction of $CoMoO_4$ nanorods wrapped by Ni-Co-S nanosheets for high-performance supercapacitor [J]. Journal of Alloys and Compounds, 2022, 925: 166705.

[194] YAN J, LIU T, LIU X, et al. Metal-organic framework-based materials for flexible supercapacitor application [J]. Coordination Chemistry Reviews, 2022, 452: 214300.

[195] SAJEDI-MOGHADDAM A, RAHMANIAN E, NASERI N. Inkjet-printing technology for supercapacitor application: current state and perspectives [J]. ACS applied materials & interfaces, 2020, 12(31): 34487-34504.

[196] LAKRA R, KUMAR R, SAHOO P K, et al. A mini-review: Graphene based composites for supercapacitor application [J]. Inorganic Chemistry Communications, 2021, 133: 108929.

[197] ATTIA S Y, MOHAMED S G, BARAKAT Y F, et al. Supercapacitor electrode materials: addressing challenges in mechanism and charge storage [J]. Reviews in Inorganic Chemistry, 2022, 42(1): 53-88.

[198] HOU J F, GAO J F, KONG L B. Enhanced rate and specific capacity in nanorod-like core-shell crystalline $NiMoO_4$@amorphous cobalt boride materials enabled by Mott-

Schottky heterostructure as positive electrode for hybrid supercapacitors [J]. Journal of Energy Chemistry, 2023, 85: 276-287.

[199] YU B, JIANG G, XU W, et al. Construction of NiMoO$_4$/CoMoO$_4$ nanorod arrays wrapped by Ni-Co-S nanosheets on carbon cloth as high performance electrode for supercapacitor [J]. Journal of Alloys and Compounds, 2019, 799: 415-424.

[200] CHU D, ZHAO X, XIAO B, et al. Nickel/cobalt molybdate hollow rods induced by structure and defect engineering as exceptional electrode materials for hybrid supercapacitor [J]. Chemistry-A European Journal, 2021, 27: 8337-8343.

[201] WANG J, ZHANG L, LIU X, et al. Assembly of flexible CoMoO$_4$@NiMoO$_4$·xH$_2$O and Fe$_2$O$_3$ electrodes for solid-state asymmetric supercapacitors [J]. Scientific reports, 2017, 7: 41088.

[202] IQBAL M Z, AZIZ U. Supercapattery: Merging of battery-supercapacitor electrodes for hybrid energy storage devices [J]. Journal of Energy Storage, 2022, 46: 103823.

[203] REN B, ZHANG X, AN H, et al. Hollow cotton carbon based NiCo$_2$S$_4$/NiMoO$_4$ hybrid arrays for high performance supercapacitor [J]. Journal of Energy Storage, 2023, 59: 106553.

[204] ACHARYA J, OJHA G P, KIM B S, et al. Modish designation of hollow-tubular rGO-NiMoO$_4$@Ni-Co-S hybrid core-shell electrodes with multichannel superconductive pathways for high-performance asymmetric supercapacitors [J]. ACS Applied Materials & Interfaces, 2021, 13: 17487-17500.

[205] MOHAN M, SHETTI N P, Aminabhavi T M. Phase dependent performance of MoS$_2$ for supercapacitor applications [J]. Journal of Energy Storage, 2023, 58: 106321.

[206] LIANG R, DU Y, WU J, et al. High performanceg-C$_3$N$_4$@NiMoO$_4$/CoMoO$_4$ electrode for supercapacitors [J]. Journal of Solid State Chemistry, 2022, 307: 122845.

[207] GUO D, LUO Y, YU X, et al. High performance NiMoO$_4$ nanowires supported on carbon cloth as advanced electrodes for symmetric supercapacitors [J]. Nano Energy, 2014, 8: 174-182.

[208] WANG Z, CHEN J, SONG E, et al. Manipulation on active electronic states of metastable phase β-NiMoO$_4$ for large current density hydrogen evolution [J]. Nature

Communications, 2021, 12: 5960.

[209] WANG Y, XU T, LIU K, et al. Biomass-based materials for advanced supercapacitor: principles, progress, and perspectives [J]. Aggregate, 2024, 5(1): e428.

[210] ZHANG Q Z, ZHANG D, MIAO Z C, et al. Research progress in MnO2–carbon based supercapacitor electrode materials [J]. Small, 2018, 14(24): 1702883.

[211] YADAV S, SHARMA A. Importance and challenges of hydrothermal technique for synthesis of transition metal oxides and composites as supercapacitor electrode materials [J]. Journal of Energy Storage, 2021, 44: 103295.

[212] NASSER R, WANG X L, TIANTIAN J, et al. Hydrothermal design of CoMoO$_4$@CoWO$_4$ core-shell heterostructure for flexible all-solid-state asymmetric supercapacitors [J]. Journal of Energy Storage, 2022, 51: 104349.

[213] HOU J F, GAO J F, KONG L B. Boosting the performance of cobalt molybdate nanorods by introducing nanoflake-like cobalt boride to form a heterostructure for aqueous hybrid supercapacitors [J]. Journal of colloid and interface science, 2020, 565: 388-399.

[214] RAMULU B, NAGARAJU G, CHANDRA SEKHAR S, et al. Synergistic effects of cobalt molybdate@phosphate core-shell architectures with ultrahigh capacity for rechargeable hybrid supercapacitors [J]. ACS applied materials & interfaces, 2019, 11: 41245-41257.

[215] YANG W, PENG D, KIMURA H, et al. Honeycomb-like nitrogen-doped porous carbon decorated with Co$_3$O$_4$ nanoparticles for superior electrochemical performance pseudo-capacitive lithium storage and supercapacitors [J]. Advanced Composites and Hybrid Materials, 2022, 5: 3146-3157.

[216] YAN J, LI S, LAN B, et al. Rational design of nanostructured electrode materials toward multifunctional supercapacitors [J]. Advanced Functional Materials, 2020, 30: 1902564.

[217] HUANG W, HU L, TANG Y, et al. Recent advances in functional 2D MXene-based nanostructures for next-generation devices [J]. Advanced Functional Materials,

2020, 30: 2005223.

[218] WU H, YANG X, SHEN H, et al. Synthesis of Ni(Co)MoO$_4$ with a mixed structure on nickel foam for stable asymmetric supercapacitors [J]. Journal of Alloys and Compounds, 2022, 900: 163502.

[219] KATTA L, SUDARSANAM P, THRIMURTHULU G, et al. Doped nanosized ceria solid solutions for low temperature soot oxidation: Zirconium versus lanthanum promoters [J]. Applied Catalysis B: Environmental, 2010, 101: 101-108.

[220] FARAJI S, ANI F N. The development supercapacitor from activated carbon by electroless plating—A review [J]. Renewable and Sustainable Energy Reviews, 2015, 42: 823-834.

[221] XING F, BI Z, SU F, et al. Unraveling the design principles of battery - supercapacitor hybrid devices: From fundamental mechanisms to microstructure engineering and challenging perspectives [J]. Advanced Energy Materials, 2022, 12(26): 2200594.

[222] LI M, ZHOU S, CHENG L, et al. 3D printed supercapacitor: techniques, materials, designs, and applications [J]. Advanced Functional Materials, 2023, 33(1): 2208034.

[223] WANG J, ZHANG X, WEI Q, et al. 3D self-supported nanopine forest-like Co$_3$O$_4$@CoMoO$_4$ core-shell architectures for high-energy solid state supercapacitors [J]. Nano Energy, 2016, 19: 222-233.

[224] XU K, CHAO J, LI W, et al. CoMoO$_4$·0.9H$_2$O nanorods grown on reduced graphene oxide as advanced electrochemical pseudocapacitor materials [J]. RSC Advances, 2014, 4: 34307-34314.

[225] 蒋超, 张晓华, 卢帅丞, 等. 氧空位增强金属氧化物的超级电容器储能性能 [J]. 硅酸盐学报, 2023, 51: 1835-1846.

[226] 包秀丽, 陈露, 杨凤, 等. Pt-N共掺杂锐钛矿TiO$_2$的第一性原理研究 [J]. 原子与分子物理学报, 2016, 33: 520-526.

[227] 高同旭, 马鹏军, 范洪光, 等. 稀土在超级电容器中的应用研究 [J]. 稀土, 2022, 43: 110-118.

[228] 金雨玲, 李林丽, 刘亚靖, 等. 高活性Co$_3$O$_4$/Fe$_3$O$_4$复合纳米材料的制备及其热催化

性能研究 [J]. 功能材料, 2023, 54: 8157-8162, 8171.

[229] LEE J H, OH S H, JEONG S Y, et al. Rattle-type porous Sn/C composite fibers with uniformly distributed nanovoids containing metallic Sn nanoparticles for high-performance anode materials in lithium-ion batteries [J]. Nanoscale, 2018, 10: 21483-21491.

[230] GHOSH D, GIRI S, DAS C K. Synthesis, characterization and electrochemical performance of graphene decorated with 1D $NiMoO_4 \cdot nH_2O$ nanorods [J]. Nanoscale, 2013, 5: 10428-10437.

[231] XIAO W, CHEN J S, LI C M, et al. Synthesis, characterization, and lithium storage capability of $AMoO_4$ (A = Ni, Co) nanorods [J]. Chemistry of Materials, 2010, 22: 746-754.

[232] SHAIKH B B R, TOKSHA B G, SHIRSATH S E, et al. Microstructure, magnetic, and dielectric interplay in NiCuZn ferrite with rare earth doping for magneto-dielectric applications [J]. Journal of Magnetism and Magnetic Materials, 2021, 537: 168229.

[233] HE D, CHEN D, HAO H, et al. Structural/surface characterization and catalytic evaluation of rare-earth (Y, Sm and La) doped ceria composite oxides for CH_3SH catalytic decomposition [J]. Applied Surface Science, 2016, 390: 959-967.

[234] YU M Q, JIANG L X, YANG H G. Ultrathin nanosheets constructed $CoMoO_4$ porous flowers with high activity for electrocatalytic oxygen evolution [J]. Chemical Communications, 2015, 51: 14361-14364.

[235] WANG B, LI S, WU X, et al. Self-assembly of ultrathin mesoporous $CoMoO_4$ nanosheet networks on flexible carbon fabric as a binder-free anode for lithium-ion batteries [J]. New Journal of Chemistry, 2016, 40: 2259-2267.

[236] ZHANG Z, ZHANG H, ZHANG X, et al. Facile synthesis of hierarchical $CoMoO_4$@ $NiMoO_4$ core-shell nanosheet arrays on nickel foam as an advanced electrode for asymmetric supercapacitors [J]. Journal of Materials Chemistry A, 2016, 4: 18578-18584.

[237] XU H, LIU B, LIU J, et al. Revealing the surface structure-performance relationship of interface-engineered NiFe alloys for oxygen evolution reaction [J]. Journal of

Colloid and Interface Science, 2022, 622: 986-994.

[238] GAO H, WANG S, WANG Y, et al. $CaMoO_4/CaWO_4$ heterojunction micro/nanocomposites with interface defects for enhanced photocatalytic activity [J]. Colloids and Surfaces A: Physicochemical and Engineering Aspects, 2022, 642: 128642.

[239] MOHAMED R M, ISMAIL A A, BASALEH A S, et al. Construction of highly dispersed Nd_2O_3 nanoparticles onto mesoporous $LaNaTaO_3$ nanocomposites for H_2 evolution [J]. Journal of Photochemistry and Photobiology A: Chemistry, 2020, 400: 112723.

[240] YI T, SHI L, HAN X, et al. Approaching high-performance lithium storage materials by constructing hierarchical $CoNiO_2@CeO_2$ nanosheets [J]. Energy & Environmental Materials, 2021, 4: 586-595.

[241] DU X, REN X, XU C, et al. Recent advances on the manganese cobalt oxides as electrode materials for supercapacitor applications: a comprehensive review [J]. Journal of Energy Storage, 2023, 68: 107672.

[242] CHEN Y H, ZHANG J, LI Y, et al. Effects of doping high-valence transition metal (V, Nb and Zr) ions on the structure and electrochemical performance of LIB cathode material $LiNi_{0.8}Co_{0.1}Mn_{0.1}O_2$ [J]. Physical Chemistry Chemical Physics, 2021, 23: 11528-11537.

[243] AKHTER R, MAKTEDAR S S. MXenes: A comprehensive review of synthesis, properties, and progress in supercapacitor applications [J]. Journal of Materiomics, 2023, 9(6): 1196-1241.

[244] ZHANG A, GAO R, HU L, et al. Rich bulk oxygen Vacancies-Engineered MnO_2 with enhanced charge transfer kinetics for supercapacitor [J]. Chemical Engineering Journal, 2021, 417: 129186.

[245] XU Q, SUN J K, YIN Y X, et al. Facile synthesis of blocky SiOx/C with graphite-like structure for high-performance lithium-ion battery anodes [J]. Advanced Functional Materials, 2018, 28: 1705235.

[246] LIN J, PRUNCU C, ZHU L, et al. Deformation behavior and microstructure in the low-frequency vibration upsetting of titanium alloy [J]. Journal of Materials Processing

Technology, 2022, 299: 117360.

[247] WU C, ZHU G, WANG Q, et al. Sn-based nanomaterials: From composition and structural design to their electrochemical performances for Li-and Na-ion batteries [J]. Energy Storage Materials, 2021, 43: 430-462.

[248] LI S, LIU Y, ZHAO X, et al. Molecular engineering on MoS$_2$ enables large interlayers and unlocked basal planes for high - performance aqueous Zn - ion storage [J]. Angewandte Chemie, 2021, 133: 20448-20455.

[249] CHEN R, YANG Y, HUANG Q, et al. A multifunctional interface design on cellulose substrate enables high performance flexible all-solid-state supercapacitors [J]. Energy Storage Materials, 2020, 32: 208-215.

[250] LIU S, YANG B, ZHOU J, et al. Nitrogen-rich carbon-onion-constructed nanosheets: an ultrafast and ultrastable dual anode material for sodium and potassium storage [J]. Journal of Materials Chemistry A, 2019, 7: 18499-18509.

[251] YUE X, QIAO B, WANG J, et al. Layered metal chalcogenide based anode materials for high performance sodium ion batteries: A review [J]. Renewable and Sustainable Energy Reviews, 2023, 185: 113592.

[252] LIU L, DAI D, YANG B, et al. Green preparation of CoMoO$_4$ nanoparticles through a mechanochemical method for energy storage applications [J]. New Journal of Chemistry, 2022, 46: 23369-23378.

[253] GUO L, HU P, WEI H. Development of supercapacitor hybrid electric vehicle [J]. Journal of Energy Storage, 2023, 65: 107269.

[254] WANG P, DING X, ZHE R, et al. Synchronous defect and interface engineering of NiMoO$_4$ nanowire arrays for high-performance supercapacitors [J]. Nanomaterials, 2022, 12: 1094.

[255] MEHREZ J A A, OWUSU K A, CHEN Q, et al. Hierarchical MnCo$_2$O$_4$@NiMoO$_4$ as free-standing core-shell nanowire arrays with synergistic effect for enhanced supercapacitor performance [J]. Inorganic Chemistry Frontiers, 2019, 6: 857-865.

[256] WANG J, WANG G, FAN L, et al. Preparation of porous CoMoO$_4$+NiMoO$_4$ nanosheets with high capacitance by a sol-gel method and freezing method [J]. New

Journal of Chemistry, 2023, 47, 2016-2025.

[257] BALAJI T E, TANAYA DAS H, MAIYALAGAN T. Recent trends in bimetallic oxides and their composites as electrode materials for supercapacitor applications [J]. ChemElectroChem, 2021, 8 (10): 1723-1746.

[258] HUSSAIN I, ALI A, LAMIEL C, et al. A 3D walking palm-like core-shell $CoMoO_4$@$NiCo_2S_4$@nickel foam composite for high-performance supercapacitors [J]. Dalton Transactions, 2019, 48: 3853-3861.

下 篇

掺杂调控钴酸锌电极材料的电容性能优化及其储能系统仿真研究

12 绪 论

12.1 课题研究目的及意义

随着全球对环境保护问题的日益关注,以及传统燃油车辆的排放问题日益突出,新能源电动车作为一种环保、可持续发展的交通解决方案受到了广泛关注,被认为是未来的发展方向[1-2]。然而,电动车的核心组成部分之一——储能系统的性能仍然面临一些挑战[3-5]。目前,应用广泛的锂离子电池虽然具有较高的能量密度,但其充电时间长、循环次数少及对稀缺性材料的依赖等问题制约了电动车的进一步发展与普及。为了确保电池储能系统的安全性等性能,电动车通常会配备很多保护功能,如均衡充放电控制、单体电池的电压和温度监测、充放电保护等,以保证电池系统的安全运行和提高整体性能[6]。在追求更高性能的新能源电动车技术中,超级电容器被认为是一种有前景的储能方案。$ZnCo_2O_4$作为一种关注度极高的超级电容器电极材料,展现出出色的电化学性能和储能潜力,已经成为人们广泛关注的焦点[7]。其优异性能使其在电化学领域中备受推崇,并且被广泛用于各种储能设备和电化学应用中。然而,目前的$ZnCo_2O_4$电极材料在高功率输出和循环稳定性方面仍然存在一些限制,这对于超级电容器在实际应用中的性能和可靠性有一定的影响。

为了克服这些限制并提高$ZnCo_2O_4$电极材料的性能,许多研究人员致力于寻找新的材料合成方法及拓宽其应用领域。其中,掺杂是一种有效的手段,通过调节材料中的掺杂元素,使其电化学性能和结构得以调控。在$ZnCo_2O_4$材料中掺杂稀土元素是一种常见的改性方法,可以改变材料的导电性能、氧空位含量及电子和离子传输特性。在这个背景下,本章旨在通过水热法和电化学沉积法制备一系列不同掺杂浓度的$ZnCo_2O_4$复合材料,并通过详细的表征和电化学性能测试,研究掺杂对$ZnCo_2O_4$电极材料性能的影响。具体而言,本章掺杂Ce和掺杂不同浓度钐(Sm)元素,对材料的结构、导电性能和循环稳定性进行了研究。通过优化掺杂浓度和材料制备工艺,提高$ZnCo_2O_4$电极材料的电容性能,从而为新能源电动车的应用提供更高效、可靠的储能解决方案。

本研究的结果对于电动车储能技术的发展和推广具有重要意义。通过优化 $ZnCo_2O_4$ 电极材料的物理和化学性能，可以提升超级电容器的输出功率、能量密度和循环寿命，促进电动车的性能和可靠性提升。这将推动电动车行业的进一步发展，释放新能源电动车的潜力，为可持续交通的实现做出重要贡献。

12.2 超级电容器国内外研究现状

超级电容器作为高能量密度和高功率密度的储能装置，已在国内外引起广泛研究兴趣。

在国际上，超级电容器的研究主要集中在材料的开发和性能的提升方面。许多国家和地区的研究机构、大学和企业都在超级电容器领域开展了大量的研究工作[8-9]。目前，超级电容器主要采用活性炭、二氧化钛、金属氧化物和聚合物等材料。研究人员通过调整材料结构和组成以提升电极材料的电容性能，如增加电极表面积、改善电解质的离子传输速度等。此外，一些新型材料的应用也取得了突破性的进展，例如石墨烯、二维材料和金属有机骨架材料等，这些材料具有优异的电导率和表面积，有望取代传统材料，提供更高性能的超级电容器。

国内超级电容器研究正呈现出日益活跃的态势，受到了持续的关注和支持。不仅是各类研究机构，包括国家实验室、大学实验室及私营企业，都积极投入超级电容器领域的研究和开发[10]。这些研究机构和企业不断探索新的材料、设计方案和制备技术，以提高超级电容器的性能和扩大应用范围。他们的努力为我国超级电容器领域的发展注入了新的活力，也为全球超级电容器技术的进步做出了重要贡献。研究重点包括电极材料的制备和优化、电解质的设计和改进及电容器装配和封装等方面。近年来，国内研究者还提出了一些创新性的研究思路和方法，如采用纳米材料和复合材料等，使得电容器的能量密度更高，循环寿命更长。此外，在超级电容器的产业化方面，国内一些企业也开始了积极的探索，致力于将超级电容器应用于电动车、储能系统和可穿戴设备等领域。

然而，无论是国际还是国内的研究，超级电容器仍面临一些挑战。首先，能量密度方面无法与传统的化学电池相比。其次，超级电容器在长时间循环充放电过程中的衰减问题仍然存在。此外，电解质的传导性能和电极材料的稳定性也需要进一步提高。因此，未来的研究方向包括开发新型材料、设计优化电容器结构、提高制备工艺、改善电解质性能等，使得超级电容器的性能和可靠性有所提高。

总体来说，超级电容器作为一种储能装置，在国内外的研究都取得了一定的成果，但仍需要进一步的研究和创新来解决存在的问题。随着对能源存储需求的不断增加，超级电容器有望在交通运输（如电动车）、智能电网及可再生能源等领域发挥重要作用[11-12]。因此，国际合作与资金投入的增加对于推动超级电容器技术的研发和应用具有至关重要的意义。通过与国际社区分享经验、资源和技术，可以加速超级电容器技术的进步，促进全球范围内的合作与创新。同时，加大投入力度将为超级电容器技术的研究提供更广泛的资源支持，从而推动其在能源存储、交通运输、可再生能源等领域的广泛应用。这不仅有助于提高能源利用效率，还将推动经济可持续发展和环境保护。因此，国际合作与加大资金投入是推动超级电容器技术发展的重要举措，也是实现可持续发展目标的关键一步。

12.3 超级电容器简介

12.3.1 超级电容器的储能原理

超级电容器（supercapacitor），也被称为超级电容或电化学电容器，是一种能够高效储存和释放电能的装置。与传统的化学电池（如锂离子电池）不同，超级电容器的储能原理主要基于两个关键过程：电荷的吸附和离子迁移。首先，电荷的吸附是指当电容器充电时，正负电荷会分别在电极表面吸附，并在电容器放电时释放。这种吸附过程由电极材料的微观孔隙和表面特性决定的，因为它们提供了大量可用于吸附电荷的表面积。其次，离子迁移则涉及电荷在电介质中的运动，这种运动通常通过电解质中的离子在正负极之间的迁移来实现。这种离子迁移的速度和效率直接影响着电容器的充放电性能和储能效率。因此，超级电容器的储能原理实质上是通过优化电极材料的吸附性能和电解质中离子的迁移速度来实现高效的储能和释能过程。

超级电容器通常由两个电极（称为正极和负极）及位于两电极之间的电解质组成[13]。电解质通常是由溶液或凝胶态的离子导体构成，可以容纳正离子和负离子。当电容器处于充电状态时，正极表面吸附阴离子，负极表面则吸附阳离子，形成电荷双层结构。其原理如图12-1所示。

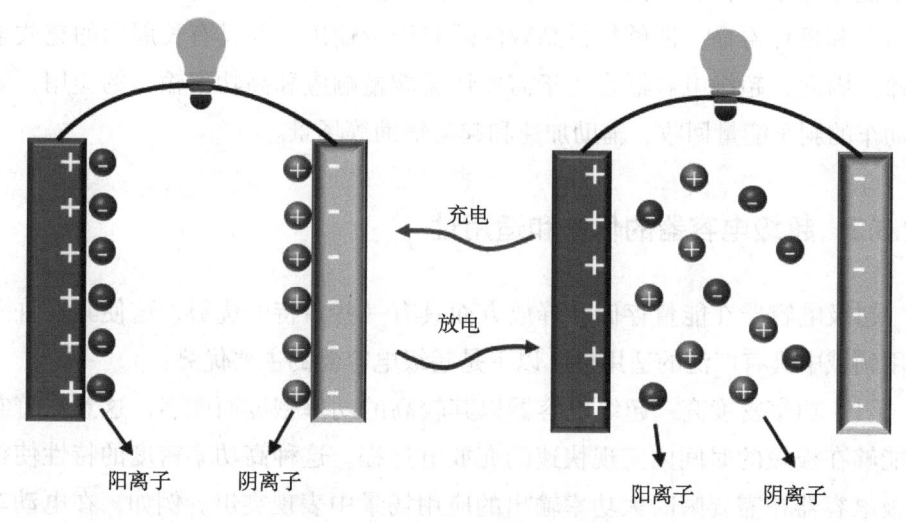

图 12-1 双电层电容器工作原理

这个电荷双层区域称为电极电容层，它可以在纳秒级的时间内实现电荷分离，并且存储大量的电能。在充电过程中，外部电源提供电流，将电荷输送到正极和负极。正电荷离子从正极吸附层移动到电解质中，负电荷离子则从负极吸附层移动到电解质中。超级电容器在放电状态时，当电荷离子离开吸附层时，电容器会从放电状态转变为充电状态，从而储存电能。与传统电池相比，超级电容器具有较高的电容量和较低的内阻，这使得它能够在短时间内实现快速的充放电。这种快速充放电的特性使得超级电容器在需要瞬时大功率输出或高频充放电循环的应用场景中具有独特的优势。例如，在车辆制动能量回收系统、电力系统的能量储存和平衡及电子设备的备用电源等领域，超级电容器都发挥着重要作用。因此，超级电容器的快速充放电特性使其成为许多领域中的理想能量储存解决方案。传统的化学电池的储能过程基于电化学反应，其反应速度相对较慢。而超级电容器的储能过程没有化学反应，而是纯粹基于电荷分离和离子迁移，因此可以在数秒甚至毫秒级的时间内实现高速充放电。

需要注意的是，超级电容器相对于化学电池，能量密度较低，意味着它们不能像电池一样长时间储存大量的能量。然而，超级电容器具有优秀的功率密度和循环寿命，能够提供高效的瞬时能量输出，并具有长周期的充放电寿命。因此，超级电容器常用于需要快速能量响应和高功率输出的应用，如电动车的刹车能量回收、辅助加速和起动辅助等场景。

12.3.2 超级电容器的优势和适用性

超级电容器在能量存储和释放方面具有一些独特的优势，这使其在许多应用领域中具有广泛的适用性。以下是超级电容器的主要优势：

（1）功率密度高：超级电容器以其较高的功率密度而闻名，这意味着它们能够在极短的时间内实现快速的充放电过程。这种高功率密度的特性使得超级电容器在需要瞬时大功率输出的应用场景中表现突出。例如，在电动车的加速过程中，超级电容器可以提供所需的高功率，使车辆快速加速。

（2）循环寿命长：超级电容器比化学电池的循环寿命更长。它们可以进行数以百万次的充放电循环，同时不损失其性能，这使得它们特别适用于需要频繁充放电的应用场景，如储能系统、电网稳定等。

（3）快速充放电能力：由于超级电容器的储能机制是基于电荷的吸附和离子迁移，而不涉及电化学反应，因此它们能够以非常快的速度进行充放电。这使得它们适用于需要短时间内高能量输出的应用场景，如脉冲电路、峰值功率补偿等。此外，在需要频繁充放电循环的系统中，如电网稳定性调节或可再生能源集成系统中，超级电容器也能够高效地满足需求。因此，超级电容器的高功率密度使其成为许多领域中的理想选择,能够提供可靠的高功率输出,并在瞬息之间快速响应能源需求。

(4)宽温度范围:超级电容器可以在宽泛的温度范围内工作,从极低温度到高温。这使得它们在极端环境条件下的应用场景具有优势,如航天器、深海设备等。

(5)环境友好性:超级电容器不像化学电池那样含有有毒、有害的化学物质,且可以进行可靠的回收和再利用。这使得它们在环保意识日益增强的社会中更加具有吸引力。

超级电容器的适用性广泛,涵盖了许多领域,主要有以下几个方面。

(1)交通运输:用于电动车、混合动力车的能量回收和辅助加速,提供快速充电设施等。

(2)工业应用:用于峰值功率补偿、电网稳定、UPS电源、电动工具等。

(3)能源可再生:用于太阳能、风能电站等储能系统的功率输出、能量存储等。

(4)电子设备:用于移动设备、机器人、智能手表等需要快速充放电的应用。

(5)通信技术:用于数据中心、通信基站、无线传感器网络等快速能量交付。

总体而言,超级电容器在高功率密度、长循环寿命、快速充放电能力和广泛的适应性方面具有明显优势,因此成为能量存储领域的重要技术之一。超级电容器的高功率密度意味着它们能够在瞬间提供大量电能,适用于需要快速响应的应用场景,如车辆制动能量回收系统或电网频率调节。长循环寿命使得超级电容器在频繁充放电循环下能够保持稳定性能,延长使用寿命,降低维护成本。快速充放电能力使其在需要频繁充电或短时间内释放大量能量的场合下表现出色。同时,超级电容器的广泛适应性使其能够应用于多个领域,包括交通运输、工业制造、电力系统等。随着技术的不断发展,超级电容器有望在更多领域发挥重要作用,特别是与化学电池等能量存储技术相结合,以构建更全面的能源解决方案,来满足日益增长的能源需求和环保要求。

12.3.3 超级电容器的分类

超级电容器是一种储能装置,它通过电荷的电吸附和双电层效应来存储和释放能量。与传统的化学电池不同,超级电容器的能量存储机制是基于物理过程而不是化学反应。根据超级电容器的构造特点和储能方式,超级电容器可以分为双电层电容器和法拉第赝电容器两类[14-15]。

最常见的超级电容器类型是双电层电容器(electric double-layer capacitors,EDLCs)。它由两个互相分离的电极(通常是活性炭材料)和浸润在电极和分离层之间的电解质组成。电荷储存在电极表面的双电层区域,形成电荷分离,能量吸收和传递非常快速[16],从而实现能量的储存。由于电荷的电吸附和解吸附过程没有化学反应参与,双电层电容器以其高功率密度、长循环寿命和快速充放电特性而备受青睐。高功率密度使得双电层电容器能够在极短的时间内实现高效能量传输,适用于需要快速响应的应用场景,如电动车的加速或医疗设备的急救功能。长循环寿命意味着双电层电容器能够经受频繁充放电循环的考验,长期保持稳定性能,减少维护成本和更换频率。而其快速充放电特性使其在需要频繁充电或短时间内释放大量能量的场合下表现出色,如电网储能系统的能量调节和可再生能源的平滑输出。因此,双电层电容器在各个领域都具有广泛的应用前景,并将在未来能源存储和能量传输领域发挥重要作用。

法拉第赝电容器(pseudocapacitors)是一种特殊类型的超级电容器,其储存能量的方式是通过电化学反应实现的。与传统的双层电容器不同,法拉第赝电容器的电极通常由金属氧化物(如二氧化锰、二氧化钼等)或导电聚合物(如聚苯胺)等材料构成。这些材料具有高表面积和可逆的电化学性质,使得法拉第赝电容器能够实现高效的能量储存和释放。由于其特殊的电化学机制,法拉第赝电容器在某些方面具有优势,例如能够提供更高的能量密度和更长的循环寿命。这使得法拉第赝电容器在需要高能量密度和稳定性能的应用场景中得到广泛应用,如可穿戴设备、智能手机、电动工具等。随着材料科学和电化学领域的发展,法拉第赝电容器技术不断进步,有望在未来成为能源存储领域的重要技术之一,为电子设备和能源系统提供更可靠、高效的能量储存解决方案。这些材料具有高电导性和可逆的电化学反应特性，能够在电解质中储存更多的电荷。相较于双电层电容器，法拉第赝电容器具有较高的能量密度和较低的内阻，但其循环寿命相对较短[17]。

此外，根据超级电容器的结构形式，还可以将其分为裸露电极式和封装式超级电容器。裸露电极式超级电容器是指其电极直接裸露在外部环境中，通常用于实验室研究和特定应用场景。封装式超级电容器是将电极、电解质和其他组件封装在一个壳体中，形成一个完整的电容器。封装式超级电容器具有更好的机械保护和环境隔离性能，适用于商业化应用。

总而言之，超级电容器根据储能方式有双电层电容器和法拉第赝电容器两种，根据结构形式可以分为裸露电极式和封装式。这些分类可以帮助人们更好地理解和应用不同类型的超级电容器。

12.4　超级电容器的电极材料

12.4.1　碳电极材料

碳电极材料是一种常用于超级电容器和锂离子电池等能量存储设备中的重要材料。碳作为一种化学元素，具有许多独特的性质，使其成为理想的电极材料之一[18-21]。以下是碳电极材料的相关情况介绍：

（1）类型和结构：碳电极材料可以分为多种类型，常见的有石墨、活性炭、碳纳米管和石墨烯等。这些碳材料具有不同的结构特征，如多孔结构、层状结构和纳米结构，这些结构对电极性能具有重要影响。

（2）高比表面积：碳电极材料具有高比表面积，这意味着单位质量或体积的电极材料可以提供更多的表面区域用于电化学反应。高比表面积增加了电极与电解液之间的接触面积，使得电荷传输路径增多，从而提高能量存储设备的性能。

（3）良好的导电性：碳是一种优良的导电材料，具有较高的电子导电性能。这种导电性能使得碳电极材料能够有效地传输和储存电荷，并实现快速的充放电过程。

（4）良好的化学稳定性：碳电极材料通常具有出色的化学稳定性，这意味着它们可以在各种环境条件下长期可靠地工作，而不会发生剧烈的化学反应。这种稳定性使得碳电极材料成为许多电化学应用的理想选择，包括电池、超级电容器和燃料电池等。由于其稳定性，碳电极材料能够承受长时间的充放电循环而不失效，从而延长了电化学设备的使用寿命并降低了维护成本。此外，碳电极材料的化学稳定性还使其在高温或恶劣环境下表现出色，适用于各种工业和航天应用。这使得碳电极材料在电池和超级电容器等能量存储设备中具有可靠性和稳定性。

（5）可调控性：碳电极材料的性能可以通过调控其结构和制备方法进行调整和改善。例如，可以通过碳材料的微观结构调控来改变其比表面积、孔隙结构和离子扩散性能，从而进一步优化电极的性能。

碳电极材料由于其卓越的特性而被广泛应用于各种能量存储和转换设备中，包括超级电容器、锂离子电池、锂硫电池及燃料电池等。在超级电容器中，碳电极材料能够提供良好的电导率和大表面积，从而实现快速充放电，以及高效能量存储和释放。在锂离子电池中，碳电极材料作为导电剂和稳定基质，有助于提高电池的循环寿命和安全性能。而在锂硫电池中，碳电极材料能够提供可靠的导电网络，防止硫化物的扩散，从而提高电池的能量密度和循环稳定性。此外，碳电极材料还在燃料电池中扮演着重要角色，作为电极催化剂的载体，提高了燃料电池的效率和稳定性。因此，碳电极材料的多功能性和可靠性使其成为能量存储和转换领域不可或缺的重要组成部分，推动了这些领域的持续发展和创新。不同的应用对碳电极材料的要求有所不同，因此研究人员一直在努力改进碳电极材料的结构和性能，以满足不同应用场景的需求。

12.4.2 导电聚合物

导电聚合物是一种具有导电性能的聚合物材料[22]。它们通常是由聚合物基体与导电添加剂（如导电聚合物或导电填料）结合而成。导电聚合物具有高分子聚合物的可塑性及导电材料的导电性能等优点，因此在多个领域得到广泛应用[23]。

导电聚合物的导电性质是通过电子在聚合物链上的移动实现的。聚合物链中的共轭结构和电子可移动的空间被认为是导电性的关键因素。常见的导电聚合物包括聚噻吩、聚苯胺、聚对苯二甲酸乙烯等。

导电聚合物的应用非常广泛。它们可用于制造有机光电器件，如有机太阳能电池和有机发光二极管（OLEDs）。导电聚合物还可用于制作柔性电子器件，如柔性电子显示器、柔性显示屏和柔性电子皮肤。此外，导电聚合物还被用作电化学传感器、超级电容器电极材料和导电性涂料等。

导电聚合物的发展为电子行业的创新提供了许多机会。研究人员一直努力提高导电聚合物的导电性、稳定性和可加工性，以满足不同应用场景的需求。随着技术的进一步发展，导电聚合物有望在更多领域实现更广泛的应用。

12.4.3 金属氧化物

金属氧化物是由金属元素和氧元素形成的化合物。它们具有多种化学性质和物理性质，不同的金属氧化物显示出不同的特性和应用[24]。金属氧化物的一些常见特征和应用如下所示。

（1）物理性质：金属氧化物通常是无色或具有特定颜色的晶体，其熔点高、硬度大。它们可以是绝缘体、半导体，也可以是导体。许多金属氧化物具有良好的光学和磁性性质，适用于光学器件、磁存储等。

（2）化学稳定性：金属氧化物在常温下具有较好的化学稳定性。它们对酸碱等化学物质的抵抗能力较强。这种化学稳定性使得金属氧化物在电化学储能、传感器、催化剂等领域具有重要应用。

（3）催化性能：某些金属氧化物（如二氧化钛、氧化铁等）具有优良的催化性能。它们可以被用于催化剂，来促进化学反应的反应速率和选择性，如光催化、电催化和催化剂载体等。

（4）电化学储能：金属氧化物在电化学储能领域也有广泛应用。例如，氧化锰和氧化镍被用作锂离子电池或超级电容器的正极材料，可以储存和释放电能。

（5）传感器应用：金属氧化物也被广泛应用于传感器领域。它们的表面反应性和电学性质使其能够检测气体、湿度、温度等物理和化学参数，并将其转化为电信号。

常见的金属氧化物包括氧化铁（Fe_2O_3）、氧化铝（Al_2O_3）、氧化锌（ZnO）、氧化镁（MgO）、二氧化钛（TiO_2）等。每种金属氧化物都具有独特的性质和应用特点，因此在选择和设计合适的金属氧化物材料时需要考虑特定的要求和应用场景。随着研究的不断深入，金属氧化物的性能和应用也在不断改进和拓展[25-28]。

12.5 仿真系统介绍

12.5.1 ZSimpWin阻抗拟合

ZSimpWin 软件是一个用于拟合电化学阻抗谱的工具[34]。电化学阻抗谱是一种分析电化学系统的方法，通过在不同频率下测量电化学系统的响应来获得信息。这些响应通常以阻抗的形式表示，因此需要进行拟合以从实验数据中提取有关电化学界面和反应的信息。ZSimpWin 软件的主要功能是根据实验测量得到的电化学阻抗谱数据，从而得到与电化学界面相关的参数。这些等效电路模型可以是复杂的，例如由电容、电阻、Warburg 元件等组成的模型，用于描述实际系统中的不同电化学过程。

拟合电化学阻抗谱可以提供关于电极界面、电荷传递过程、电解质电容等信息。这对于研究电化学反应机制、材料表面性质及电极界面的特性非常有用。

12.5.2 Simulink仿真

MATLAB 是一款由美国 MathWorks 公司开发的商业数学软件，这款计

下 篇 掺杂调控钴酸锌电极材料的电容性能优化及其储能系统仿真研究

算机工具在控制领域影响非常广泛[29-30]。在此软件中，Simulink是一个功能强大的仿真平台[31-32]，可以对新能源电车中超级电容器系统进行建模和仿真[31]。有一种可视化仿真工具Simulink，可用于动态系统建模、仿真和分析。Simulink在机器人系统、线性/非线性系统及图像系统中的建模和仿真方面应用广泛，它是以MATLAB框架设计环境为基础的。本篇选取了部分电路元件，在Simulink电力系统中搭建了等效电路模型，进行了不同维度碳电极材料的充放电仿真。接下来将详细介绍本篇的实验设计和研究结果。Simulink提供了用于模拟和分析动态系统的工具和模块。以下是Simulink在新能源汽车超级电容器仿真方面的基本介绍。

（1）模型建立：Simulink使用图形化界面进行建模，通过选择和连接不同的模块来搭建系统的模型。选择合适的电容器模块、电路模块和控制模块来搭建超级电容器系统的电气模型。

（2）电气特性建模：根据超级电容器的电气特性，例如电容值、内阻和温度特性等，设置模块的参数来准确描述超级电容器的行为。可以使用Simulink中的参数块来输入和调整这些参数。

（3）输入信号和负载模型：确定仿真所需的输入信号和负载模型，例如电压、电流或功率的变化情况。可以使用信号源和负载模块来生成所需的输入和负载信号。

（4）控制策略设计：对于超级电容器系统，可能需要设计控制策略来管理充电、放电和能量转移过程。Simulink提供了各种控制模块和算法，可用于开发和实现控制策略。

（5）仿真运行和结果分析：设定好模型、参数、输入信号和控制策略后，可以运行Simulink模型进行仿真。仿真将根据指定的时间步长对超级电容器系统进行连续求解，并计算输出结果，如电压、电流和能量等。

（6）仿真结果评估：仿真完成后，可以使用Simulink中的数据分析工具，如作图工具、数据统计和比较工具，对仿真结果进行评估和分析。这有助于了解超级电容器系统的性能、稳定性和效率。

利用Simulink进行新能源汽车超级电容器仿真可以帮助设计人员优化电容器的尺寸与数量、电池系统的控制策略，以提高整个系统的能量管理和效能。此外，通过仿真可以进行多种情景和条件下的性能评估，以指导实际系统开发和性能优化。需要注意的是，仿真结果仅供参考，实际系统性能可能会受到更多因素的影响。因此，在进行仿真时要确保输入模型的准确性，并根据实际情况设置适当的参数和约束条件。

总而言之，Simulink 是一个强大的工具，可以支持新能源汽车超级电容器系统的建模和仿真。它提供了丰富的模块库和数据分析工具，图形化界面非常方便，可帮助工程师和研究人员更好地理解和优化超级电容器系统的性能和控制策略。

12.6 研究内容

本篇研究聚焦于 $ZnCo_2O_4$ 电极材料，主要探讨了以下四方面问题。

首先，本篇采用了常温搅拌法在碳布上制备镍元素掺杂的钴酸锌/碳纤维复合材料（Ni-$ZnCo_2O_4$/CF）。实验数据表明，在 1 A/g 电流密度条件下，Ni-$ZnCo_2O_4$/CF 电极材料的比电容是 2102 F/g，此外，经 100 次循环后，其比电容为 2092 F/g，是初始比电容 2102 F/g 的 99.5%，电极材料表现出优异的稳定性。

其次，本篇采用了简单的电化学沉积法合成出 Ce 掺杂的 $ZnCo_2O_4$ 复合材料（Ce-$ZnCo_2O_4$）。实验中，本篇对 Ce-$ZnCo_2O_4$ 的电化学性能进行了深入研究。结果显示，当电流密度为 1 A/g 时，电极的比电容达到 2380 F/g。值得注意的是，经过多次循环充放电测试后，Ce-$ZnCo_2O_4$/CNTs 器件表现出良好的稳定性，比电容保持在初始比电容的 99.5% 左右，表明其具备较长的循环使用寿命和良好的循环稳定性。

再次，本篇进一步探究了不同稀土元素对 $ZnCo_2O_4$ 电极材料性能的影响。采用水热法和电化学沉积法制备出不同掺杂浓度（1%、3% 和 5%）的 $ZnCo_2O_4$ 复合材料（Sm-$ZnCo_2O_4$）。研究发现，适量的 Sm 掺杂可以提高材料的电导率，并增加氧空位的数量，有助于促进离子转移和电子扩散。优化后的 Sm-$ZnCo_2O_4$ 电极材料表现出优异的电容性能和循环稳定性，特别是当 Sm

元素掺杂量为 3% 时，其循环稳定性最佳。

最后，本篇利用 ZSimpWin 软件对电极材料的奈奎斯特图进行了阻抗拟合，并建立了 Simulink 模型库中的超级电容器等效电路模型。通过对仿真充放电结果的比对和评估，本篇得出了系统的关键参数，并评估了系统的性能、效率和稳定性。这一研究为超级电容器储能系统的设计和优化提供了重要的指导和决策依据，并为实际应用提供了可靠的仿真结果。

通过超级电容器储能系统的仿真和分析，本篇能够有效地预测系统的运行行为和性能表现。这不仅有助于指导系统设计和优化过程，还为实际应用提供了重要的指导和决策支持。此外，本篇通过比较仿真结果与实际测量数据，确保了模型的准确性，并增强了仿真结果的可信度。这种比较验证方法是确保仿真模型与实际系统行为相一致的重要步骤。通过与实际数据的对比，研究人员可以识别和修正模型中的偏差或误差，从而提高仿真结果的可靠性和实用性。这种验证方法不仅可用于确认模型的准确性，还可以为模型的改进和优化提供指导，从而更好地预测和理解系统的行为。因此，将仿真结果与实际测量数据进行比较和验证在科学研究和工程应用中具有重要意义，有助于确保模型的可信度和应用价值。这种综合的方法不仅在系统开发阶段具有指导作用，也在实际应用中提供了有效的性能评估手段。

13 实验材料与分析方法

13.1 实验仪器

本篇实验中使用的化学试剂如表 13-1 所示。

表 13-1 实验所用主要化学试剂

药品名称	化学式	规格	生产厂家
六水合硝酸钴	$Co(NO_3)_2 \cdot 6H_2O$	分析纯	天津市永大化学试剂有限公司
六水合硝酸锌	$Zn(NO_3)_2 \cdot 6H_2O$	分析纯	山东西亚化学工业有限公司
尿素	$Co(NH_2)_2$	分析纯	天津市登峰化学试剂厂
氟化铵	NH_4F	分析纯	国药集团化学试剂有限公司
硝酸	HNO_3	分析纯	天津中信凯泰化工有限公司
泡沫镍	Ni	—	昆山比泰祥电子有限公司
乙醇	CH_3CH_2OH	分析纯	天津市大茂化学试剂厂
Pt 片	Pt	面积 $(10 \times 30)\ mm^2$	天津艾达恒晟科技发展有限公司
氢氧化钾	KOH	分析纯	天津中信凯泰化工有限公司
去离子水	H_2O	7732-18-5	青岛鲁东水务有限公司

13.2 实验试剂

本篇材料制备过程中使用的设备如表 13-2 所示。

表 13-2 实验所需设备仪器

仪器名称	型号	生产厂家
电化学工作站	CHI660E	上海辰华仪器有限公司

续表

仪器名称	型号	生产厂家
真空干燥箱	DZF-6096	上海一恒科学仪器有限公司
鼓风干燥箱	101-3	上海森信实验仪器有限公司
电子分析天平	JH2104	上海佳禾衡器有限公司
管式炉	BTF-1200C	安徽贝意克设备技术有限公司
聚四氟乙烯水热反应釜	50 mL	巩义市予华仪器有限责任公司
恒温磁力搅拌器	SZCL-4	巩义市予华仪器有限责任公司
马弗炉	KSY-4-16A	天津市中环实验电炉有限公司
超纯净水	CSR1-05	西安长仪仪器设备公司
超声波清洗机	KQ-3200E	上海森信实验仪器有限公司

13.3 材料的表征

13.3.1 场发射扫描电子显微镜

场发射扫描电子显微镜（FE-SEM），简称场发射扫描电镜，是一种高度精密的电子显微镜，专用于观察材料表面的微观结构和纳米尺度特征[35]。相比较传统扫描电镜，FE-SEM 具有更高的分辨率和灵敏度。它采用场发射电子源产生高能电子束，通过在样品表面进行扫描，并检测反射和散射电子，从而获取样品的形貌和成分信息。这种技术可用于研究各种材料的微观结构，包括金属、陶瓷、聚合物等，对于材料科学、纳米技术和生物学等领域的研究具有重要意义。通过 FE-SEM，研究人员可以深入了解材料的表面形貌、结构特征及微观组织，为材料设计和性能优化提供了宝贵的信息和洞察力。

以下是场发射扫描电镜的主要特点和工作原理。

（1）高分辨率：FE-SEM 具有较高的分辨率，可以观察到纳米尺度的细节。这是由于场发射电子源产生的电子束具有较小的发散角度和较短的波长。

（2）场发射电子源：FE-SEM 使用一种称为场发射电子源的电子发射器。它通常由尖端和几个特殊的电场组成，能够产生高能电子束。这种电子源具有典型的亚纳米级尖端半径，可以产生高度聚焦的电子束。

（3）扫描与显像：在场发射电镜中，电子束从场发射电子源发出后，经过精密的聚焦系统，被集中到样品表面。通过精确控制电磁透镜和扫描线圈，可以在样品表面进行高精度的扫描。在这个扫描过程中，电子束与样品表面发生相互作用，引发了一系列复杂的物理现象。这些相互作用包括电子束的能量转移给样品，导致样品表面的局部加热和退火效应，以及电子与样品原子之间的散射现象。此外，还产生了二次电子等信号，这些信号包含了样品表面的形貌和特征信息。通过分析这些信号，可以获得关于样品表面微观结构的重要数据，从而深入了解材料的性质和特性。因此，电子束与样品的相互作用是场发射电子显微镜实现高分辨率成像的关键过程之一。

（4）信号检测：FE-SEM 可以检测到几种不同的信号，包括一次电子（即反射电子）和二次电子。一次电子用于获取样品表面的形貌信息，而二次电子用于获取样品表面的反应和拓扑结构信息。

（5）成分分析：FE-SEM 通常配备能谱仪（如 X 射线能谱仪或电子能谱仪），可以用于样品的成分分析。这种仪器通过收集样品表面反射的 X 射线或散射的电子来确定样品的组成。

场发射扫描电镜在生物科学、纳米科学、材料科学、半导体行业等领域有广泛应用。它有助于研究人员观察和分析样品的颗粒分布、表面形貌、晶体结构、纳米结构和成分等特征。这对于理解材料性质、表面反应、纳米尺度结构，以及解决材料和器件的问题非常有帮助。

13.3.2 透射电子显微镜

透射电子显微镜（TEM），简称透射电镜，是一种非常强大的显微镜[36]，分辨率极高，专门用于研究材料的内部结构和纳米尺度细节。通过 TEM，研究人员能够直接观察材料内部的微观结构，包括晶格排列、原子间距离等。

这种显微镜利用电子束的穿透性质，穿透样品并在背面形成影像，从而揭示材料的内部组织。因此在材料科学、纳米技术、生物学等领域具有广泛的应用。通过 TEM，科学家们能够深入研究材料的晶体结构、缺陷和界面特性，从而为新材料的设计和开发提供重要的参考和指导。

以下是透射电镜的主要特点和工作原理。

（1）高分辨率：TEM 的分辨率非常高，可以精确到纳米尺度。能探测到更高频率的细节的原因是电子束的波长比光束的波长要小得多。

（2）电子源和透镜系统：TEM 使用一个电子枪作为电子源，产生高能电子束。这个电子束经过一系列的透镜系统（包括透镜和光阑）进行聚焦和控制，以形成一个细且聚焦的电子束，然后通过样品。

（3）样品制备：为了在 TEM 中观察样品，样品需要被制备成非常薄的切片，通常厚度为 20～100 nm。常见的样品制备方法包括切片、离子切割和薄膜制备等。

（4）透射和成像：电子束穿过样品后，根据样品对电子的散射和吸收程度，形成一个透射的电子束，进而通过一系列透镜系统，生成映射到投影面上的图像。这个投影面上的图像可以使用透射电镜中的传感器和检测器进行捕捉和观察。

（5）补偿球面像差和调整对比度：透射电镜通常采用球面校正透镜来纠正球面像差，以获得更好的分辨率和对比度。

通过分析样品的透射电子图像和衍射图案，研究人员可以获取关于材料性质和结构的详细信息，促进材料研究和进一步的科学发现。

13.3.3　X射线衍射仪

X 射线衍射仪（XRD）是一种至关重要的科学仪器，用于研究材料的晶体结构和晶体学特性。这种仪器利用 X 射线与晶体结构相互作用时的衍射现象，通过测量和分析衍射光的性质来确定晶体的结构和特性[37]。

以下是 X 射线衍射仪的主要组成和工作原理。

（1）X 射线发生器：X 射线管加热阴极从而产生电子，电子通过电场而加速，进而轰击阳极，产生 X 射线。同步辐射源则利用粒子加速器将电子加速到近光速，使其在磁场中做圆周运动时产生 X 射线。

（2）样品台：X 射线衍射仪有一个样品台，用于放置待测样品。样品可以是固态晶体、薄膜、粉末或液体等。样品的准备取决于具体的研究目的和要求。

（3）X 射线衍射：X 射线经过样品时与晶体内的原子相互作用，导致产生 X 射线的散射和衍射现象。根据布拉格方程，当 X 射线与晶体的晶面衍射时，形成一系列衍射峰，每个衍射峰对应不同的衍射角度。这些衍射峰的位置、强度和形状提供了与晶体结构和晶格参数相关的重要信息。通过分析衍射图谱，可以深入了解材料的晶体结构和晶格特性，为材料科学研究和工程应用提供了有益的见解。

（4）探测器和数据分析：X 射线衍射仪配备有探测器，用于记录衍射光的强度和位置。半导体探测器、X 射线闪烁探测器是比较常见的探测仪。通过测量衍射角和衍射强度，得到 X 射线衍射图（衍射图谱）。

（5）数据分析和结构解析：通过对衍射图谱的分析，可以推导出晶体的晶格常数、晶胞参数、晶体结构和晶体中原子的排列方式。这通常涉及 X 射线衍射的定量分析方法，如全局搜索、模式匹配、Rietveld 法等。

XRD 在材料科学、化学、地质学等领域中应用广泛，可用于研究各种类型的晶体材料，包括生物材料、陶瓷、金属等。也可以用于研究晶体结构、晶体相变、晶体缺陷、晶体生长和材料分析等。它是研究材料性质和开展新材料研发的重要工具。通过 XRD 分析，科学家们可以了解材料的晶体形态、晶体相及晶体结构的微观细节，为材料设计和性能调控提供重要的理论依据和实验数据。

13.3.4　比表面积及孔径分析仪

比表面积及孔径分析仪（BET 分析仪）是一种用于测量材料比表面积和孔径分布的科学仪器[38]。它通过吸附和脱附气体分子来评估材料的表面积和孔径特性。

BET 分析仪的主要组成和工作原理如下：

（1）吸附装置：BET 分析仪配备有一个吸附装置，通常采用一个吸附腔室。这个腔室通常由高真空环境和控制温度的设备构成。在吸附过程中，气体将被引入腔室中与样品接触。

（2）吸附剂：常用的吸附剂是气体分子，最常见的是氮气（N_2）。其他吸附剂如氩气（Ar）、氢气（H_2）、二氧化碳（CO_2）等也可以使用。选择适当的吸附剂取决于样品的特性和应用。

（3）吸附过程：在 BET 分析中，随着吸附剂分子在样品表面的吸附量增加，样品表面被逐渐覆盖，形成一个单分子层。

（4）吸附等温线：吸附过程中，测量不同吸附压力下吸附剂与样品的吸附量。用于绘制吸附等温线的数据，表示吸附剂分子吸附的饱和度和样品的吸附能力。

（5）BET 分析：BET 方程将吸附等温线与物理参数（例如吸附剂分子的占据面积）相联系，以推导出比表面积和孔径分布。

（6）孔径分布：通过对吸附等温线进行处理和分析来确定材料的孔径分布。BJH 法（Barrett-Joyner-Halenda 法）是最常用的方法，该方法根据吸附等温线的形状和斜率计算出孔径大小和孔径分布。

BET 分析仪广泛应用于材料科学、催化剂研究、吸附材料设计等领域。它提供了评估材料表面积和孔径特性的重要信息，对于研究材料的吸附性能、催化活性和分子传递过程等具有重要意义。同时，BET 分析也是研究和优化材料性能的重要工具。

13.4　电化学测试方法

13.4.1　电化学测试体系

采用三电极测试体系对合成材料进行电化学测试，其中所制备的电极材料充当工作电极，参与物质的电化学反应。在测试过程中，使用参比电极作为参照以比较工作电极电势，而辅助电极则提供电流回路。本篇实验

下　篇　掺杂调控钴酸锌电极材料的电容性能优化及其储能系统仿真研究

使用的是上海辰华CHI660E电化学工作站，以确保在室温条件下进行实验。铂片电极用作对电极，参比电极为饱和甘汞电极，而制备的材料则作为工作电极。在电解液方面，采用了不同浓度的KOH水溶液。通过三电极体系，对制备的电极进行循环伏安、恒流充放电及交流阻抗等多种电化学性能测试。值得注意的是，对所组装的器件，本篇在两电极体系下进行了测试[39-40]。

电化学测试体系是一种用于研究电化学反应和材料电化学性能的实验系统。它通常由以下几个主要部分构成。

（1）电化学细胞（electrochemical cell）：电化学细胞是电化学测试体系中的核心部分，它提供了适当的环境和条件以进行电化学反应。电化学细胞通常由两个电极（阳极和阴极）和一个电解质溶液组成，并通过外部电路连接。

（2）电极（electrodes）：电极在电化学细胞中直接参与电化学反应。阳极发生氧化反应，而阴极发生还原反应。通常使用的电极材料包括惰性金属（如铂、金、银）和非惰性金属（如铜、镍、锌等）。

（3）电解质（electrolyte）：电解质是电化学细胞中用于传导离子的溶液。它可以是液态、固态或凝胶态。电解质可用于调节电化学反应的速率和方向，以及提供适当的离子媒介。

（4）参比电极（reference electrode）：参比电极是用于确定电化学细胞中电势的基准点的电极。它的电位被认为是固定的，常用的参比电极包括标准氢电极（SHE）和银/银离子电极（Ag/Ag^+）。

（5）外部电路（external circuit）：外部电路连接电化学细胞的阴极和阳极，形成一个闭合回路，以供电子在电极之间流动。外部电路可以包括电阻、电容、电感等元件，以及电位计和电流计等测量设备。

（6）电位调控系统（potentiostat）：电位调控系统是用于控制和测量电化学细胞中电势的设备。它能够提供恒定的电位以进行实验，并记录电势和电流的变化。

通过调节电势、测量电流和观察反应过程，电化学测试体系可以用于研究材料的电化学性能，如电荷转移反应、离子输运、电极催化活性等。常见的电化学测试技术包括循环伏安法、恒电流充放电测试和交流阻抗测试等。这些测试可以提供有关电化学反应动力学、电化学界面特性和材料性能的重要信息。

13.4.2 循环伏安法

循环伏安法（cyclic voltammetry，CV），是一种广泛用于研究电化学反应的测试方法[41-43]。它通过在一定电位范围内施加连续的正向和反向电位扫描，以测量电化学体系中的电流响应。循环伏安测试可以提供关于电化学反应动力学、电化学界面特性和材料电化学性能的重要信息。

在循环伏安测试中，电极对被置于电化学细胞中，标准参比电极和计数电极用于测量电势和电流。电位从起始电位开始，先进行正向扫描，逐渐升高电位直至达到最大值，然后进行反向扫描，逐渐降低电位直至回到起始电位。在整个电位扫描的过程中，测量并记录电流的变化。

通过分析循环伏安曲线，可以得到以下信息：

（1）反应的峰电位（peak potential）：循环伏安曲线中的峰电位对应电化学反应的起始点或终止点。正向峰电位为氧化反应发生的电位，而反向峰电位为还原反应发生的电位。

（2）峰电流（peak current）：与峰电位相对应的电流峰值。峰电流可以提供有关反应速率和催化活性的信息。

（3）反应的可逆性（reversibility）：循环伏安曲线的对称性可以指示反应是否可逆。对称的曲线表明反应是可逆的，而不对称的曲线可能表示反应存在电化学失活或非可逆性。

（4）电化学响应特征：循环伏安曲线的形状和特征可以提供关于电化学反应机理和表面电化学过程的信息。例如，峰电位之间的距离和曲线的形状可以揭示电化学反应的复杂性和催化剂活性。

循环伏安测试广泛应用于能源储存、电催化、材料表征等领域。它是一种简单、快速且灵敏的方法，可以为研究人员提供有关材料的电化学性能和反应机制的重要信息。

13.4.3　恒电流充放电测试

恒电流充放电测试（galvanostatic charge-discharge，GCD）是一种电池性能测试方法，用于评估电池的充放电能力和性能[44-46]。在这种测试中，电池以恒定电流进行充电，以相同的恒定电流进行放电，以测量电池的效率、容量和循环稳定性等指标。

恒电流充放电测试可通过以下步骤进行：

（1）充电：将已经放电至低电荷状态的电池连接到充电电源上。在此测试中，使用恒定的电流来给电池充电，直到电池达到所需的充电容量或达到充电终止条件。

（2）放电：充满电的电池被连接到放电装置，该装置维持一个恒定的电流来进行放电。放电的时间可以根据需要来确定，通常截止时间至达到电池所需的放电终止电压。

（3）测试记录：在充电和放电过程中，需要记录电流、电压和时间等参数。这些数据可以用于计算电池的容量、效率和循环稳定性等指标。

通过恒电流充放电测试，可以获得以下信息：

（1）电池容量：通过记录放电过程中的电流和时间，可以计算电池的电荷容量，这是电池储存和释放电能能力的一种反映。

（2）放电终止电压：通过放电测试可以确定电池的放电终止电压。这是电池在放电过程中所能提供的有效电压范围。

（3）效率：比较电池在充电过程中输入的能量与放电过程中输出的能量，可以得出电池的充放电效率。这一指标是评估电池能量转换效率的重要指标。高效的充放电过程意味着电池能够更有效地将电能储存和释放，从而提高其在实际应用中的可靠性和性能。因此，优化电池的充放电效率对于提高电池的能量利用率和延长其使用寿命至关重要。

（4）循环稳定性：通过多次循环充放电测试，可以评估电池在长期使用过程中的稳定性和性能衰减情况。

恒电流充放电测试是电池性能评估中常用的一种方法，可以为电池制造商、研究人员和应用开发者提供关于电池性能和可靠性的有价值的信息。

13.4.4 交流阻抗测试

交流阻抗测试（electrochemical impedance spectroscopy，EIS）是一种用于评估电路或装置在交流（AC）电信号下的阻抗特性的测试方法[47-49]。

在交流阻抗测试中，向被测试的电路或设备中施加交流电信号，并测量电流和电压的响应，从而计算出系统的阻抗。它提供了电阻（resistor）、电感（inductor）和电容（capacitor）等元件的复阻抗（impedance）的频率响应特性。

下面是进行交流阻抗测试的一般步骤：

（1）准备测试设备：选择合适的交流阻抗测试仪器，如示波器或阻抗分析仪等，并将其连接至被测试的电路或设备。

（2）施加交流信号：通过测试仪器，向电路或设备施加交流电信号。通常会在一定的频率范围内进行测试，以获得阻抗的频率响应。

（3）测量电流和电压：使用传感器或探针，测量被测试电路或设备中的电流和电压响应。这些响应信号将用于计算阻抗。

（4）计算阻抗：通过对测量到的电流和电压信号进行分析和处理，可算出电路在不同频率下的复阻抗值。复阻抗由实部和虚部组成，分别对应电阻和电抗的大小和相位关系。

（5）分析结果：根据测得的复阻抗值，可以进行进一步的数据处理和分析。例如，可以绘制阻抗与频率的波形图或奈奎斯特图，以评估电路或设备的特性和性能。

交流阻抗测试可以提供许多有用的信息，如电路的频率响应、电路参数的变化、元件的损耗、电化学反应动力学等。它在电力系统故障诊断、电池容量评估、材料表征和电子元件设计等领域具有重要的应用价值。

13.5 本章小结

本章详细介绍了实验所需的化学试剂和仪器，并提供了对电极材料进行表征及电化学测试的方法。在实验过程中，采用了多种工具如SEM、TEM、

X射线衍射仪等，对样品的微观形貌和元素进行了全面表征，以深入了解电极材料的结构特征。除此之外，通过循环伏安法（CV）、恒流充放电测试（GCD）、交流阻抗测试（EIS）等测试方法，对所制备材料的电化学性能进行了详尽分析，为进一步研究提供了坚实的基础。

14　Ni 掺杂的钴酸锌/碳纤维复合多孔网状材料的制备及电容性能研究

14.1 引言

在工业快速发展的同时,环境污染、能源供应短缺等问题,给人民的生产、生活造成了很大的不便[50]。电力是一种经济、实用、清洁、易于控制和转换的能源,它适用于多种环境。但是,电力具有难以存储的致命缺点。为了实现能源的有效储存与使用,必须设计出一种高效率、高稳定性的储能器件。超级电容器具有使用寿命长、功率密度大、充电速度快、环保等优点[51-52]。同时,水体污染也是当前面临的重大环境问题,合理利用光能实现水体中有机物的高效降解,不仅可以解决能源危机,而且可以有效地保护环境[53]。因此,开发具有良好电化学性能和高效光催化性能的新型光催化材料迫在眉睫。材料的微结构对其电化学性能及催化活性有着重要的影响。

双金属氧化物材料具有较高的电导率、较高的理论比容量、良好的氧化-还原可逆性和高比容量[54-56]。其中,钴酸锌($ZnCo_2O_4$)因其优异的电化学性能、优良的导电性、低廉的价格及绿色环保的特性,被认为是一种极具潜力的超级电容器电极材料,但是其比容量和储能性能仍有待提高。通过 Ni 元素的掺杂,不仅可以改善其比容量,而且可以有效地储存电能,而且不会降低其使用寿命和导电性。

以镍掺杂钴酸锌为研究对象,通过常温搅拌法,合成出具有多孔网络结构的镍掺杂钴酸锌复合材料。这类材料具有丰富的孔洞结构,有利于电解液中离子与电子的传输。结果表明,合成的钴酸锌具有均一的网络结构,没有其他杂质峰,也没有其他杂质,具有很高的纯度。在 1 A/g 的电流密度下,Ni–$ZnCo_2O_4$/CF 的比电容是 2102 F/g,经过 600 次循环后,其比电容是最初的 99.5%。在 1 A/g 的电流密度下,Ni–$ZnCo_2O_4$/CF//CNTs 的比电容达到 176 F/g,经过 10 000 次充放电测试之后,其比电容变为原来的 89.2%,可见所制备的材料在充放电过程中具有良好的循环性能和稳定性。

14.2 材料与方法

14.2.1 仪器

本实验使用扫描电镜（SEM，型号 S4800，加速电压 0.1～30 kV、放大倍数 20～800 000 x）和透射电镜（TEM，JEM-2100F）来观察样品的微观形貌；X 射线衍射仪（XRD，XRD-700）分析制备材料的物相结构；X 射线能谱仪（EDS，JEM-2100 Plus）对制备样品的元素成分进行分析；采用多通道工作站（1470E CellTest）及电化学阻抗测试系统（LEIS 370/470）进行测试。

14.2.2 $ZnCo_2O_4$ 的制备

首先，取 3.5 mmol $Zn(NO_3)_2 \cdot 6H_2O$ 溶于 45 mL 的去离子水中，随后，将 2 mmol $Co(NO_3)_2 \cdot 6H_2O$、2 mmol NH_4F 和 4 mmol 尿素逐步加入溶液中，同时，再加入 1 cm^2 的碳布（碳纤维组合）导电基底，使用磁力搅拌器搅拌 5 h，取出制备样品，然后使用无水乙醇和去离子水进行反复洗涤。将清洗后的样品转移到烘箱中 50 ℃干燥 5 h，得到 $ZnCo_2O_4$/CF 的前驱体。最后，将 $CoMoO_4$ 前驱体置于马弗炉中，室温加热至 400 ℃，保温 2 h，得到 $ZnCo_2O_4$/CF 电极材料。

14.2.3 Ni-$ZnCo_2O_4$/CF 材料的制备

将上述得到的 $ZnCo_2O_4$/CF 材料溶于 45mL 的去离子水中，将 $Ni(NO_3)_2 \cdot 6H_2O$ 溶液逐滴加入溶液中，使用磁力搅拌器搅拌 3 h，取出制备样品，然后用无水乙醇和去离子水反复洗涤。将清洗后的样品转移至烘箱于 50 ℃干燥 4 h，得到 Ni-$ZnCo_2O_4$/CF 的前驱体。最后，将 Ni-$ZnCo_2O_4$/CF 前驱体置于马弗炉中，室温加热至 400 ℃，保温 2 h，得到 Ni-$ZnCo_2O_4$/CF 电极材料。实验中多孔 Ni-$ZnCo_2O_4$/CF 的制备过程如图 14-1 所示。

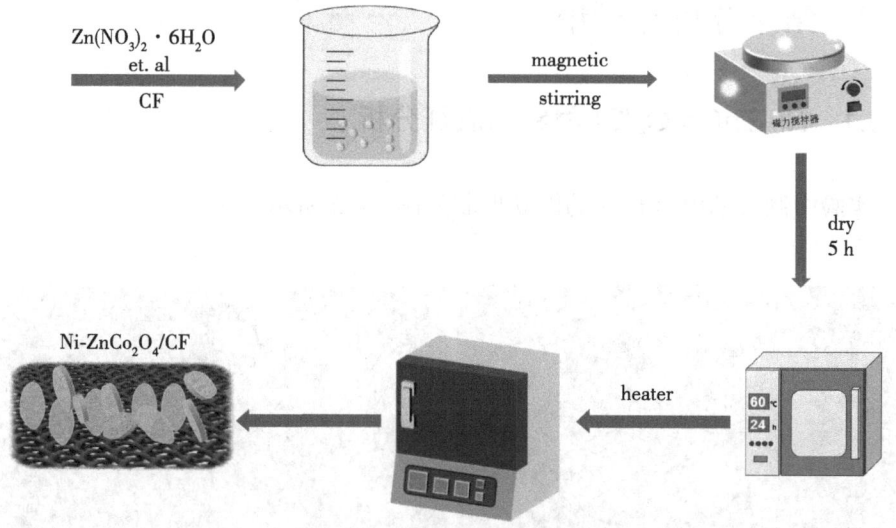

图 14-1　多孔 Ni-ZnCo$_2$O$_4$/CF 材料制备过程示意

14.2.4　非对称超级电容器的组装

非对称型电化学电容器组装：以多孔 Ni-ZnCo$_2$O$_4$/CF 复合材料作为正极，碳纳米管（CNTs）作为负极，KOH 作为电解液、在正极和负极之间加一个隔膜，制备得到多孔 Ni-ZnCo$_2$O$_4$/CF//CNTs 非对称型器件。本章中涉及相关计算公式如下：

$$C_S = I\Delta t/(m\Delta V) \quad , \tag{14-1}$$

$$E = 0.5\, C_S\, \Delta V^2 \quad , \tag{14-2}$$

$$P = 3600 E/\Delta t \quad , \tag{14-3}$$

$$Q = C_S \Delta V m \quad , \tag{14-4}$$

$$m^+/m^- = C^-\Delta V^-/(C^+\Delta V^+) \quad , \tag{14-5}$$

式中：C_S 为比电容（F/g）；Δt 为放电时间（s）；m 为活性材料质量（g）；E 为能量密度（Wh/kg）；P 为功率密度（W/kg）；I 为电流密度（A/g）；C 为电容（F）；Q 为电荷量（C）；ΔV 为放电过程的压降（V）。

14.3 结果分析与讨论

14.3.1 Ni-ZnCo$_2$O$_4$/CF材料的表征分析

实验中制备的电极材料的微观形貌如图14-2所示。

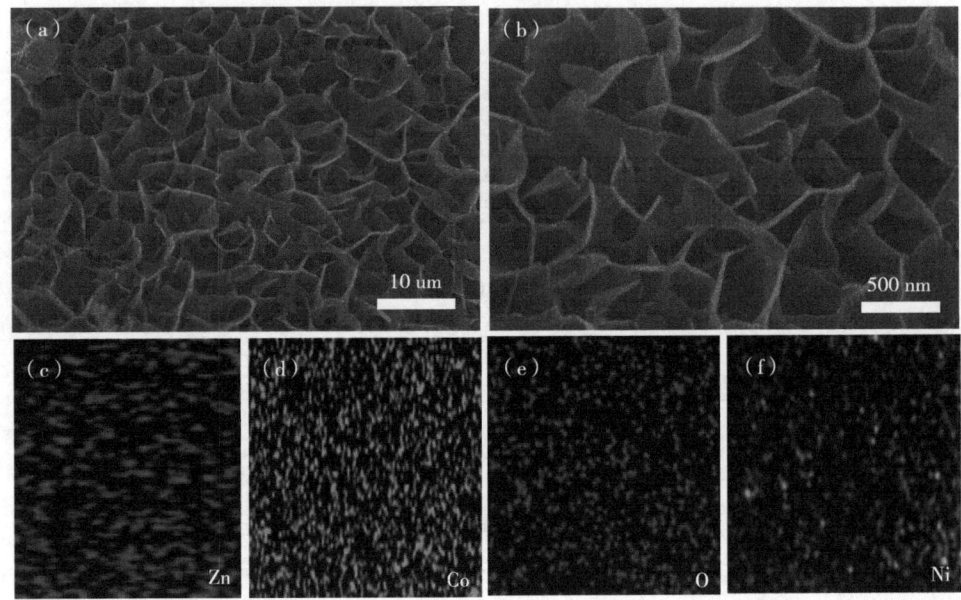

图14-2 （a～b）Ni-ZnCo$_2$O$_4$/CF 材料不同放大倍数下的SEM图；（c～f）Ni-ZnCo$_2$O$_4$/CF 材料的元素分布图

图14-2（a～b）是在不同放大倍数下 Ni-ZnCo$_2$O$_4$/CF 材料的扫描电镜图像。由扫描电镜观察到，常温搅拌法制备的 Ni-ZnCo$_2$O$_4$/CF 复合材料呈网状分布。如图14-2（c～f）所示，制得的材料包含元素 Zn、Co、O 和 Ni。实验证明，合成的产物中没有其他杂质。

为了更好地观察 Ni-ZnCo$_2$O$_4$/CF 复合材料的微观结构，用透射电镜对其进行表征。结果如图14-3所示。

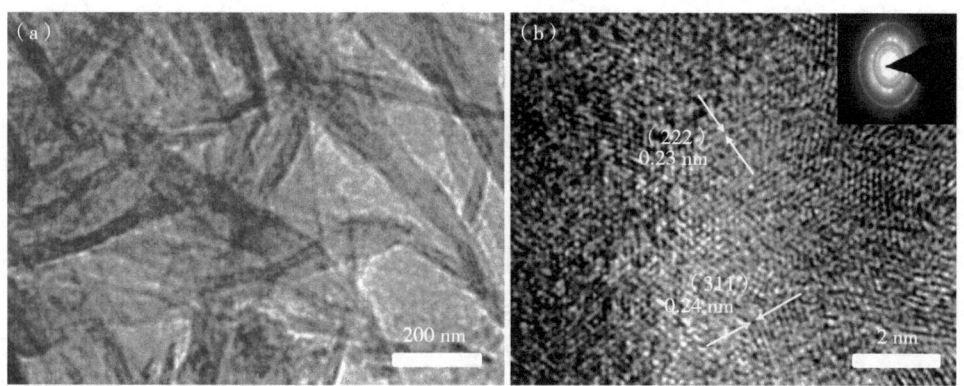

图 14-3 （a）多孔 Ni-ZnCo$_2$O$_4$/CF 纳米材料的 TEM 图；（b）多孔 Ni-ZnCo$_2$O$_4$/CF 纳米材料的 HRTEM 图

由图 14-3（a）内部区域可见明显的多孔性结构，这表明材料已形成了多孔性结构。从图 14-3(b)HRTEM 图可以看出，晶格条纹的晶面间距为 0.23 nm 和 0.24 nm，分别对应于 Ni-ZnCo$_2$O$_4$/CF 的（222）和（311）晶格面。研究发现，所得产物中存在较好的衍射环，说明其为多晶型化合物。

多孔 Ni-ZnCo$_2$O$_4$/CF 材料的晶体结构及元素组成，如图 14-4 所示。

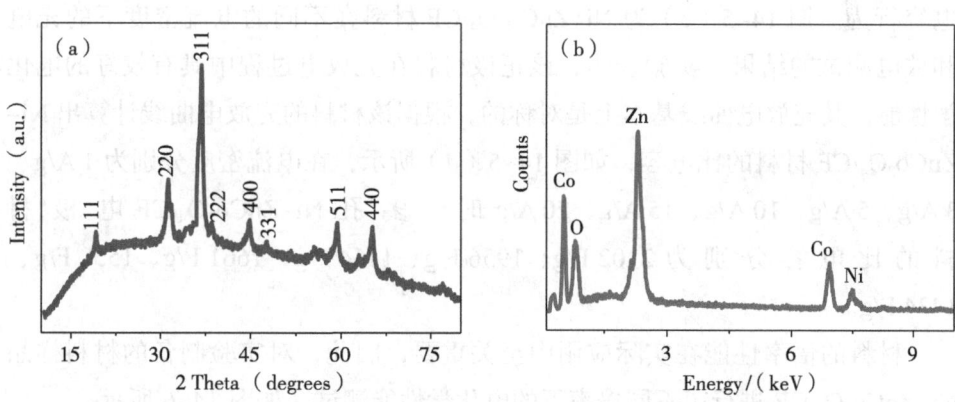

图 14-4 （a）多孔 Ni-ZnCo$_2$O$_4$/CF 纳米材料的 XRD 谱图；（b）多孔 Ni-ZnCo$_2$O$_4$/CF 纳米材料 EDS 谱图

图 14-4（a）为 Ni-ZnCo$_2$O$_4$/CF 材料的 X 射线衍射（XRD）测试结

果。图中显示了 Ni-ZnCo$_2$O$_4$/CF 材料的晶体结构，衍射峰窄而尖，无其他衍射峰，说明所制备产物的结晶程度高且纯度高。图 14-4（b）为多孔 Ni-ZnCo$_2$O$_4$/CF 网状结构的 EDS 测试结果，表明该材料仅含有 Zn、Co、O、Ni 元素，不含其他杂质元素。以上结果均表明 Ni 元素掺杂成功，所制备的样品纯度高。

14.3.2　Ni-ZnCo$_2$O$_4$/CF 材料的电化学性能测试

实验进一步探索了 Ni-ZnCo$_2$O$_4$/CF 材料的电化学性能。

图 14-5（a）为碳布导电基底、ZnCo$_2$O$_4$ 和 Ni-ZnCo$_2$O$_4$/CF 的循环伏安曲线。扫描速率为 10 mV/s，电压窗口为 -0.2～0.6 V。可以看出，碳布导电基底的循环伏安曲线面积相对较小，表明碳布导电基底在电化学反应过程中的比容量较小且可忽略。而被 Ni-ZnCo$_2$O$_4$/CF 所包围的曲线面积最大，说明掺杂 Ni 元素后，材料的比容量和存储电荷的能力得到大幅度提高。图 14-5（b）为多孔 Ni-ZnCo$_2$O$_4$/CF 网状结构分别在 5 mV/s、10 mV/s、30 mV/s、50 mV/s 时的循环伏安曲线，电位范围为 -0.2～0.6 V。伏安曲线包围的面积随着扫描速率的增加而成比例的增加，表明材料载荷传递良好，离子扩散率明显为赝电容行为。图 14-5（c）为 Ni-ZnCo$_2$O$_4$/CF 材料在不同的电流密度下的充电和放电测试的结果。实验表明，该正极材料在充放电过程中具有较好的电化学性能，其充放电曲线基本上是对称的，根据该材料的充放电曲线计算出 Ni-ZnCo$_2$O$_4$/CF 材料的比电容，如图 14-5（d）所示，在电流密度分别为 1 A/g、3 A/g、5 A/g、10 A/g、15 A/g、20 A/g 时，多孔 Ni-ZnCo$_2$O$_4$/CF 电极材料的比电容分别为 2102 F/g、1956 F/g、1754 F/g、1661 F/g、1552 F/g、1434 F/g。

材料的倍率性能在实际应用中至关重要，因此，对实验制备的材料样品 Ni-ZnCo$_2$O$_4$/CF 进行了不同倍率下的电化学性能测试，如图 14-6 所示。

图 14-6（a）为在第 1 次循环和第 5000 次循环之后 Ni-ZnCo$_2$O$_4$/CF 电极的奈奎斯特线；低频段是一条直线，而高频段则是一个小型的半圆形。而在高频率范围内，弧段的增长并无显著差别，并且在 5000 次左右后仍保持较好。在低

频区,当放电次数达到 5000 个循环时,其斜率逐渐下降,原因是电极材料在充放电过程中损失了部分有效成分。图 14-6(b)示出了在重复 100 个循环后,在不同的电流密度下材料的循环稳定特性。如图 14-6(b)所示,在 1 A/g 的电流密度下,材料具有 2102 F/g 的比电容。在经过 600 次循环后,电流密度恢复到 1 A/g,其比电容是 2092 F/g,是原始比电容 2102 F/g 的 99.5%。结果表明,在不同的电流密度下,材料的比电容下降幅度很小,显示出优异的倍率性能及循环稳定性。

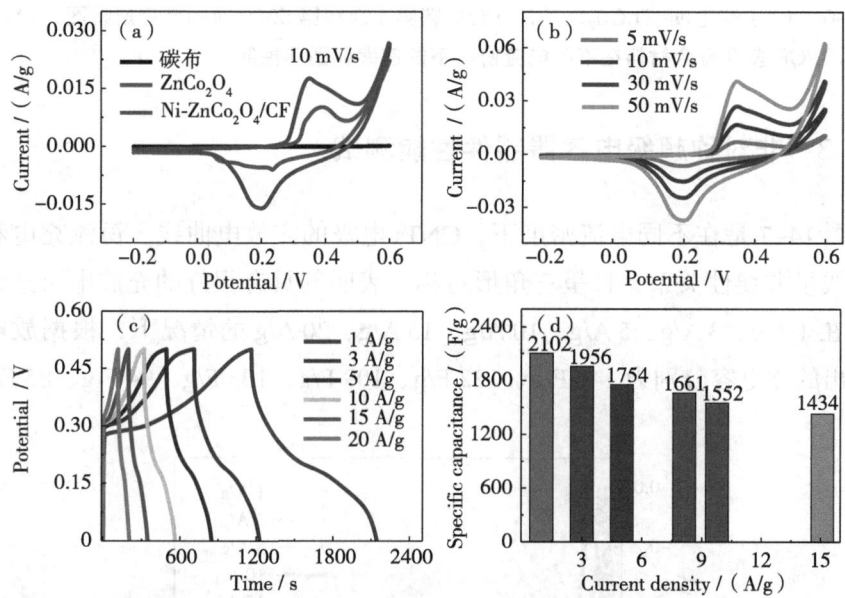

图 14-5 (a)在 10 mV/s 扫描速率下,碳布、$ZnCo_2O_4$、$Ni-ZnCo_2O_4$/CF 的 CV 曲线;(b)分别在 5 mV/s、10 mV/s、30 mV/s、50 mV/s 扫描速率下,$Ni-ZnCo_2O_4$/CF 复合材料的 CV 曲线;(c)在不同电流密度下,$Ni-ZnCo_2O_4$/CF 复合材料的充/放电图;(d)在不同电流密度下,$Ni-ZnCo_2O_4$/CF 复合材料的比电容柱状图

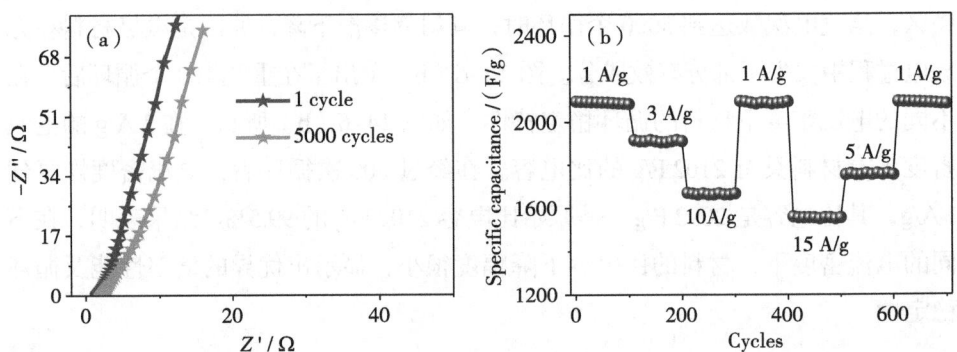

图 14-6 （a）多孔 Ni-ZnCo$_2$O$_4$/CF 复合材料第 1 次和第 5000 次的奈奎斯特图；（b）Ni-ZnCo$_2$O$_4$/CF 多孔复合材料在不同电流密度下的速率和循环性能

14.3.3 非对称超级电容器器件性能测试

图 14-7 是在不同电流密度下，CNTs 电极的充放电曲线。恒流充电和放电曲线呈非线性关系，且呈三角形对称，表明其具有很好的充放电可逆性。分别在 1 A/g、3 A/g、5 A/g、10 A/g、15 A/g、20 A/g 的情况下，根据放电曲线算出的比电容分别为 140 F/g、122 F/g、109 F/g、105 F/g、94 F/g、85 F/g。

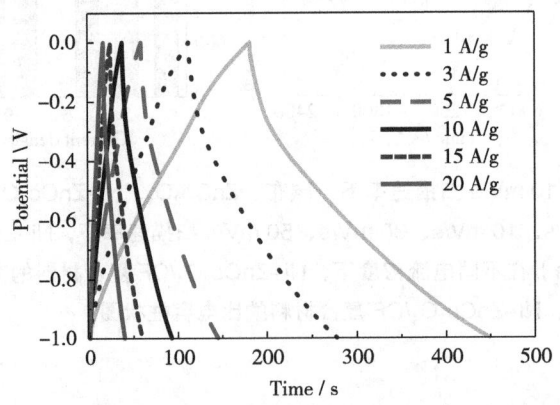

图 14-7 CNTs 电极在不同电流密度下的充电/放电曲线

我们将组装的非对称超级电容器器件置于两电极中进行性能测试，如

图 14-8 所示。

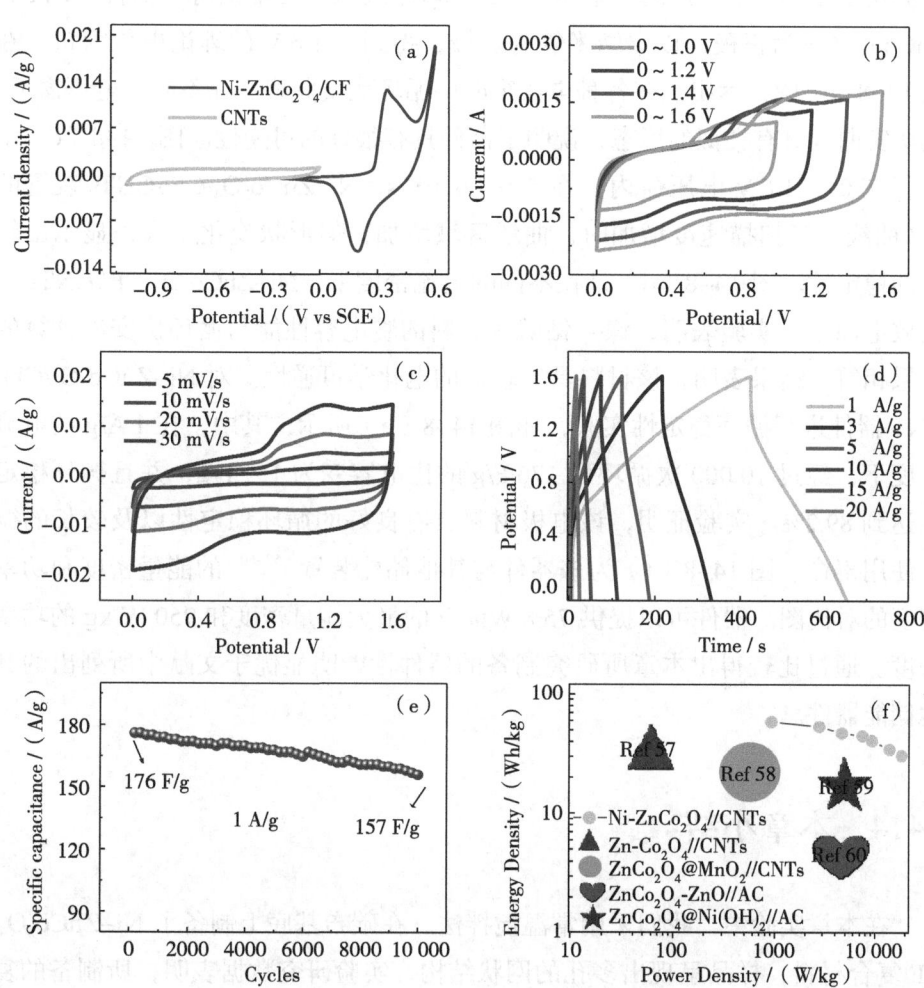

图 14-8 （a）Ni-ZnCo$_2$O$_4$/CF 和 CNTs 电极的 CV 曲线；（b）Ni-ZnCo$_2$O$_4$/CF//CNTs 器件在不同电位窗口下的 CV 曲线；（c）Ni-ZnCo$_2$O$_4$/CF//CNTs 器件在 0～1.6 V 电位窗口下不同扫描速率下的 CV 曲线；（d）Ni-ZnCo$_2$O$_4$/CF//CNTs 器件在不同电流密度下的充放电曲线；（e）Ni-ZnCo$_2$O$_4$/CF//CNTs 器件在 1 A/g 电流密度下 10 000 次循环性能；（f）Ni-ZnCo$_2$O$_4$/CF//CNTs 器件与其他器件对比图

图 14-8（a）为碳纳米管（CNTs）电极与镍－钴酸锌（Ni-ZnCo$_2$O$_4$/CF）

电极材料的 CV 曲线。将镍-钴酸锌与碳纳米管作为非对称电极，以正负极电势窗之差作为电压区间。采用 Ni-ZnCo$_2$O$_4$/CF//CNTs 非对称型器件，以 Ni-ZnCo$_2$O$_4$/CF 为正极，以碳纳米管为负极，得到了 1.6 V 的理论电位窗口。在图 14-8（b）中，示出了在各种电压窗时的循环伏安曲线。在不同的电压窗下，其伏安曲线具有类似的形态，说明了器件具有很好的可逆性。图 14-8（c）示出了在 0～1.6 V 电压窗内，在 5～30 mV/s，Ni-ZnCo$_2$O$_4$/CF//CNTs 装置的 CV 曲线。当扫描速度增加时，曲线区域增加，但形状变化不大，显示出较好的稳定性。图 14-8（d）是在不同的电流密度下，Ni-ZnCo$_2$O$_4$/CF//CNTs 的充放电曲线。实验表明，镍-钴酸锌材料的赝电容性能与循环伏安法计算的结果相符。结果表明，该材料具有较好的电化学可逆性。对 Ni-ZnCo$_2$O$_4$/CF//CNT 器件进行循环稳定性实验，如图 14-8（e）所示，其中，在 1 A/g 的电流密度下，经过 10 000 次循环后 176 F/g 的比电容变为 157 F/g，并且循环稳定性达到 89.2%。实验证明，该电极材料具有良好的循环稳定性以及较长的循环使用寿命。图 14-8（f）为该器件与其他储能装置[57-60]的能量密度和功率密度的对比图。器件可以提供 75.8 Wh/kg 的最大能量密度和 950 W/kg 的功率密度。通过比较得出本章所研究制备的器件性能明显优于文献中所列出的其他储能器件。

14.4 本章小结

在本章实验中，我们采用常温搅拌法，在碳布基底上制备了 Ni-ZnCo$_2$O$_4$/CF 复合材料，样品呈现出多孔的网状结构，实验研究数据表明，所制备的复合材料，以及由制备材料所制备的器件有着优异的电化学性能。

15　Ce 掺杂的 $ZnCo_2O_4$ 多孔网状材料的制备及性能研究

15.1 引言

双金属氧化物因其电子导电性高和理论比电容较高,以及氧化还原反应可逆,在法拉第赝电容器电化学性能方面优于单金属氧化物[61-66]。其中,$ZnCo_2O_4$ 材料因其出色的电化学性能、高导电性、低成本和环保特性,在各类双金属氧化物中具有应用前景[67-68]。然而,其电容性能和储能能力仍需进一步改进。Ce 掺杂的引入可在不影响长循环寿命和导电性能的前提下提高超级电容器的能量密度和功率密度,增强比容量和储存电荷能力。在文献中,WEI 等[69]制备的 $CeCoO_x$/铁网整体催化剂以极低的剥落率进行了长周期充放电循环,保持了 94% 的初始容量,表现出良好的循环性能。LIU 等[70]通过水热法成功制备了 $ZnCo_2O_4$ 纳米棒/镍泡沫一体化的分层结构电极材料,其比电容达到了 1400 F/g。同时,GAO 等[71]制备的 Ce 掺杂的氧化钴镍纳米笼在 1 A/g 电流密度下表现出高达 1976 F/g 的比电容。$NiCo_2O_x$/CeO_y/CC 器件的电容保持率高达 91.5%(10 000 次循环后),展现出在高性能超级电容器中的潜在应用价值。因此,探索绿色环保、操作简便的合成方法来制备高性能的 $ZnCo_2O_4$ 柔性电极对于实现柔性储能电子器件的应用至关重要。

本研究采用电化学沉积法和热处理方法[72],制备了 Ce 掺杂的多孔网状结构 $ZnCo_2O_4$ 复合材料 Ce-$ZnCo_2O_4$。该材料呈现出多孔结构,孔隙互相连接,有助于电解质离子和电子在材料界面和表面之间的传递。制备的 Ce-$ZnCo_2O_4$ 展现出均匀的网状结构,无杂质峰和杂质元素,具有高纯度。在电流密度为 1 A/g 时,Ce-$ZnCo_2O_4$ 的比电容达到 2380 F/g,每次循环改变 100 次后,比电容仅降低了原始比电容的 0.5%。Ce-$ZnCo_2O_4$//CNTs 器件在相同电流密度下的比电容为 181 F/g,经过 10 000 次循环充放电后,比电容仅降低到 84.5%,显示出良好的循环使用寿命和稳定性。

15.2 材料与方法

实验中使用的所有试剂均为分析级,无须进一步纯化。合成材料前,先将泡沫镍（尺寸：$1 \times 1 \times 0.1\ cm^3$）分别在丙酮、乙醇和去离子水中超声清洗 30 min。

15.2.1 $ZnCo_2O_4$的制备

首先，将 1 mmol $Zn(NO_3)_2 \cdot 6H_2O$、2 mmol $Co(NO_3)_2 \cdot 6H_2O$、0.074 g NH_4F 和 0.3 g 尿素在 50 mL 去离子水中溶解。随后，裁剪泡沫镍导电基底，体积大小为 $1 \times 1 \times 0.1\ cm^3$，对泡沫镍基底进行清洗，去除表面的杂质和污染物。清洗后的泡沫镍导电基底放置于温度为 60 ℃ 的恒温干燥箱中干燥 12 h。完成泡沫镍导电基底的处理后，将溶液搅拌 30 min，形成粉红色的均匀溶液。其次，将上面得到的溶液倒入 80 mL 不锈钢高压釜中，温度调至 130 ℃，加热 6 h。当溶液冷却至室温后，分别用去离子水和乙醇将所得产物洗涤数次。最后，在 350 ℃ 下将获得的样品煅烧 2 h，最终制得 $ZnCo_2O_4$ 样品。

15.2.2 Ce–$ZnCo_2O_4$材料的制备

首先，在实验中选择 $ZnCo_2O_4$ 样品作为工作电极。这种选择是基于其在电化学领域中的广泛应用和优良性能。为了提供合适的电解质环境，采用了 $Ce(NO_3)_2 \cdot 6H_2O$ 电解质溶液。这种选择是为了确保在实验过程中能够达到稳定的电化学反应条件。同时，为了准确测量电势，在实验中还使用了 Ag/AgCl 作为参比电极，以及 Pt 片作为对电极。接下来，进行循环伏安（CV）测试来研究材料的电化学行为。在测试中，以 10 mV/s 的扫描速率分别进行了 3 圈、9 圈和 15 圈的扫描，模拟了电沉积过程。为了覆盖可能发生的电化学反应区域，确保实验结果的全面性和准确性，电压范围设置为 $-1.2 \sim 0.2$ V。测试完成后，为了去除实验过程中可能残留的杂质或溶液，采用去离子水和无水乙醇反复清洗样品 3 次。这一步骤至关重要，可以保证所得样品的纯净度和可靠性。最后，在 60 ℃ 下进行长达 12 h 的真空干燥，以彻底去除样品中的残留水分，确保最终制备得到的 Ce–$ZnCo_2O_4$ 电极材料具有稳定的结构和优良的电化学性能。

15.2.3 非对称超级电容器的组装

Ce–ZnCo$_2$O$_4$ 和 CNTs 分别作为正极、负极，在非对称超级电容器的构建中发挥了重要作用。为了评估负极的质量，重点测试了 CNTs 电极的充放电性能。这个步骤对于确保整个电池系统的高效运行至关重要。在实际应用中，为了维持电荷的平衡，需要确定正极和负极的质量比，所用公式如下。这种公式的建立是为了在设计和制备非对称超级电容器时提供指导和参考，以确保电池性能的稳定性和可靠性。

$$C_s = \frac{I\Delta t}{m\Delta V}, \tag{15-1}$$

$$E = 0.5 C_s \Delta V^2, \tag{15-2}$$

$$P = \frac{3600 E}{\Delta t}, \tag{15-3}$$

$$Q = C_s \Delta V m, \tag{15-4}$$

$$\frac{m^+}{m^-} = \frac{C^- \Delta V^-}{C^+ \Delta V^+}, \tag{15-5}$$

式中：C_s 为比电容（F/g）；I 为放电电流（A）；Δt 为放电时间（s）；m 为活性材料的质量（g）；ΔV 为放电过程中的压降（V）；E 为能量密度（Wh/kg）；P 为功率密度（W/kg）；Q 为平板上的电荷量（C）；m^+ 为正极活性材料质量（g）；m^- 为负极活性材料质量（g）；C^+ 为正极材料的电容（F）；C^- 为负极材料的电容（F）；ΔV^+ 为正极电压窗口（V）；ΔV^- 为负极电压窗口（V）。

15.3 结果分析与讨论

15.3.1 Ce-ZnCo₂O₄电极材料的SEM、TEM表征

图 15-1 为 Ce-ZnCo$_2$O$_4$ 材料的 SEM 表征测试图和 TEM 映射图。

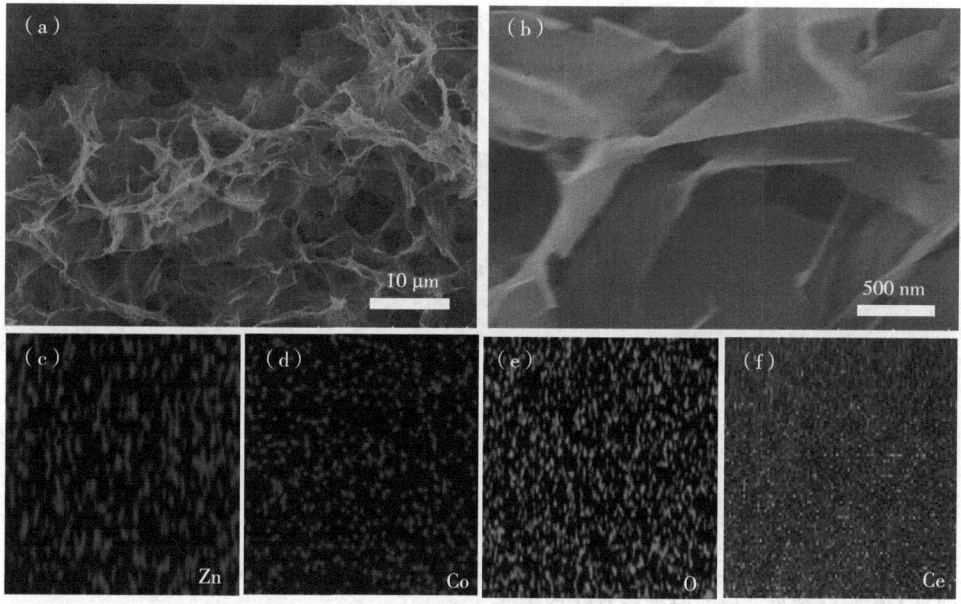

图 15-1 （a～b）Ce-ZnCo$_2$O$_4$ 纳米材料的扫描电镜图像；（c～f）分别为 Zn、Co、O、Ce 元素的 TEM 映射图

其中，图 15-1（a）和图 15-1（b）展示了 Ce-ZnCo$_2$O$_4$ 纳米材料在不同放大倍数下的扫描电镜（SEM）图像。通过 SEM 图像可以清晰地观察到，采用电化学沉积法制备的 Ce-ZnCo$_2$O$_4$ 材料呈现出均匀多孔的网状结构。进一步观察图 15-1（c～f），可以确定所制备材料中含有 Zn 元素、Co 元素、O 元素和 Ce 元素。这些分析结果表明，在所得材料中未检测到其他杂质。

为了深入了解 Ce-ZnCo$_2$O$_4$ 纳米材料的微观结构，进行了透射电镜（TEM）分析，结果见图 15-2。

从图 15-2（a）中能够清晰地观察到内部区域呈现出明显的多孔结构，表明材料的多孔结构已经形成。通过图 15-2（b）中的高分辨透射电子显微镜（HRTEM）图像，可以测得晶格条纹的晶面间距分别为 0.23 nm 和 0.24 nm，这分别对应于 Ce-ZnCo$_2$O$_4$ 的（222）晶格面和（311）晶格面。根据实验结果，该材料呈现出良好的衍射环，证明多孔 Ce-ZnCo$_2$O$_4$ 是一种多晶材料。

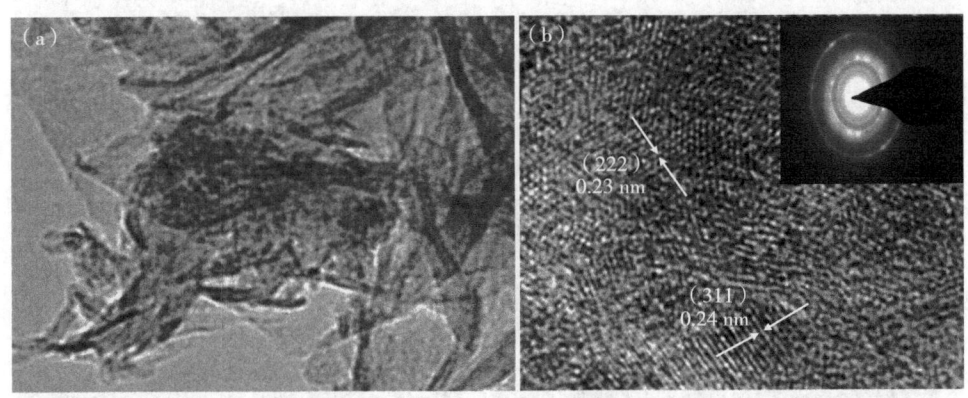

图 15-2 （a）多孔 Ce-ZnCo$_2$O$_4$ 纳米材料的 TEM 图；（b）多孔 Ce-ZnCo$_2$O$_4$ 纳米材料的 HRTEM 图像，插入对应的 SAED 图

15.3.2 Ce-ZnCo$_2$O$_4$电极材料的电化学性能测试

图 15-3 为 Ce-ZnCo$_2$O$_4$ 的 XRD 测试结果和 EDS 谱图。

其中，图 15-3（a）展示了 Ce-ZnCo$_2$O$_4$ 的 X 射线衍射（XRD）测试结果，呈现出清晰的衍射峰，这表明了 Ce-ZnCo$_2$O$_4$ 具有良好的晶体结构。值得注意的是，衍射峰窄而尖，且没有观察到其他衍射峰。这一现象暗示着所制备产物具有高度结晶度和纯度，符合预期的材料特性。图 15-3（b）展示了多孔 Ce-ZnCo$_2$O$_4$ 网状结构的能量散射光谱（EDS）测试结果。该测试表明，材料中仅含有 Zn、Co、O、Ce 元素，而没有检测到其他杂质元素。这一结果进一步证实了 Ce 元素的成功掺杂,并且证实了样品的高纯度。综上所述,图 15-3 中的 XRD 和 EDS 测试结果都充分验证了 Ce-ZnCo$_2$O$_4$ 材料的优良品质,其高度结晶度和纯净性为其在各种应用中的潜在价值提供了坚实基础。

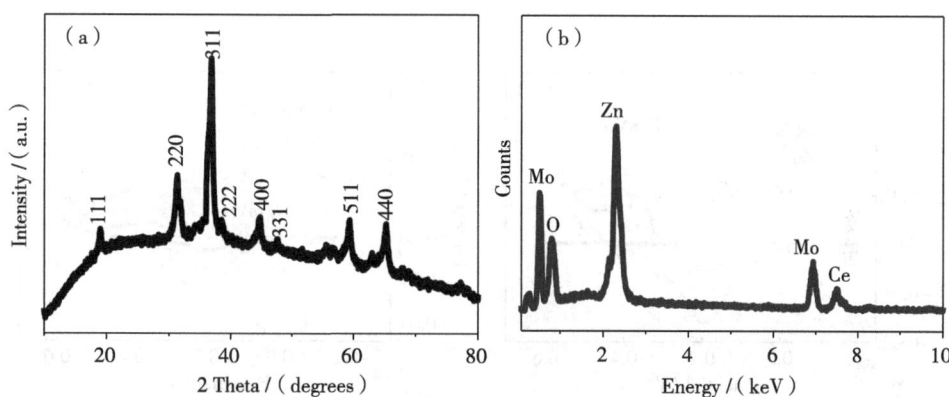

图 15-3 (a)多孔 Ce-ZnCo$_2$O$_4$ 纳米材料的 XRD 谱图;(b)多孔 Ce-ZnCo$_2$O$_4$ 纳米材料的 EDS 谱

接下来,研究了在相同扫描速度下不同材料的 CV 曲线、同一材料不同扫描速度下的 CV 曲线及其电压与比容量性质,如图 15-4 所示。

其中,图 15-4(a)显示了在电压窗口为 0.2～0.6 V 的条件下,扫描速率为 8 mV/s 时泡沫镍导电基板、ZnCo$_2$O$_4$ 和 Ce-ZnCo$_2$O$_4$ 的循环伏安曲线。观察该图可发现,泡沫镍导电基板的循环伏安曲线相对较小,这表明在电化学反应中,该基板的比容量相对较小且可以忽略不计。此外,从图中还可以清晰地看出,被 Ce-ZnCo$_2$O$_4$ 所围的曲线面积最大,这说明掺杂 Ce 元素后,材料的比容量和存储电荷的能力得到了显著提高。图 15-4(b)展示了多孔 Ce-ZnCo$_2$O$_4$ 网状结构在不同扫描速率(5 mV/s、10 mV/s、30 mV/s、50 mV/s)下的循环伏安曲线,电位范围为 -0.2～0.6 V。值得注意的是,随着扫描速率的增加,伏安曲线包围的面积也呈现出成比例的增加,这表明材料具有良好的载荷传递性能,并且离子扩散率呈现出明显的赝电容行为。图 15-4(c),展示了 Ce-ZnCo$_2$O$_4$ 材料在不同电流密度下进行充放电试验的结果。观察到充放电曲线基本对称,根据放电曲线计算得出 Ce-ZnCo$_2$O$_4$ 的比电容,其结果如图 15-4(d)所示,表明其电化学性能优异。具体来说,在电流密度分别为 1 A/g、3 A/g、5 A/g、10 A/g、15 A/g、20 A/g 的情况下,器件的比电容分别为 2182 F/g、1982 F/g、1763 F/g、1675 F/g、1561 F/g、1458 F/g。另外,表 15-1 提供了 ZnCo$_2$O$_4$ 纳米材料的电化学性能及与参考文献[62-69]的比较。

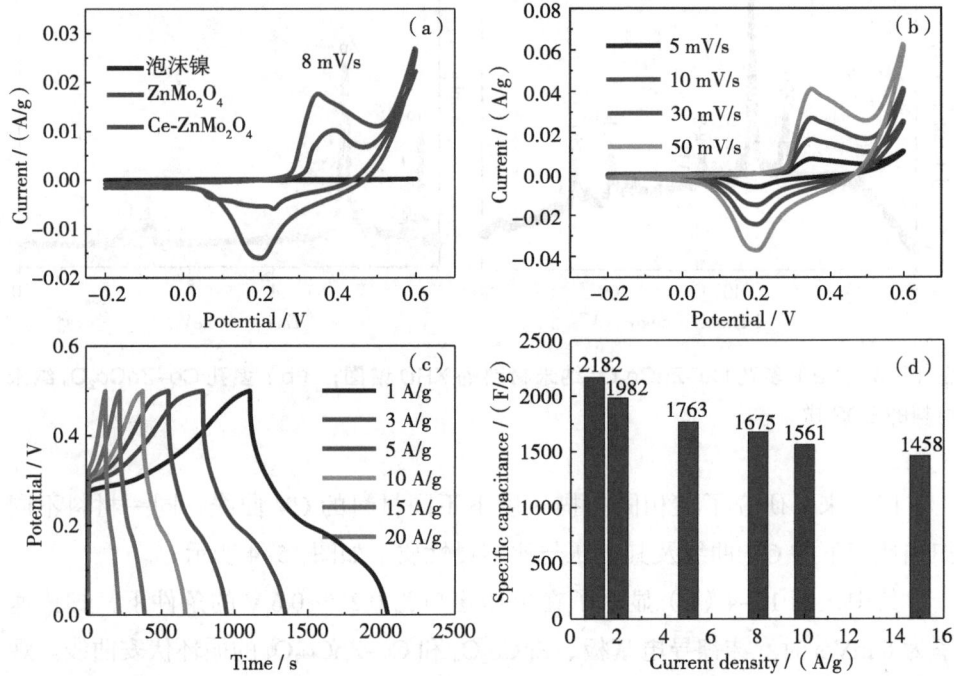

图 15-4 (a)扫描速率为 8 mV/s 泡沫镍与 ZnMo$_2$O$_4$、Ce-ZnCo$_2$O$_4$ 的 CV 曲线;(b)不同扫描速率下的 CV 曲线;(c)电极材料的最后 6 个循环充放电曲线;(d)不同电流密度下材料的比电容

表 15-1 本章电极材料性能与文献对比

电极材料	电流密度/(A/g)	比电容/(F/g)	循环次数	电容保持率	文献
ZnCo$_2$O$_4$@CoSe	1	1974.44	5000	85.3%	[73]
NiMoO$_4$纳米片	5	847.7	10 000	89.2%	[74]

续表

电极材料	电流密度/(A/g)	比电容/(F/g)	循环次数	电容保持率	文献
$ZnCo_2O_4$@NF	2.5	1250	10 000	96.5%	[75]
$ZnCo_2O_4$@NC	1	1581.5	500	90.6%	[76]
$ZnCo_2O_4$ 微球	1	647.1	2000	91.5%	[77]
$ZnCo_2O_4/Ni_3V_2O_8$	1	1734	8000	96%	[78]
$ZnCo_2O_4/ZnO$	5	304	5000	68.7%	[79]
牡丹状 $ZnCo_2O_4$	1	440	3000	67.7%	[80]
$Ce-ZnCo_2O_4$	1	2380	10 000	99.5%	本章

多孔 $Ce-ZnCo_2O_4$ 纳米材料的第 1 次和第 10 000 次的奈奎斯特图与其在不同电流密度下的速率和循环性能如图 15-5 所示。

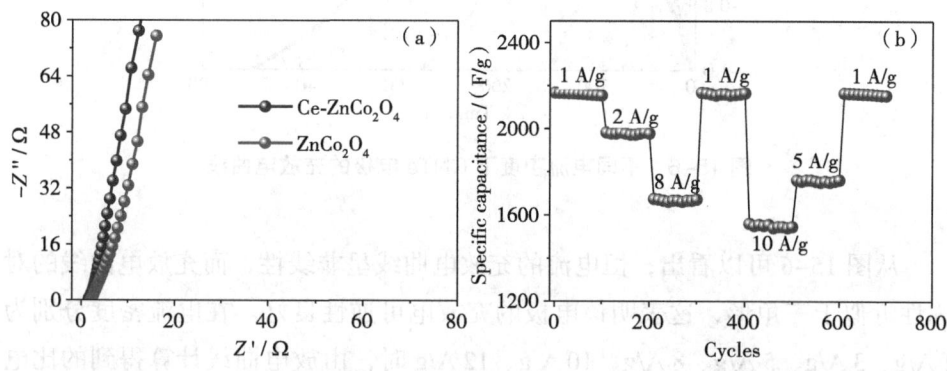

图 15-5 （a）多孔 $Ce-ZnCo_2O_4$ 纳米材料的第 1 次和第 10 000 次的奈奎斯特图；（b）不同电流密度下多孔 $Ce-ZnCo_2O_4$ 纳米材料的速率和循环性能

其中，图 15-5（a）展示了 $Ce-ZnCo_2O_4$ 电极在经历第 1 次和第 10 000 次循环后的奈奎斯特图。在该图中，观察到在高频波段，弧的增加没有明显的差异，且即使经过了 10 000 个循环，其性能维持良好。然而，在低频区域，经过 10 000 次循环后，直线的斜率减小，这是由于充放电过程中部分活性物质的损失所导致。图 15-5（b）展示了材料在不同电流密度下的循环稳定性能，经过交替循环 100 次后再回到初始电流密度条件。从图中可以观察到，当电流密度为 1 A/g 时，材料的比电容为 2380 F/g。而经过 600 次循环后，电流密度回到 1 A/g 时，比电容为 2370 F/g，相当于初始比电容 2380 F/g 的 99.5%。这表明，改变电流密度时比电容的衰减不明显，从而显示出该材料具有良好的倍率性能和循环稳定性。

另外，图 15-6 展示了 CNTs 电极在不同电流密度下的充放电曲线。

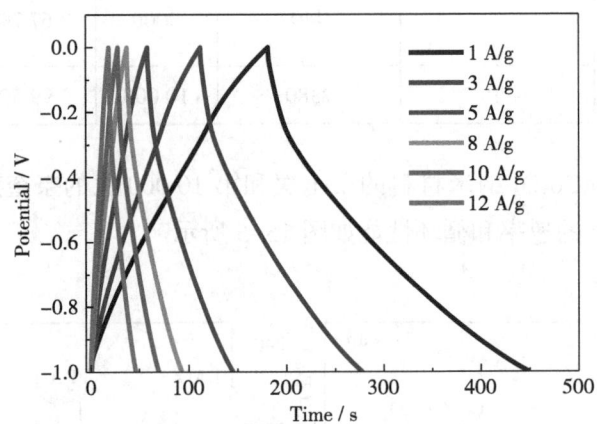

图 15-6 不同电流密度下 CNTs 电极的充放电曲线

从图 15-6 可以看出，恒电流的充放电曲线呈非线性，而充放电曲线的对称性近似于三角形，这表明该电极的充放电可逆性良好。在电流密度分别为 1 A/g、3 A/g、5 A/g、8 A/g、10 A/g、12 A/g 时，由放电曲线计算得到的比电容分别为 150 F/g、125 F/g、113 F/g、109 F/g、100 F/g、87.5 F/g。基于上述比电容和质量方程，可以推断出 Ce-$ZnCo_2O_4$ 与 CNTs 的最优质量比约为 1∶7。

15.3.3 非对称超级电容器器件性能分析

图 15-7 通过 CV 曲线、充放电曲线和能量密度与功率密度对比，对 Ce-

$ZnCo_2O_4$ 电极材料的电化学性能进行了全面评估。

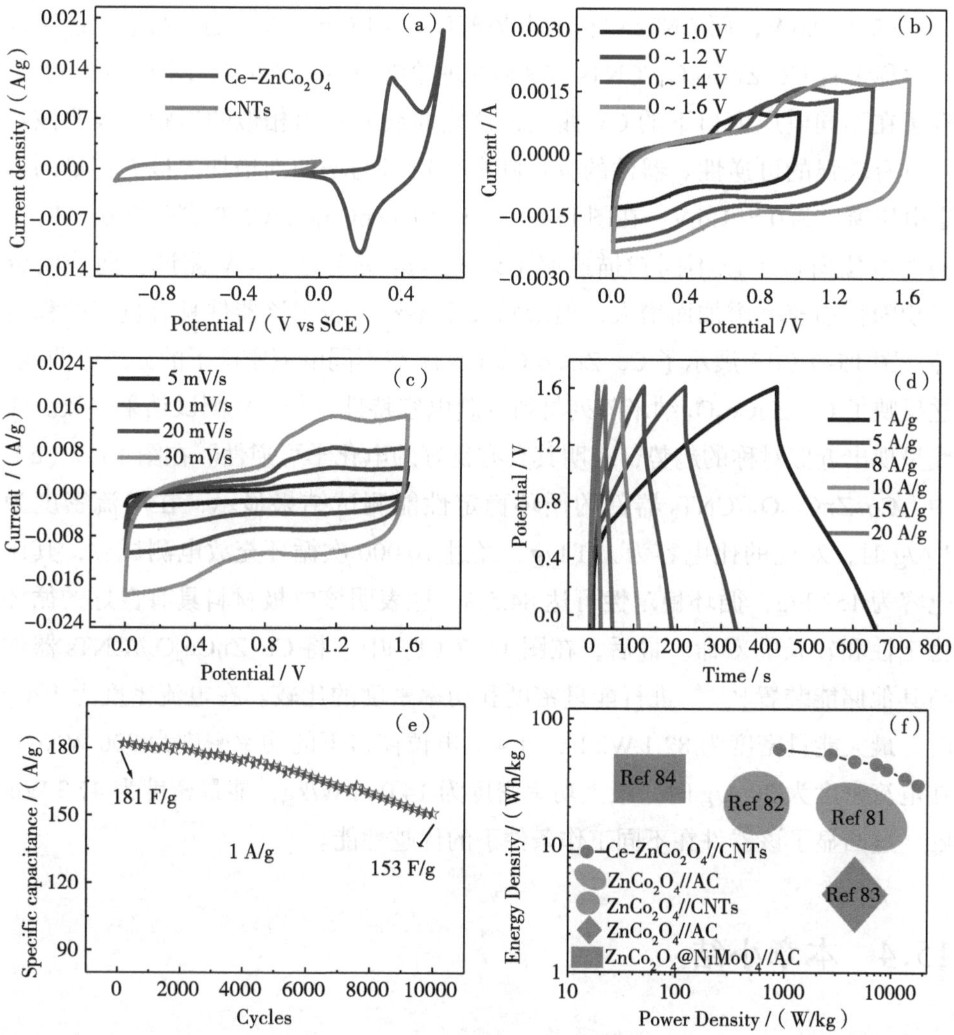

图 15-7 （a）Ce-$ZnCo_2O_4$ 电极和 CNTs 电极在三电极测试体系下的 CV 曲线；（b）Ce-$ZnCo_2O_4$//CNTs 在不同电位窗口下的 CV 曲线；（c）Ce-$ZnCo_2O_4$//CNTs 在 0～1.6 V 电位窗口不同扫描速率下的 CV 曲线；（d）不同电流密度下 Ce-$ZnCo_2O_4$//CNTs 的充放电曲线；（e）器件在 1 A/g 电流密度下 10 000 次循环充放电的循环性能；（f）Ce-$ZnCo_2O_4$//CNTs 装置与其他装置[81-84]的能量密度和功率密度对比

在图 15-7（a）中，Ce-ZnCo$_2$O$_4$ 电极和 CNTs 电极的循环伏安（CV）曲线展示了它们在不同电位窗口下的电化学行为。Ce-ZnCo$_2$O$_4$ 电极的电势窗口为 –0.2～0.6 V，而 CNTs 电极的电势窗口为 –1.0～0 V。通过将它们组装成不对称装置 Ce-ZnCo$_2$O$_4$//CNTs，得到的理论电位窗为 1.6 V。图 15-7（b）呈现了在不同电压窗口下的 CV 曲线，这些曲线显示出相似的形状，表明该器件具有较强的可逆性。器件的容量随电位窗口的增加而增加，最大容量的稳定电压窗口为 0～1.6 V。在图 15-7（c）中，Ce-ZnCo$_2$O$_4$//CNTs 器件在 0～1.6 V 的高电位窗口下以不同扫描速率（5～30 mV/s）进行 CV 测试。曲线闭合面积随扫描速率增加而增大，但形状几乎不变，表明该器件具有良好的稳定性。图 15-7（d）展示了 Ce-ZnCo$_2$O$_4$//CNTs 在不同电流密度下的充放电曲线。这反映了 Ce-ZnCo$_2$O$_4$ 纳米阵列材料的赝电容特性，与 CV 测试结果一致。曲线呈现出近似对称的趋势，表明其具有良好的电化学可逆性。在图 15-7（e）中，Ce-ZnCo$_2$O$_4$//CNTs 器件的循环稳定性能测试结果显示，在电流密度为 1 A/g 时，对应的比电容为 181 F/g。经过 10 000 次循环充放电测试后，其比电容为 153 F/g，循环稳定性可达 84.5%。这表明该电极材料具有良好的循环稳定性和较长的寿命。最后，在图 15-7（f）中，将 Ce-ZnCo$_2$O$_4$//CNTs 器件与其他储能装置[81-84]进行能量密度和功率密度的比较。在电流密度为 1 A/g 时，最大能量密度为 82.1 Wh/kg，1.4 V 电位窗口下的功率密度为 800 W/kg。在电流密度为 20 A/g 时，最大功率密度为 14 000 W/kg，能量密度为 47.3 Wh/kg。这凸显了该器件在不同工作条件下的优越性能。

15.4　本章小结

（1）采用电化学沉积法制备了 Ce 掺杂的 ZnCo$_2$O$_4$ 复合材料 Ce-ZnCo$_2$O$_4$，制备的 ZnCo$_2$O$_4$ 纳米结构材料呈多孔的网状结构，纯度较高，有较好的循环稳定性。

（2）实验中，研究了 Ce-ZnCo$_2$O$_4$ 的电化学性能。当电流密度为 1 A/g 时，电极的比电容为 2380 F/g，经过 600 次循环后，比容量可保持 99.5%。

Ce–ZnCo$_2$O$_4$//CNTs 器件的循环稳定性能测试中,当电流密度为 1 A/g 时,进行 10 000 次的循环充放电测试,该器件比电容稳定性可达 84.5%。以上结果表明此电极材料具有良好的循环稳定性和较长的循环使用寿命。

本研究采用了电化学沉积法,通过构建多孔网状结构,成功制备了 Ce 掺杂的 ZnCo$_2$O$_4$ 复合材料电极。在经过多次循环后,该电极仍能保持出色的性能。具体来说,每经历 100 次循环后,当电流密度回到 1 A/g 时,比电容仍能保持在初始比电容 2380 F/g 99.5% 的水平,这一结果令人印象深刻。这项研究的突出之处在于,通过 Ce 掺杂的策略,成功提高了电极材料的性能。相比于未掺杂的材料或其他超级电容器,Ce 掺杂后的装置表现出更高的稳定性和可靠性。这不仅证实了本章所制备的电极材料在储能方面的优越性,还突显了其在竞争激烈领域中的发展前景。因此,本研究为超级电容器领域的进一步发展提供了有力支持,为未来设计和制备高性能储能材料提供了有益的启示。

16　不同百分比 Sm 掺杂 $ZnCo_2O_4$ 多孔网状材料的研究：合成、结构和电容性能分析

下 篇　掺杂调控钴酸锌电极材料的电容性能优化及其储能系统仿真研究

16.1　引言

通过前几章节的研究，发现在材料中掺杂稀土元素对提升其性能有着重要作用。基于这一发现，本章将进一步深入探讨不同百分比稀土元素掺杂对其电化学性能的影响。近些年来，研究人员探索将稀土元素掺杂电极材料，通过调控氧空位及利用两者的协同反应来提高材料的电化学性能。掺杂稀土元素后，超级电容器的能量密度和功率密度得到提高，并且电极材料显示出更高的比容量和更强的电荷存储能力[85-90]。对于电极材料的微观结构，掺杂稀土元素可以改变电极材料的晶体结构和晶格参数。不同掺杂浓度可能导致不同的晶体结构相变，如立方相（FCC）和六方相（HCP）之间的转变。电学性能方面，掺杂适量的 Sm 元素可以提高材料的电导率，增加其在电子传输和导电材料方面的应用潜力。增加氧空位的数量有助于提升电化学性能，包括促进离子转移、电子扩散及电解质在充放电过程中的效率。此外，电极材料具有相对较低的电导率和较大的体积变化，这给纳米材料的应用带来了一些限制[91]。为了克服这些限制，一种有意义的方法是结合不同电极材料的优点来制备理想的复合材料。这样的复合材料可以具备更好的性能和应用前景[92]。WEI 等[93]引入 Ce 制备的 $CeCoO_x$/铁网整体催化剂，有 0.07% 的剥落率，在 1 mol/L KOH 水溶液中，进行 10 000 次以上的充放电循环，可以保持 94% 的初始容量，表明其循环性能良好。GAO 等[94]利用 Ce 掺杂了氧化钴镍纳米笼，该纳米材料在 1 A/g 电流密度下比电容高达 1976 F/g。$NiCo_2O_x$/CeO_y/CC 器件在 10 000 次循环后，电容保持率为 91.5%，说明该材料在高性能超级电容器中有比较好的应用价值。Joshi 等[95]利用 Sm 掺杂的磷酸铋纳米结构的比电容为 1135 F/g，循环 4000 次，保留率为 92%。这些研究成果表明，稀土元素掺杂的 $ZnCo_2O_4$ 材料作为电极材料在储能方面具有很大的实际应用潜力。

本章采用电化学沉积法和水热法制备出多孔网状结构 Sm 掺杂的 $ZnCo_2O_4$ 复合材料 3% Sm–$ZnCo_2O_4$。该材料具有多孔结构，其相互连接形成大量的孔隙，对电解质离子和电子在材料界面和表面之间的传递有着促进作用。3% Sm–$ZnCo_2O_4$ 的电流密度为 5 A/g 时，电极的比电容保持率为 99.6%。3% Sm–

ZnCo$_2$O$_4$//CNTs 器件在电流密度为 1 A/g 时，10 000 次循环充放电后，比电容为原始的 95%。实验结果显示，3% Sm-ZnCo$_2$O$_4$ 材料具有优异的电化学性能和循环稳定性，为电能存储领域的发展提供了新的研究思路和方法。在未来的研究中，可以进一步探索其他掺杂材料和复合材料的制备，以提高 ZnCo$_2$O$_4$ 电极的性能和应用潜力。

16.2 材料与方法

16.2.1 3% Sm-ZnCo$_2$O$_4$ 材料的制备

首先，将 ZnCo$_2$O$_4$ 样品作为工作电极，用 Sm（NO$_3$）$_2$·6H$_2$O 作为电解质溶液，采用 Ag/AgCl 作为参比电极，Pt 片作为对电极。其次，通过 CV 测试在 10 mV/s 的扫描速率下分别扫 3 圈、9 圈、15 圈（电沉积过程），其对应的电压窗口的范围为 -1.2~0.2 V。反应结束以后，使用去离子水及无水乙醇将所获得的样品反复清洗 3 次。最后，在 60 ℃下真空干燥 12 h，最终获得掺杂 3% Sm 复合结构的 Sm-ZnCo$_2$O$_4$ 电极材料。此外，整个制备过程如图 16-1 所示。

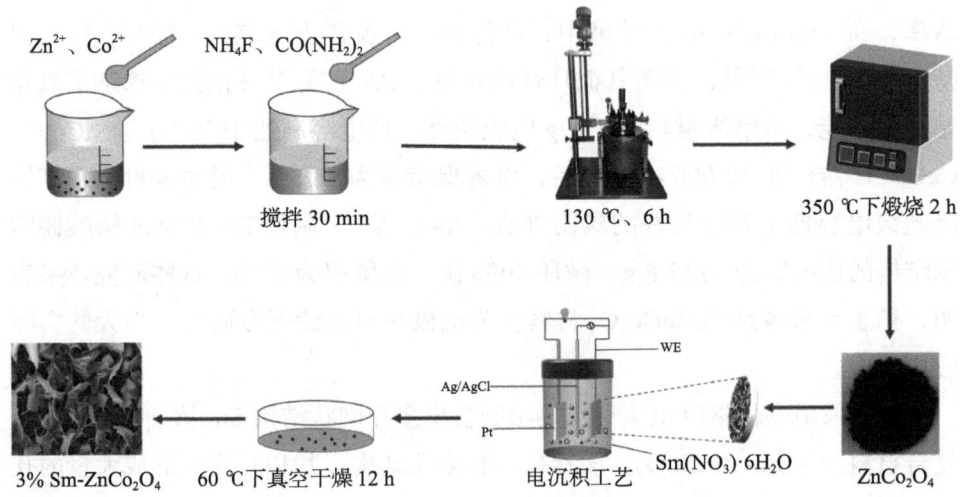

图 16-1 Sm-ZnCo$_2$O$_4$ 电极材料的制备工艺示意

16.2.2 非对称超级电容器器件的组装

为了维持非对称超级电容器中的电荷平衡,常常需要借助特定的公式来确定正极和负极的质量比。这一步骤至关重要,因为质量比的合理安排直接影响到电池的性能和稳定性。这里所用的公式与前文中 15.2.3 部分所介绍的公式相同,它提供了一种可靠的方法来确保正负极间的质量配比达到最佳状态。

16.3 结果分析与讨论

16.3.1 3% Sm-ZnCo$_2$O$_4$ 材料的表征分析

图 16-2 展示了 ZnCo$_2$O$_4$ 和 Sm-ZnCo$_2$O$_4$ 纳米材料的扫描电镜图及元素 TEM 映射图。

图 16-2 (a～b) ZnCo$_2$O$_4$ 纳米材料的扫描电镜图像;(c～d) Sm-ZnCo$_2$O$_4$ 纳米材料的扫描电镜图;(e～f) Zn、Co、O、Sm 元素的 TEM 映射图

其中，图16-2（a）和图16-2（b）展示了不同放大倍数的$ZnCo_2O_4$电极材料的扫描电镜（SEM）图像。从图中可以清楚地看出，该材料具有纳米级的片状结构，并相互交织形成了网状多孔结构。这些多孔网状结构相互交织形成很多孔隙，有利于电极材料与电解液充分接触，并提高电子传输速率。类似地，图16-2（c）和图16-2（d）展示了3% Sm-$ZnCo_2O_4$网状结构纳米材料不同放大倍数的SEM图。通过SEM对比图可以看出，与$ZnCo_2O_4$相比，经过电化学沉积法制备的3% Sm-$ZnCo_2O_4$样品表现出均匀多孔的网状结构。本章又测了不同掺杂百分比的扫描电镜图片，其他掺杂百分比样品形貌也呈现出类似的多孔网状结构，没有太大改变，只改变了氧空位。图16-2（e）至图16-2（h）的结果表明，所制备材料含有Zn元素、Co元素、O元素、Sm元素。以上研究结果表明，所制备材料未含有其他杂质。

为了进一步观察Sm-$ZnCo_2O_4$纳米材料的微观结构，进行了透射电镜（TEM）分析，结果如图16-3所示。

从图16-3（a）内部区域可以清晰地观察到多孔结构的存在，进一步证明该材料具有多孔结构。通过图16-3（b）的高分辨率透射电子显微镜（HRTEM）图像，可以看出晶格条纹的晶面间距为0.24 nm和0.23 nm，分别对应于Sm-$ZnCo_2O_4$的（311）和（222）晶格面，表明制备的多孔Sm-$ZnCo_2O_4$是一种多晶材料。此外，插图还展示了选区电子衍射图像，从中可以获得更多关于晶体结构的信息。图16-3（c）是通过能量散射光谱（EDS）测试获得的Sm-$ZnCo_2O_4$的元素成分分析结果。可以看出，在Sm-$ZnCo_2O_4$电极材料中只含有Sm、O、Co和Zn，证明所制备的产物不含有其他杂质。利用X射线衍射仪（XRD）和X射线光电子能谱仪（XPS）进一步分析了样品的结构特征、化学态和价态。图16-3（d）为不同Sm掺杂量的Sm-$ZnCo_2O_4$网状纳米材料的XRD谱图。所有样品的XRD峰均与标准$ZnCo_2O_4$（JCPDS Card No.23-1390）相一致，说明Sm掺杂对样品的晶相没有明显影响。图16-3（e）显示了在60°附近放大的衍射峰。可以观察到，随着时间的增加，衍射峰有明显的正位移，这是由于氧空位的增加引起的。氧空位出现在材料的晶格中，是由于氧原子的缺失或取代而形成的。这些位置通常在晶体结构中留下空间，允许附近的电子和离子更自由地移动。在氧空位周围，电子和离子可以更容

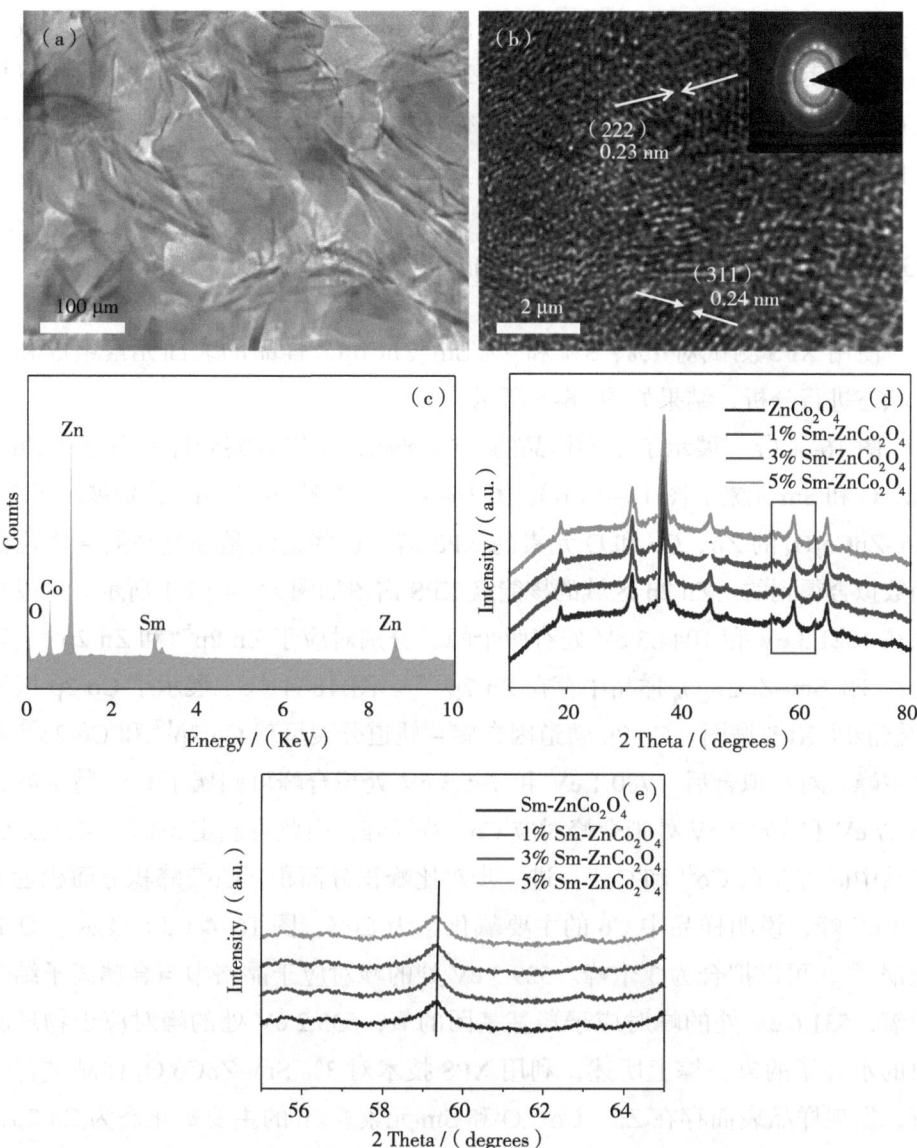

图16-3 （a）多孔 Sm-ZnCo$_2$O$_4$ 纳米材料的 TEM 图像；（b）HRTEM 图像（插入对应的 SAED 图）；（c）不同百分比 Sm-ZnCo$_2$O$_4$ 纳米材料的 EDS 谱；（d～e）不同百分比 Sm-ZnCo$_2$O$_4$ 纳米材料的 XRD 谱图和60°处放大图

易地移动，从而提高了材料的电子和离子导电性。它还可以减少由相变或化学反应引起的应力，使材料更稳定。通过调整氧空位的含量和分布，可以提高电极材料的反应性能、储能能力和循环稳定性，为电化学储能及相关应用提供更高的性能和效率。

16.3.2　3% Sm-ZnCo$_2$O$_4$材料的电化学性能测试

使用 XPS 测试对 1%、3% 和 5% Sm-ZnCo$_2$O$_4$ 样品的表面元素组成和化学状态进行分析，结果如图 16-4 所示。

图 16-4（a）展示了不同样品的 XPS 谱图，可以观察到样品中存在 Zn、Co、O 和 Sm 元素。图 16-4（b）、图 16-4（c）和图 16-4（d）分别展示了 3% Sm-ZnCo$_2$O$_4$ 的 Zn、Co 和 O 元素的 XPS 谱。这些谱线是通过高斯 - 洛伦兹函数拟合得到的。Zn 2p 区域的核能级 XPS 谱图如图 16-4（b）所示。可以看到在 1021.3 eV 和 1044.3 eV 处有两个峰，分别对应于 Zn 2p$^{3/2}$ 和 Zn 2p$^{1/2}$，表明在 3% Sm-ZnCo$_2$O$_4$ 样品中存在 Zn 2p[96]。图 16-4（c）展示了 Co 2p 区域的核能级 XPS 谱图。Co 2p 轨道因自旋 - 轨道分裂呈现 Co 2p$^{1/2}$ 和 Co 2p$^{2/3}$ 两个主峰。对峰拟合后，780.1 eV 和 795.3 eV 处拟合峰可归属于 Co^{3+} 特征峰，781.7 eV 和 797.2 eV 处拟合峰对应 Co^{2+} 特征峰，由此可确定 3% Sm-ZnCo$_2$O$_4$ 样品中同时存在 Co^{2+} 和 Co^{3+}。进一步对比峰积分面积，Co^{3+} 峰积分面积远大于 Co^{2+} 峰，说明样品中 Co 的主要氧化态为 Co^{3+}。图 16-4（d）展示了 O 1s 光谱[98]，可以拟合为 3 个峰。529.3 eV 处的峰对应于晶格中与金属离子结合的氧，531.6 eV 处的峰对应于羟基基团的氧，533.2 eV 处的峰对应于物理吸附的水分子的氧。综上所述，利用 XPS 技术对 3% Sm-ZnCo$_2$O$_4$ 样品进行分析，发现样品表面存在 Zn、Co、O 和 Sm 元素。Zn 的主要氧化态为 Zn 2p，Co 的主要氧化态为 Co 3p。O 元素在晶格中以多种形式存在，具体包括与金属离子结合的氧、构成氢氧离子基团的氧，以及物理吸附于晶格表面的水分子中所含的氧。

在氧化还原反应中，ZnCo$_2$O$_4$ 是一种重要的化学物质，其反应涉及锌离子（Zn^{2+}）和氢氧根离子（OH$^-$）在低温下生成 Zn(OH)$_4^{2-}$。随着温度逐渐升高

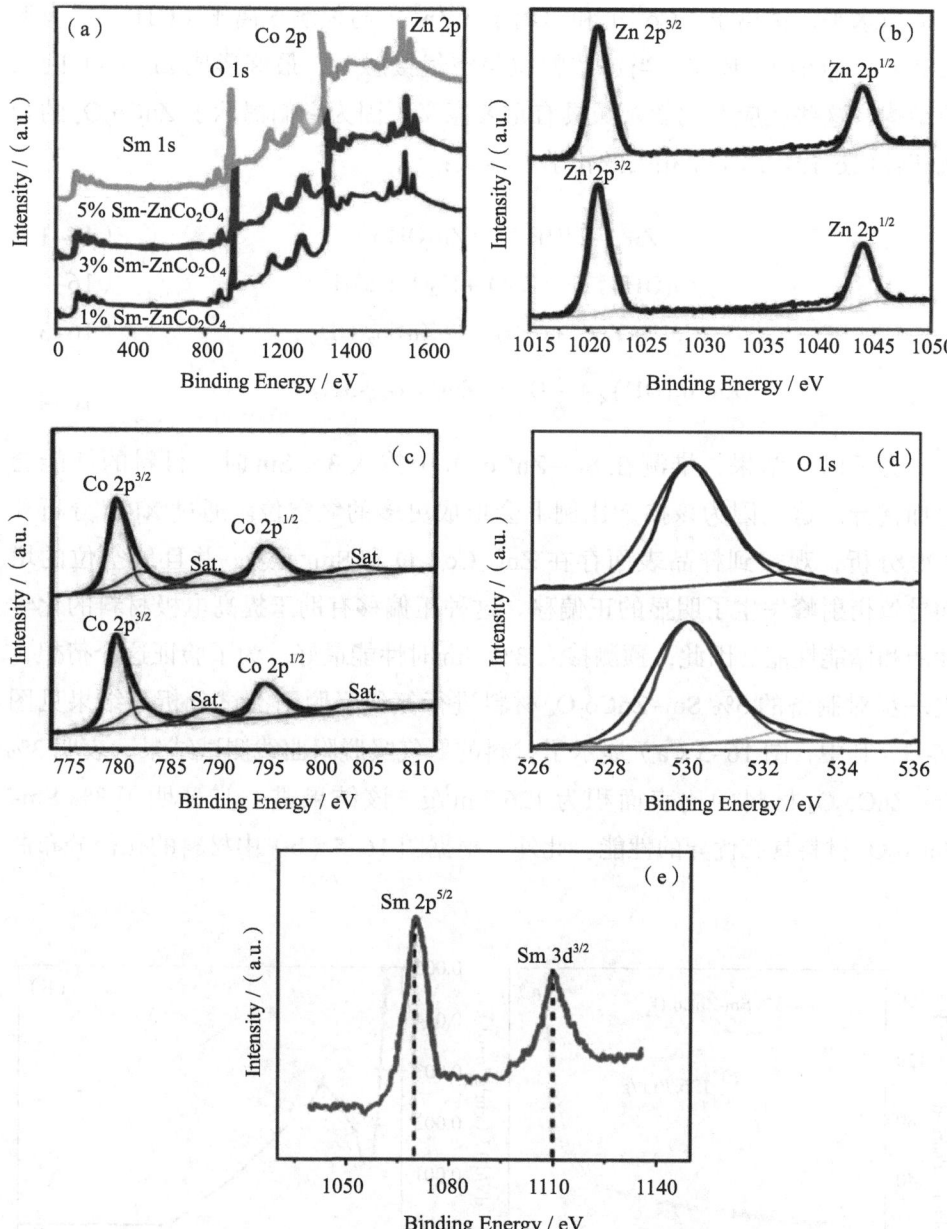

图 16-4　Sm-ZnCo$_2$O$_4$ 的 XPS 光谱：（a）测量光谱和高分辨率；（b）Zn 2p；（c）Co 2p；（d）O 1s；（e）Sm 3d

到适当水平，钴离子（Co^{2+}）和锌离子（Zn^{2+}）与氢氧根离子（OH^-）反应形成 $ZnCo_2(OH)_4$ 颗粒。当这些颗粒与空气接触时，最终形成 $ZnCo_2O_4$ 的微观结构。这些反应在化学领域具有重要意义，因为它们揭示了 $ZnCo_2O_4$ 的合成和转化过程。以下是相关的化学方程式：

$$Zn^{2+} + 4OH^- \rightarrow Zn(OH)_4^{2-} \quad (16-1)$$

$$Zn(OH)_4^{2-} \rightarrow ZnO + H_2O + 2OH^- \quad (16-2)$$

$$2Co^{2+} + Zn^{2+} + 6OH^- \rightarrow ZnCo_2(OH)_4 \quad (16-3)$$

$$ZnCo_2(OH)_4 + \frac{1}{6}O_2 \rightarrow ZnCo_2O_4 + 3H_2O \quad (16-4)$$

鉴于以上结果，推测在 Sm-$ZnCo_2O_4$ 中掺入 3% Sm 时，材料的性能会更加优异。这是因为该掺杂比例下会形成更多的氧空位。通过 XRD 分析和 XPS 分析，观察到样品表面存在 Zn、Co、O 和 Sm 元素，并且氧空位的增加导致衍射峰发生了明显的正偏移。这种正偏移有助于提高电极材料的化学性能和储能性能。因此，预测掺入 3% Sm 时性能最好。为了验证这个猜想，进一步对制备的 3% Sm-$ZnCo_2O_4$ 材料进行氮气吸脱附测试分析，结果见图 16-5。其中，图 16-5（a）展示了材料的氮气吸脱附曲线测试结果，表明 3% Sm-$ZnCo_2O_4$ 材料的比表面积为 126.7 m^2/g。该结果进一步证明了 3% Sm-$ZnCo_2O_4$ 材料具有优异的性能。此外，根据图 16-5（b）中材料的孔径分布曲

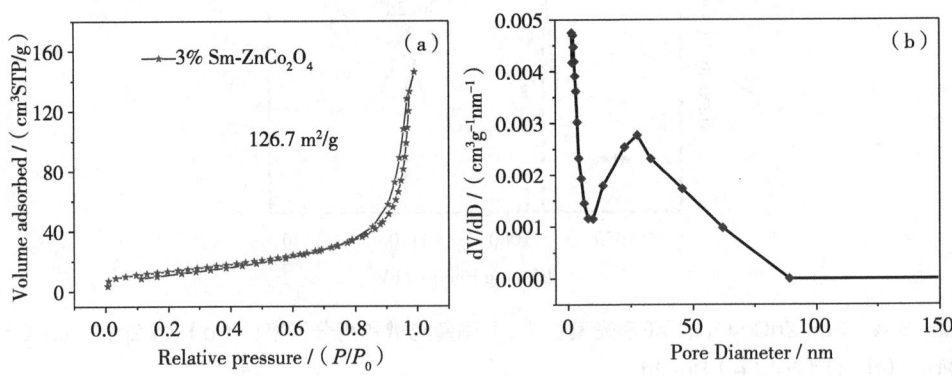

图 16-5 （a）氮气吸脱附曲线；（b）3% Sm-$ZnCo_2O_4$ 孔径分布

线，可以观察到在 30 nm 左右的孔径分布偏多，这些孔径是由材料相互交织形成的。这种相对较大的比表面积材料能使电解液与电极材料充分接触，从而加快与电极材料的电化学反应，有利于提高电化学性能。接下来，将对制备的多孔 3% Sm–$ZnCo_2O_4$ 材料在泡沫镍导电基底上的性能进行研究。

为了更加全面地评估 Sm–$ZnCo_2O_4$ 的电化学性能，对其进行了更多方面的研究，图 16-6 展示了其不同 CV 曲线、比电容对比及循环充放电结果。

通过图 16-6（a）中的循环伏安曲线来比较不同材料和掺杂比例下的比电容。扫描速率为 5 mV/s 时，–0.2～0.6 V 的电压窗选择为详细分析和绘制循环伏安曲线提供了足够的数据点。可以发现泡沫镍导电衬底的循环伏安曲线面积比较小，说明泡沫镍导电衬底在电化学反应过程中的比容量很小，可以忽略不计。从图中还可以看出，掺杂 3% Sm 时包围的曲线面积大，说明掺杂 3% Sm 后，材料的比容量和存储电荷的能力得到大幅度提高。电极体系中，图 16-6（b）为制备的不同材料和泡沫镍在电流密度为 3 A/g 时的比容量。通过式（15-1），计算出它们的比电容如图 16-6（c）所示。可以发现掺杂 3% Sm 形成的多孔 Sm–$ZnCo_2O_4$ 比 $ZnCo_2O_4$ 未掺杂 Sm 和掺杂其他比例 Sm 时具有更大的比电容。图 16-6（d）为多孔 3% Sm–$ZnCo_2O_4$ 网状结构分别在 8 mV/s、20 mV/s、30 mV/s、50 mV/s、80 mV/s 时的循环伏安曲线，电位范围为 –0.2～0.6 V。伏安曲线包围的面积随着扫描速率的增加而成比例的增加，表明材料载荷传递良好，离子扩散率明显为赝电容行为。图 16-6（e）是在不同电流密度下对 3% Sm–$ZnCo_2O_4$ 材料进行充放电试验的结果。图中充放电曲线基本对称，根据放电曲线计算出 3% Sm–$ZnCo_2O_4$ 的比电容，结果如图 16-6（f）所示，可见其电化学性能优异。在电流密度分别为 1 A/g、3 A/g、5 A/g、8 A/g、10 A/g、12 A/g 的条件下，器件的比电容分别为 1890 F/g、1689 F/g、1553 F/g、1467 F/g、1333 F/g、1210 F/g。

根据公式计算不同产物在不同电流密度下超级电容器器件的比电容，结果如图 16-7 所示。

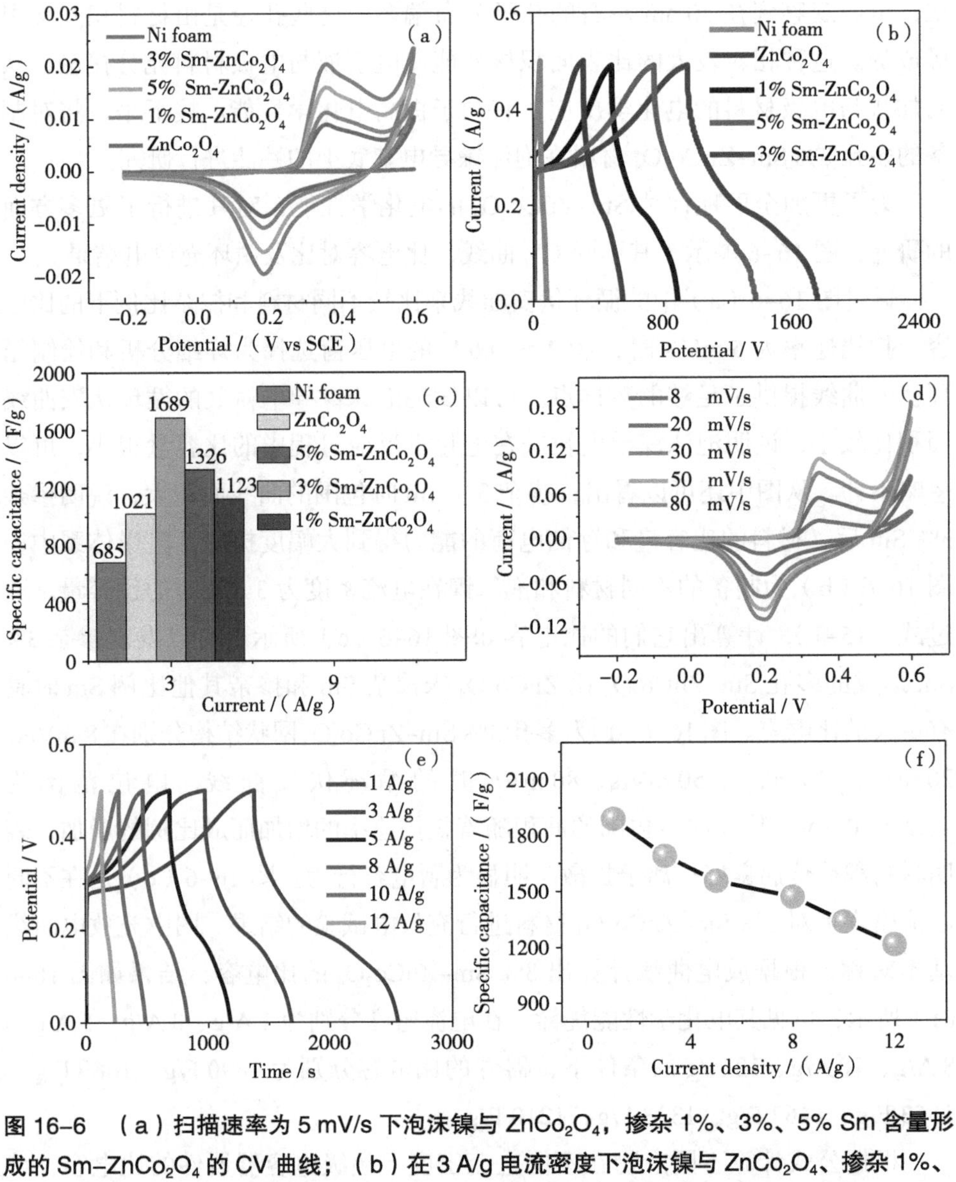

图 16-6 （a）扫描速率为 5 mV/s 下泡沫镍与 $ZnCo_2O_4$，掺杂 1%、3%、5% Sm 含量形成的 Sm-$ZnCo_2O_4$ 的 CV 曲线；（b）在 3 A/g 电流密度下泡沫镍与 $ZnCo_2O_4$，掺杂 1%、3%、5% Sm 含量形成的 Sm-$ZnCo_2O_4$ 的充放电情况；（c）3A/g 时相应比电容对比；（d）不同扫描速度下的 CV 曲线；（e）电极材料的最后 6 个循环充放电试验结果；（f）不同电流密度下材料的比电容

下 篇　掺杂调控钴酸锌电极材料的电容性能优化及其储能系统仿真研究

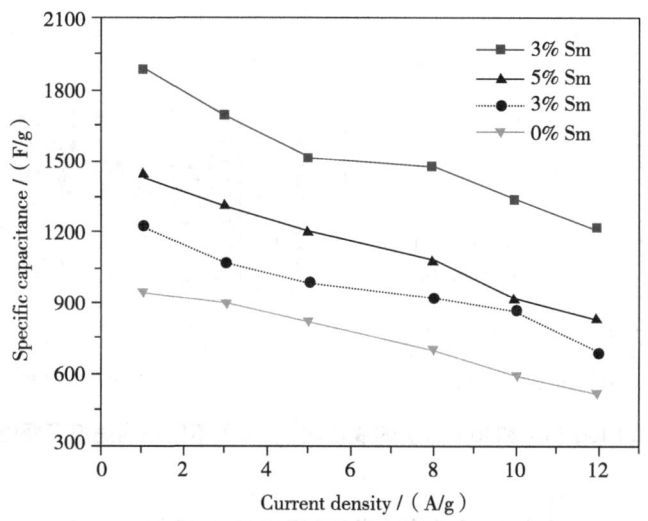

图 16-7　不同产物在不同电流密度下的比电容

可以清楚地看到,与单独的 $ZnCo_2O_4$ 相比,3% $Sm-ZnCo_2O_4$ 材料的比电容较其他掺杂比例有显著提高,表明 3% 的掺杂比例为最佳。以下实验研究均为对掺杂 3% 的 $Sm-ZnCo_2O_4$ 电极材料的研究。

同时,研究了多孔 3% $Sm-ZnCo_2O_4$ 的扩散效应和动力学行为。图 16-8(a)为 3% $Sm-ZnCo_2O_4$ 的氧化峰和还原峰的拟合 b 值,其峰值分别为 0.79 和 0.76,表明 3% $Sm-ZnCo_2O_4$ 的电化学反应同时受到扩散控制和电容控制。为了更好地描述计算出 3% $Sm-ZnCo_2O_4$ 的贡献比,图 16-8(b)为不同扫描速率下电极材料的赝电容贡献率。对于 3% $Sm-ZnCo_2O_4$,电容控制的贡献率从 8 mV/s 时的 43% 逐渐上升到 80 mV/s 时的 75%。结果表明,在低扫描速率下,扩散控制是主要的控制方法,而在高扫描速率下,电容的贡献占主导地位。本实验中,正极和负极的 b 值都接近于 1,表明多孔 3% $Sm-ZnCo_2O_4$ 以表面赝电容控制为主,扩散控制为辅,两种控制方式协同作用。得出 3% $Sm-ZnCo_2O_4$ 纳米片材料具有赝电容控制的动力学行为。

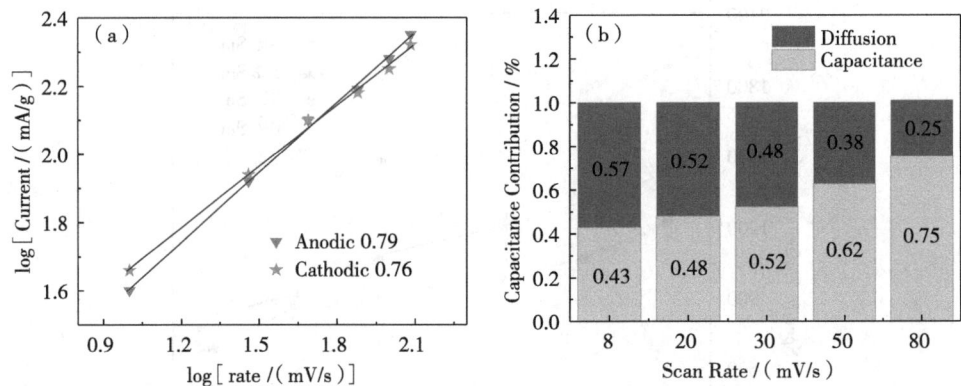

图 16-8　(a) log(i) 和 log(v) 的线性图；(b) 不同扫描速率下赝电容的贡献率

图 16-9 为 Sm 掺杂前后的奈奎斯特图和掺杂后材料的循环性能。

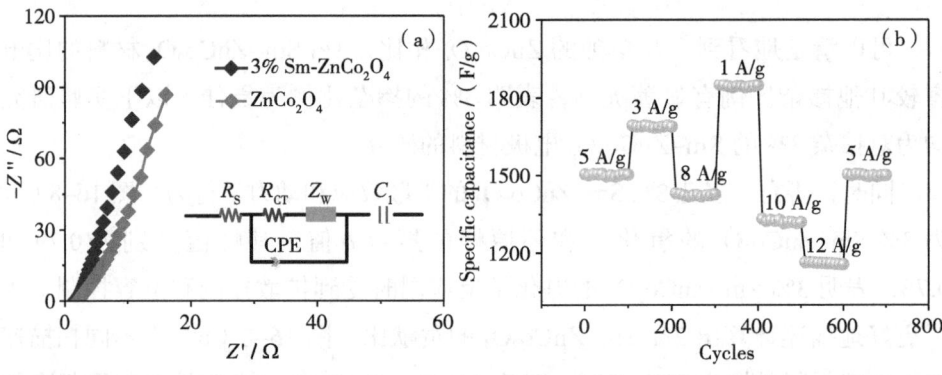

图 16-9　(a) $ZnCo_2O_4$ 纳米材料中掺杂 Sm 前和掺杂 Sm 后的奈奎斯特图；(b) 不同电流密度下多孔 3% Sm-$ZnCo_2O_4$ 纳米材料的循环性能

图 16-9 (a) 展示了 $ZnCo_2O_4$ 电极在 Sm 掺杂前后的奈奎斯特图。图中的插图为等效电路图，等效串联电阻 R_s、电荷转移电阻 R_{ct}、等效相位元件 (CPE) 和 Warburg 阻抗 Z_w 组成了此电路，用来对 EIS 数据进行拟合和分析。曲线无明显差异，结构保持良好。这种稳定性可以追溯到充放电过程，在这

个过程中,活性物质基本上不会变形。在高频段,电弧增加无显著差异,并且在 10 000 次循环后也保持不变。在低频区域,10 000 次循环后,线路的斜率减小,这是由充放电过程中一些活性物质的损失造成的。图 16-9（b）显示了在不同电流密度下 3% Sm-ZnCo$_2$O$_4$ 材料的循环稳定性,交替循环 600 次再回到初始电流密度条件。从图 16-9（b）可以看出,当电流密度为 5 A/g 时,材料的比电容为 1506 F/g。经交替循环 600 次后,当电流密度回到 5 A/g 时,比电容为 1500 F/g,是初始比电容 1506 F/g 的 99.6%。可以发现,改变电流密度时比电容衰减不大,说明该材料具有良好的倍率性能和循环稳定性。

图 16-10 展示了 Sm 掺杂前后的充放电曲线图和掺杂后循环前后的 SEM 对比图。

图 16-10（a）显示了电极未掺杂 Sm 时,在电流密度为 5 A/g 且经过 10 000 次循环后的曲线图。图 16-10（b）展示了掺杂 3% Sm 后,在电流密度为 5 A/g 且经过 10 000 次循环后的曲线图。这两幅图分别展示了循环初期和循环后期的比电容变化情况,其中插图分别为前 10 圈和后 10 圈的充放电曲线图。从图中可以观察到,在未掺杂 Sm 的情况下,经过 10 000 圈循环后的比电容显著降低,表明循环性能较差。而掺杂 Sm 后的电极,经过 10 000 次循环后,最后一次比电容相对于第一次比电容的损失仅为 0.4%,这表明材料在 10 000 次循环后的容量衰减程度小,也说明了其循环稳定性较好。图 16-10（c）给出了循环前和循环 10 000 次后的 SEM 图片。从图中可以观察到,添加 3% Sm 的 ZnCo$_2$O$_4$ 材料的形貌在 10 000 次循环后与初始形貌相比没有明显改变,从而证实了其结构的稳定性。

表 16-1 给出了 3% Sm-ZnCo$_2$O$_4$ 材料电极的电化学性能,并与参考文献[99-106]进行了比较。

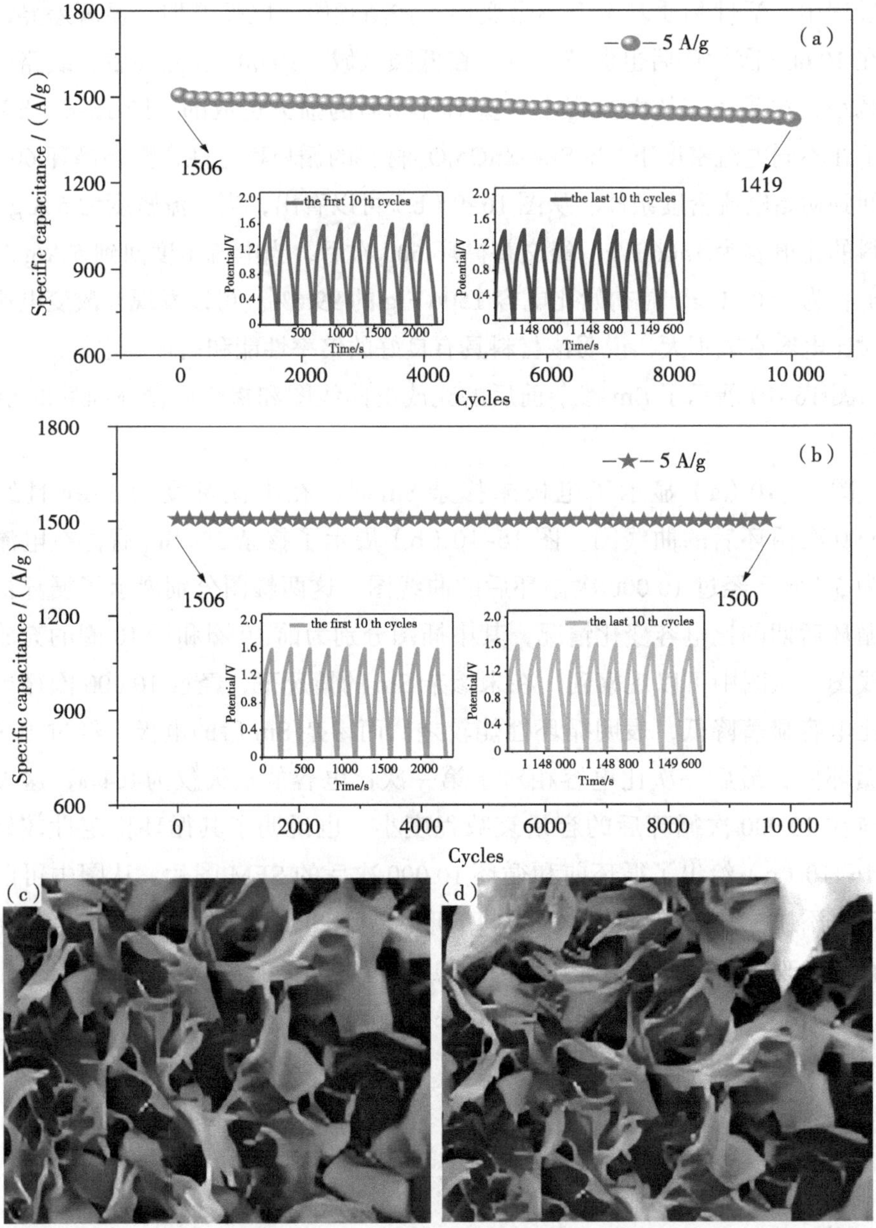

图 16-10 （a）$ZnCo_2O_4$ 在电流密度为 5 A/g 循环 10 000 次曲线；（b）3% $Sm-ZnCo_2O_4$ 在电流密度为 5 A/g 循环 10 000 次曲线；（a～b）插图为前 10 圈和后 10 圈的充放电曲线；（c～d）掺杂 3% Sm 循环前后 SEM 对比

表 16-1 本章电极材料性能与文献对比

电极材料	电流密度/(A/g)	比电容/(F/g)	循环次数	电容保持率/%	文献
$ZnCo_2O_4$@Ni–Co–S	1.0	1762.3	5000	81.4	[99]
$ZnCo_2O_4$/NiCoGa–LDH@PPy	1.0	204	10 000	88.41	[100]
$ZnCo_2O_4$@Ni–Co–S	0.1	158.9	10 000	85.5	[101]
$ZnCo_2O_4$	1.0	1527.2	2000	86.0	[102]
$ZnCo_2O_4$@$NiCo_2S_4$@PPy	0.5	2507	5000	83.2	[103]
$NiMoO_4$ 纳米片	5.0	847.7	10 000	89.2	[104]
$ZnCo_2O_4$@$N_1C_2M_1S$–4	5.0	71.58	5000	75	[105]
$MnMoO_4$@CNF	0.1	102.56	10 000	92.1	[106]
Sm–$ZnCo_2O_4$	1.0	181	10 000	95	本章

图 16-11 显示的还原过程揭示了晶体结构中部分氧原子被去除而形成氧空位的现象。这些氧空位有助于碱性电解质中的 OH^- 离子靠近，可进一步推动氧化还原反应的动力学过程。多孔的 3% Sm–$ZnCo_2O_4$ 纳米材料具有出色的性能，可归因于多种因素。首先，多孔结构增加了材料的表面积，使得更多的活性位点暴露，有助于提高材料的反应活性。其次，$ZnCo_2O_4$ 是一种具有高氧化还原活性和可逆电荷存储性能的优良材料。它能够有效地参与电化学反应，并在电极材料中储存和释放电荷。再次，稀土材料的引入使得材料之间的协同效应增强，材料的电化学性能得到有效提高。最后，纳米结构使得离子和电子的扩散路径缩短，促进了电子的传输和电化学反应的高速进行。综上所述，这些特点使得多孔 3% Sm–$ZnCo_2O_4$ 纳米材料在电化学应用中展现出优越的性能。

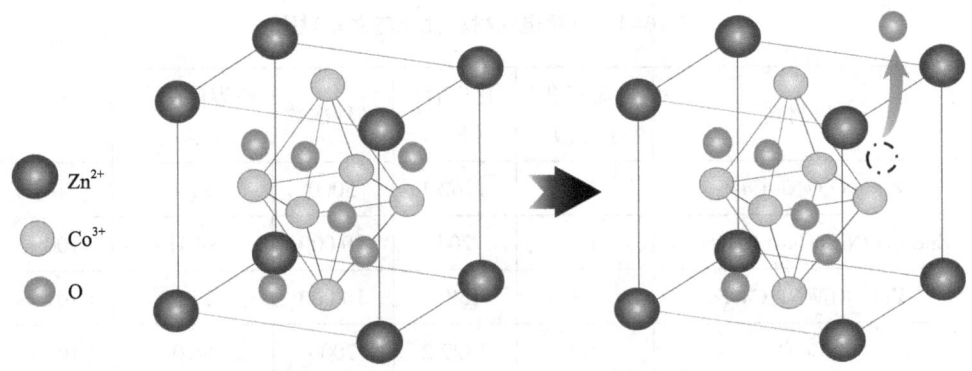

图 16-11　$ZnCo_2O_4$ 还原过程中的晶体结构

综合电化学性能分析，可以发现掺入 3% Sm 的 $ZnCo_2O_4$ 电极材料表现出了优异的性能，特别是在循环稳定性和大倍率性能方面，其原理如图 16-12 所示。

这一优异性能的实现源于以下三方面的原理。首先，材料直接生长在泡沫镍导电基底上，这种生长方式的材料具有更好的导电性和结合性。其次，泡沫镍作为导电基底具有多孔结构，这种多孔结构有利于电解液的传输，并且电解液能够与材料充分接触。再次，材料具有纳米级结构，这使得材料能够与电解液充分接触，从而加快反应的进行。

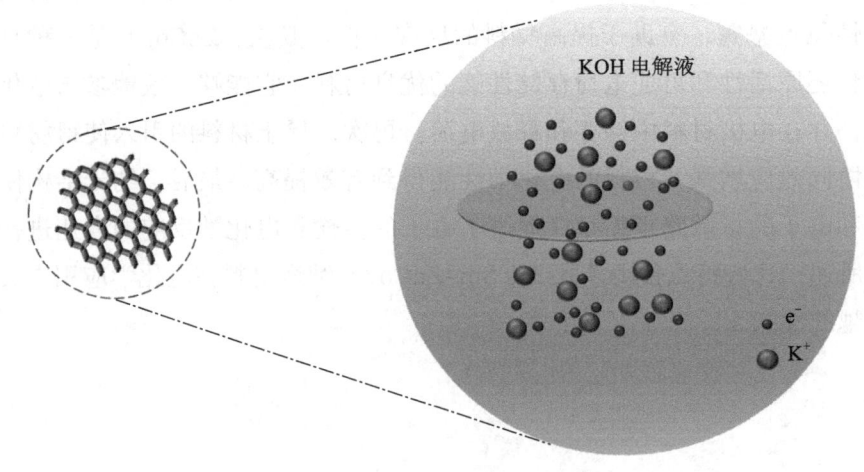

图 16-12　电极储能机理示意

16.3.3 非对称超级电容器的性能分析

把 3% Sm-ZnCo$_2$O$_4$ 作为正极、CNTs 作为负极，装配成非对称超级电容器，如图 16-13 所示，用来测试 CNTs 电极的充放电性能以评估负极质量。

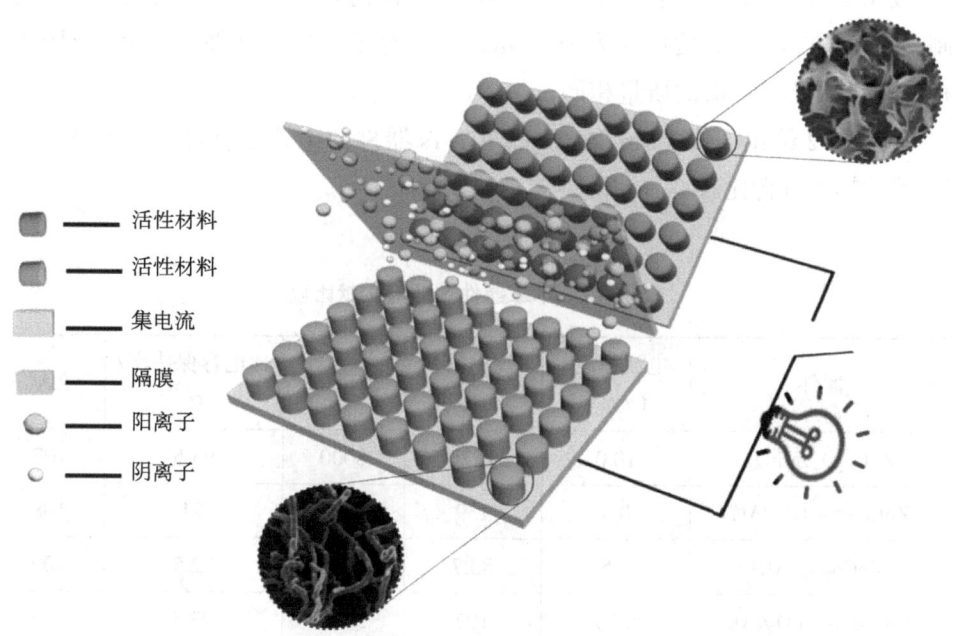

图 16-13　超级电容器装置器件

实验中，正极和负极活性物质的质量不同，这涉及正负极匹配过程中电荷平衡的问题。在电池中，正负极的电荷需要达到平衡（$Q^+ = Q^-$），其中 Q^+ 和 Q^- 分别代表正极和负极存储的电荷量。为了达到电荷平衡，可以使用式（15-4）来计算每个电极的电荷量（Q），该公式与电极材料的比电容（C_s）、放电段电压（ΔV）及电极材料的质量有关。为了实现正负极的匹配，需要根据电极材料的比电容（C_s）、放电电压（ΔV）及电极材料的质量使得 $Q^+ = Q^-$。经过整理方程后，可以得到正极（m^+）和负极（m^-）质量之间的关系，即式（15-5）。值得注意的是，正极和负极的质量关系与它们比电容和电压窗口的乘积成反比。以 CNTs 负极和 3% Sm-ZnCo$_2$O$_4$ 正极为例，它们在电流密度为 5 A/g 时的比电容分别为 296 F/g 和 1506 F/g。根据 CNTs 和 3% Sm-ZnCo$_2$O$_4$ 的比电容及它们的电压窗口，代入式（15-4）和式（15-5）进行计算，可以得出非对称型器件的正极和负极材料质量比为 $m^+/m^-=1/8$。其中，3% Sm-ZnCo$_2$O$_4$ 电极尺寸为（10×10）mm^2，活性物质质量为 2.4 mg/cm^2。因此，制备的 CNTs 电极的质量约为 19.2 mg/cm^2。对于对称型器件，正负极即为同种材料，因此正负极的质量相同。

表 16-2 给出了 3% Sm-ZnCo$_2$O$_4$//CNTs 器件的电化学性能，并与参考文献[107-114]的进行比较。

表 16-2 本章器件性能与文献比较

器件	电流密度/（A/g）	比电容/（F/g）	循环圈数	比电容保持率/%	文献
ZnCo$_2$O$_4$//MnO$_2$	10.0	1526	8000	94.5	[107]
ZnCo$_2$O$_4$-rGO//AC	0.5	139	5000	94	[108]
ZnCo$_2$O$_4$//AC	0.5	83.7	1000	72.5	[109]
ZnCo$_2$O$_4$-MnO$_2$//AC	0.75	197	5000	93.5	[110]
MnO$_2$@NiCo$_2$O$_4$//AC	1.0	114	10 000	81.3	[111]
ZnCo$_2$O$_4$//NPC	1.0	94.4	5000	87.2	[112]
ZNGN//AC	4.0	233.3	5000	94	[113]
MnMoO$_4$@CNF//AC	0.1	102.56	10 000	92.1	[114]
3% Sm-ZnCo$_2$O$_4$//CNTs	1.0	181	10 000	95	本章

图 16-14 展示了不同电流密度下 CNTs 电极的充放电曲线和比电容。

其中，图 16-14（a）展示了 CNTs 电极在不同电流密度下的充放电曲线。恒电流的充放电曲线为非线性，充放电曲线的对称性近似于三角形，表明该电极具有良好的充放电可逆性。在电流密度分别为 1 A/g、3 A/g、5 A/g、8 A/g、

10 A/g、12 A/g 时，根据充放电曲线计算得到的比电容分别为 312 F/g、296 F/g、285 F/g、273 F/g、250 F/g、230 F/g。图 16-14（b）展示了根据充放电曲线计算得到的比电容。随着电流密度从 1 A/g 增大到 12 A/g，比电容从 312 F/g 减小到 230 F/g，保持了 73.7%。结果表明，碳纳米管构成的正极材料具有良好的电化学性能。

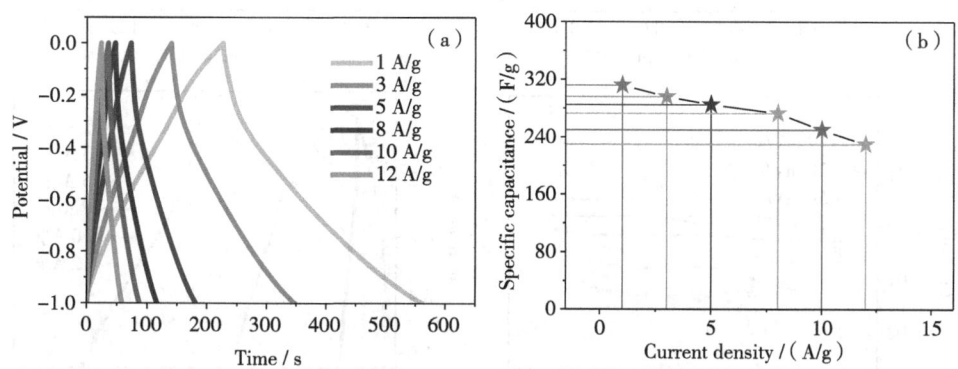

图 16-14　（a）不同电流密度下 CNTs 电极的充放电曲线；（b）不同电流密度下 CNTs 电极的比电容

为了更加全面地评估器件的电化学性能，对其进行了更多方面的研究，图 16-15 展示了其不同 CV 曲线、比电容对比及循环充放电结果。

图 16-15（a）显示了 3% Sm-ZnCo$_2$O$_4$ 电极和 CNTs 电极的 CV 曲线。3% Sm-ZnCo$_2$O$_4$ 电极的电势窗口为 -0.2～0.6 V，CNTs 电极的电势窗口为 -1.0～0 V。这两个电极组成的不对称装置的电压区间为正极和负极之间的电位差。因此，3% Sm-ZnCo$_2$O$_4$ 电极和 CNTs 电极装配成的不对称器件的理论电位窗为 1.6 V。不同电压窗口下的循环伏安曲线如图 16-15（b）所示。不难看出，不同电压窗口下的 CV 曲线形状相似，表明该器件具有较强的可逆性。随着电位窗口的增大，器件的容量也增加，器件的容量在 0～1.6 V 的稳定电压窗口达到最大值。图 16-15（c）显示了在 0～1.6 V 的高电位窗口下，3% Sm-ZnCo$_2$O$_4$//CNTs 器件在扫描速率 5～50 mV/s 下的 CV 曲线。随着扫描速率的增大，闭合曲线的面积逐渐增大，形状几乎没有变

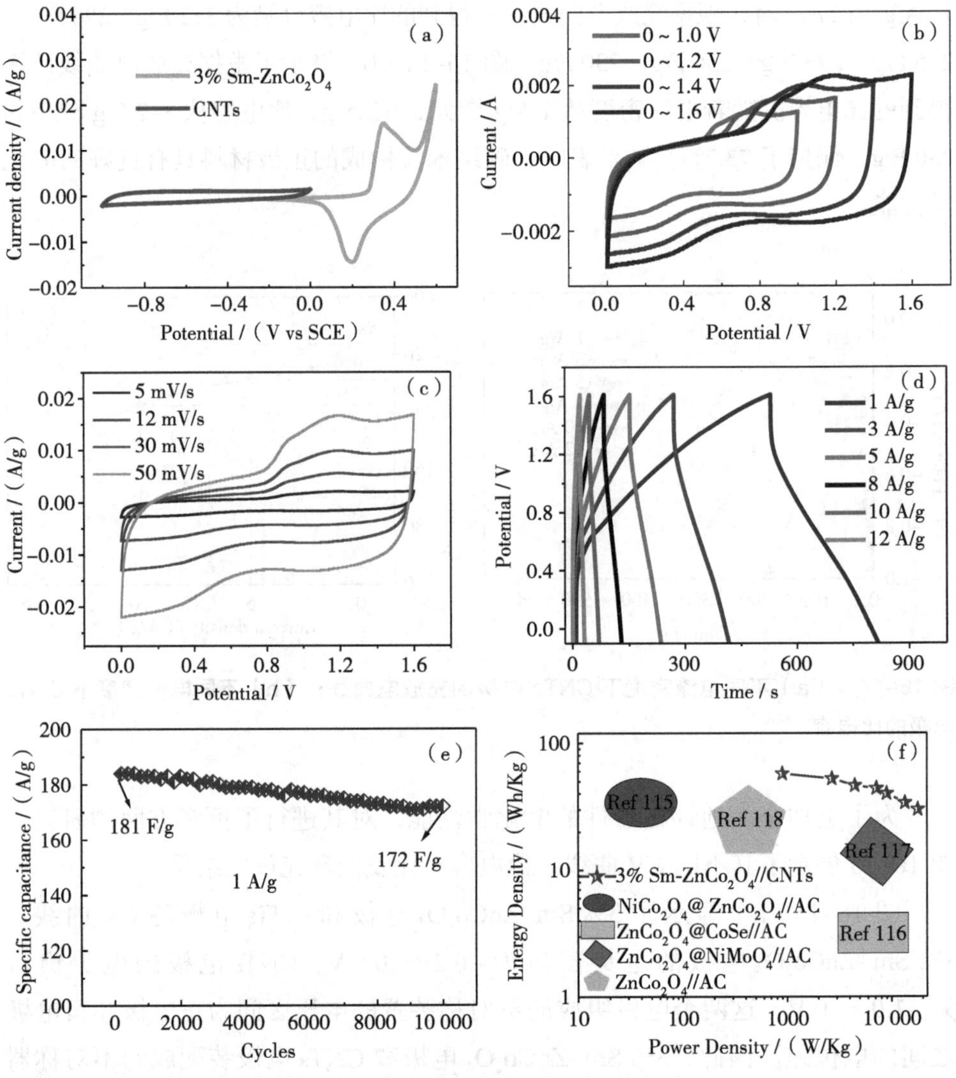

图 16-15 （a）Sm-ZnCo$_2$O$_4$ 电极和 CNTs 电极在三电极测试体系下的 CV 曲线；（b）Sm-ZnCo$_2$O$_4$//CNTs 在不同电位窗口下的 CV 曲线；（c）Sm-ZnCo$_2$O$_4$//CNTs 在 0～1.6 V 电位窗口不同扫描速率下的 CV 曲线；（d）不同电流密度下 Sm-ZnCo$_2$O$_4$//CNTs 的充放电曲线；（e）器件在 1 A/g 电流密度下 10 000 次循环充放电的循环性能；（f）Sm-ZnCo$_2$O$_4$//CNTs 装置与其他装置[115-118]的能量密度和功率密度对比

化,表明该器件具有良好的稳定性。图 16-15(d)展示了在不同电流密度下 3% Sm-ZnCo$_2$O$_4$/CNTs 的充放电曲线。图中显示了 3% Sm-ZnCo$_2$O$_4$ 纳米阵列材料的赝电容特性,其结果与循环伏安测试分析结果一致。曲线呈现出近似对称的趋势,表明其电化学可逆性良好。图 16-15(e)为 3% Sm-ZnCo$_2$O$_4$//CNTs 器件循环稳定性能的测试结果。在电流密度 1 A/g 情况下,比电容为 181 F/g,经过 10 000 次循环充放电测试后比电容为 172 F/g,循环稳定性可达 95%。结果表明,该电极材料具有良好的循环稳定性及较长的循环使用寿命。图 16-15(f)为该器件与其他储能装置[115-118]的能量密度和功率密度的对比图。当电流密度为 1 A/g 时,对应的最大能量密度为 85.2 Wh/kg;在 1.4 V 电位窗口下,其功率密度为 900 W/kg。在电流密度为 15 A/g 时,对应的最大功率密度为 16 000 W/kg,能量密度为 49.6 Wh/kg。在本实验中,3% Sm-ZnCo$_2$O$_4$//CNTs 不对称器件是一种同时考虑高能量密度和功率密度的器件,特别是与具有相当高能量密度的锂电池相比。

为了更好地理解这一点,表 16-3 比较了 3% Sm-ZnCo$_2$O$_4$//CNTs 与参考材料的性能,包括能量密度和功率密度等关键性能参数。这将帮助读者更好地理解这些非对称设备的性能优势。

表 16-3 能量密度和功率密度与其他文献的比较

器件	能量密度/(Wh/kg)	功率密度/(W/kg)	文章
ZnCo$_2$O$_4$//F-RGO	84.48	400	[119]
ZnCo$_2$O$_4$ thin sheets//AC	53.1	3375	[120]
NiMoO$_4$/AC	60.9	850	[121]
ZCO@NCS-6//AC	37.1	433.1	[122]
P-ZCO//AC	69.2	774.6	[123]
ZnCo$_2$O$_4$@NiMoO$_4$//AC	18.4	9467.5	[124]
ZnCo$_2$O$_4$-MnO$_2$//AC	21.7	4900	[125]
ZnCo$_2$O$_4$//AC	36.31	850	[126]
3% Sm-ZnCo$_2$O$_4$//CNTs	85.2	16 000	本章

16.4 本章小结

本章采用电化学沉积法和水热法成功制备出具有多孔网状结构的不同 Sm 掺杂浓度的 $ZnCo_2O_4$ 复合材料——Sm-$ZnCo_2O_4$。研究表明元素掺杂在获得具有大比表面积和介孔结构的材料方面具有优势。通过调整 Sm 元素的掺杂比例,选择最合适的比例来增强电子/离子的传输能力,从而提高材料的导电性。此外,增加氧空位的数量有助于促进离子转移、电子扩散,并提高电解质在充放电过程中的电化学性能。

在实验中研究了不同比例的 Sm-$ZnCo_2O_4$ 在不同电流密度下的电化学性能。结果显示,3% Sm-$ZnCo_2O_4$ 表现出更优异的电化学性能。当电流密度为 5 A/g 时,3% Sm-$ZnCo_2O_4$ 电极材料的比电容保持率达到了 99.6%。此外,还组装了 3% Sm-$ZnCo_2O_4$//CNTs 非对称固态器件,在电流密度为 1 A/g 条件下,该器件的比电容为 181 F/g,经过 10 000 次循环充放电测试后,其保持率为 95%。这些结果表明 $ZnCo_2O_4$ 电极材料掺杂 3% Sm 元素时具有优异的循环稳定性和较长的循环使用寿命。

17 超级电容器储能系统的仿真与分析

17.1 引言

超级电容器储能系统的仿真与分析是一种对超级电容器储能系统进行数值模拟和性能评估的方法。通过仿真和分析，可以获得系统的电压、电流等重要参数，并评估其性能、效率和稳定性。

以下是实施超级电容器储能系统仿真与分析的一般步骤：

（1）用 ZSimpWin 软件对电极材料的奈奎斯特图进行阻抗拟合：将电化学测试得到的交流阻抗数据中的频率、实部和虚部三部分数据输入到 ZSimpWin 软件中，随后用修正的兰德尔等效电路模型对电极材料的奈奎斯特曲线进行阻抗拟合。

（2）选择仿真工具，建立超级电容器等效电路模型：在 Simulink 的模型库中选择相应的仿真模块，主要有 Stair Generator、Controlled Current Source、Voltage Measurement、To Workspace、电流示波器和电压示波器，再选择对应的电路元件，将每个电路元件的参数值分别输入，随后连接每一部分，形成完整的电路，以实现对超级电容器储能系统的仿真和分析。

（3）仿真充放电结果比对：搭建等效电路模型后，运行时会在电流示波器中得到等效电路中电流随时间变化的图像，将实验电压结果与模拟电压结果进行比对。

（4）分析结果：分析电压曲线对比图，根据误差值评估材料对超级电容器储能系统性能的影响。

超级电容器储能系统的仿真与分析，可以帮助预测系统的行为和性能，指导设计和优化过程，并为实际应用提供指导和决策依据。仿真结果还可以与实际测量数据进行比较和验证，以确保模型的准确性和仿真结果的可靠性。

17.2 电化学性能模拟

修正的兰德尔等效电路模型又称为修正的 RC 等效电路模型，是用于描述电化学过程的一种电路模型，主要应用于电化学阻抗谱分析。它是对原始兰德尔等效电路模型的改进，以更好地解释实际系统的电化学行为。该模型主要用于解释电极与电解质界面上的电荷传递和质量传递。原始的兰德尔等效电路模型由电容（C）和电阻（R）组成，用以模拟电解质电容和电极电阻。然而，在某些情况下，原始模型难以完全准确地描述系统的复杂电化学行为，因此本章使用了修正模型[127]。

如图17-1所示，修正的兰德尔等效电路模型通常包含以下组成部分：R_s（等效串联电阻）、R_{ct}（电荷传递电阻）、C_{dl}（双电层电容）、Z_w（界面扩散电阻）和C_{ps}（低频孔洞弥散电容）。修正的兰德尔等效电路模型更适用于复杂的电化学系统，因为它能更准确地反映实际系统中的电流分布、电荷传递和质量传递过程。通过拟合实验数据，可以从等效电路模型的参数中获取有关电化学反应和界面特性的信息。

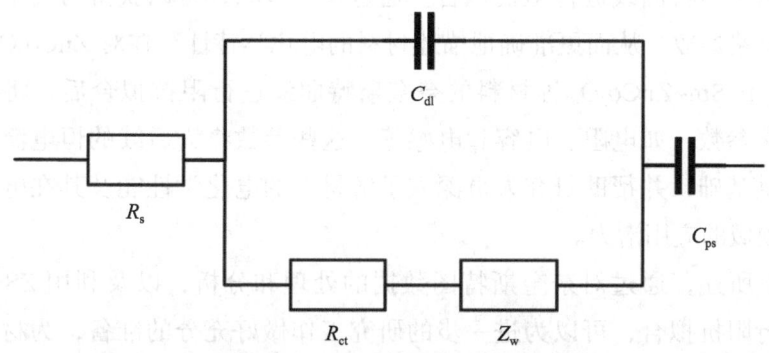

图17-1 修正的兰德尔等效电路模型

式（17-1）是等效电路总阻抗的计算式：

$$Z = R_s + j\omega C_{ps} + (j\omega C_{dl} + \frac{1}{R_{ct}+W})^{-1}, \quad (17-1)$$

式中：Z为总阻抗（Ω）；C_{ps}为低频孔洞弥散电容（F）；R_s为溶液电阻（Ω）；j为$\sqrt{-1}$；ω为角频率（s^{-1}）；C_{dl}为电解质溶液与rGO材料界面处形

成的双电层电容（F）；R_{ct} 为电解质溶液与 rGO 材料界面处的电荷转移电阻（Ω）；W 为电解质溶液离子从材料界面进入内部的扩散电阻（Ω）。

17.3 电化学交流阻抗谱模拟

在电化学测试中，奈奎斯特图提供了关于材料电化学特性的重要信息。为了更深入地理解材料的电化学行为，并为进一步的研究做好准备，需要对奈奎斯特图中得到的交流阻抗数据进行分析和处理。

首先，将从奈奎斯特图中提取频率、实部和虚部三部分数据。这些数据包含了材料在不同频率下的阻抗响应，以及其实部和虚部的变化情况。接下来，利用专业的软件工具 ZSimpWin，将这些数据输入并进行处理。ZSimpWin 软件提供了强大的功能，可以利用修正的兰德尔等效电路模型对材料的奈奎斯特曲线进行阻抗拟合。通过这一步骤，可以获得与实验数据相匹配的电路参数，从而更准确地描述材料的电化学特性。在对 $ZnCo_2O_4$、Ce-$ZnCo_2O_4$ 和 Sm-$ZnCo_2O_4$ 等材料的奈奎斯特曲线进行阻抗拟合后，将得到关键的电路参数，如电阻、电容和电感等。这些参数将为后续的恒电流充放电模拟提供基础，并帮助研究人员深入了解材料的电化学性能及其在电池等能源存储领域的应用潜力。

综上所述，通过对奈奎斯特图数据的处理和分析，以及利用 ZSimpWin 软件进行阻抗拟合，可以为进一步的研究工作做好充分的准备，为材料的电化学行为提供更深入的认识和理解。

17.4 恒电流充放电模拟

电极材料的电化学性能评估是研究中至关重要的一环，其中阻抗和充放电数据是关键的指标。本章从电容器的工作原理出发，建立了 R（C（RW））C 等效电路模型，并通过 ZSimpWin 软件进行了阻抗拟合，验证了该模型的准确性。为了更全面地了解电极材料在实际应用中的性能表现，将使用 MATLAB

对三电极体系中的充电放电性能进行模拟，所采用的模型为图17-2中的电路。

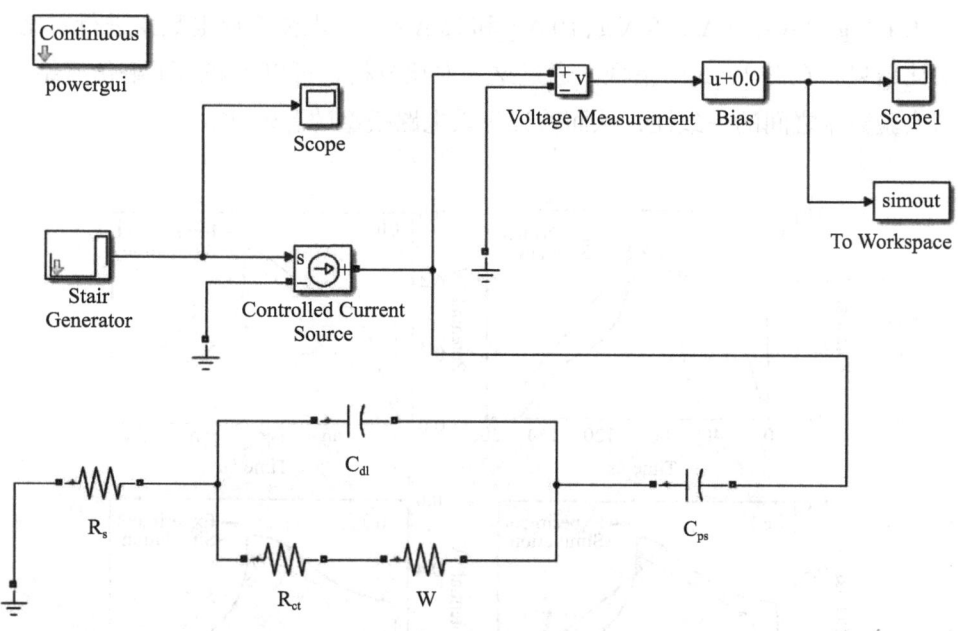

图17-2 充电放电性能模拟

阻抗和充放电数据对于电极材料的性能评估至关重要。本章通过建立基于电容器工作原理的R（C（RW））C等效电路模型，通过ZSimpWin软件的阻抗拟合验证了该模型的合理性和准确性。这为后续的研究奠定了坚实基础。通过这一全面的研究方法，能够更加全面地评估电极材料的电化学性能，同时结合实验和模拟数据，为未来设计和优化电化学能源存储器件提供有力支持。这个综合的研究方法有望为电化学材料的开发和应用提供深刻见解，推动科学研究在能源领域的进一步发展。

17.4.1 $ZnCo_2O_4$恒电流充放电模拟

建立等效电路模型后，运行仿真程序将生成的电流示波器中电流和电压示波器中电压随时间变化的图像。这些图像可展示等效电路在仿真充放电过程中的行为。为了评估仿真结果的准确性,将仿真结果与实验测得的电流密度为 1 A/g、2 A/g、5 A/g、8 A/g、10 A/g 和 15 A/g 的恒电流充放电数据进行对比。对比结果将在图 17-3 中呈现。通过这一对比分析,可以更好地了解仿真结果与实验数据之间的一致性,从而验证等效电路模型的有效性。

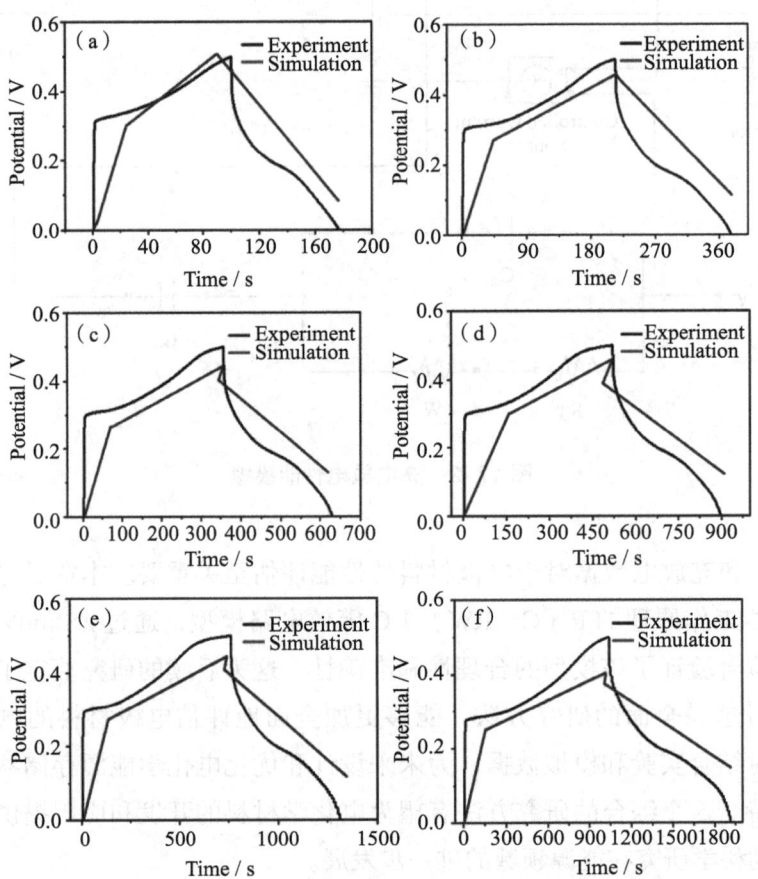

图 17-3 $ZnCo_2O_4$ 恒电流充放电数据对比

17.4.2　Ce-ZnCo$_2$O$_4$恒电流充放电模拟

在搭建等效电路模型后，运行仿真程序将呈现出电流示波器中电流和电压示波器中电压随时间变化的图像，从而展示了等效电路的仿真充放电结果。为了准确评估仿真结果，将其与实验测得的电流密度分别为 1 A/g、3 A/g、5 A/g、10 A/g、15 A/g 和 20 A/g 的恒电流充放电数据进行了对比。对比结果在图 17-4 中呈现。这一对比分析有助于验证仿真结果与实验数据之间的一致性，进而验证等效电路模型的可靠性和精确度。

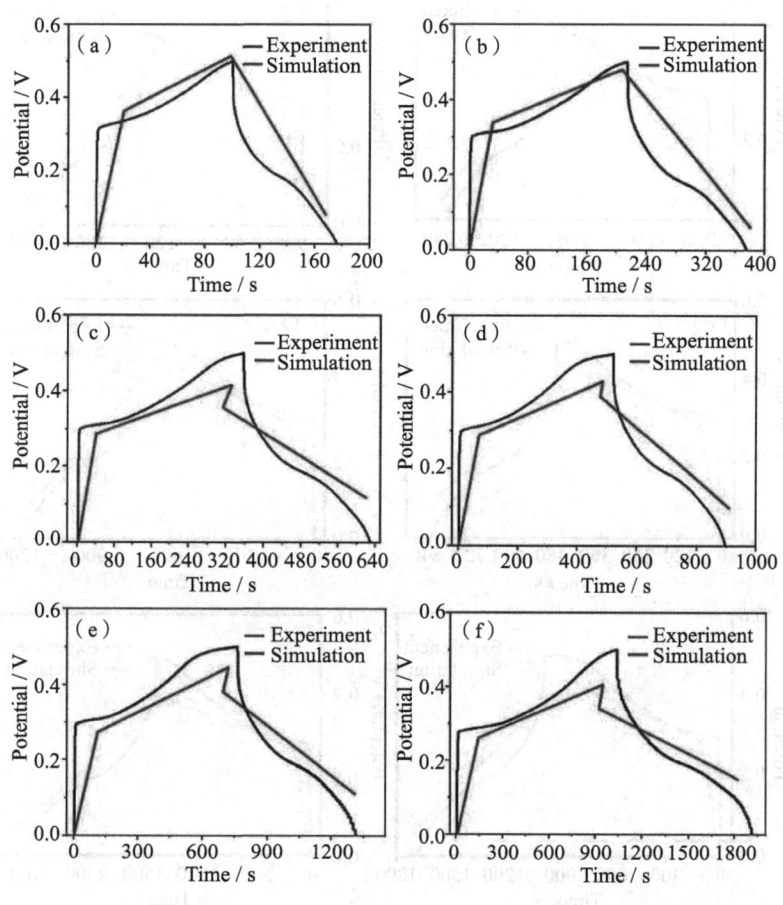

图 17-4　Ce-ZnCo$_2$O$_4$ 恒电流充放电数据对比

17.4.3 3% Sm-ZnCo₂O₄恒电流充放电模拟

搭建等效电路模型后，运行时会在电流示波器中得到等效电路中电流随时间变化的图像，等效电路中电压随时间变化的图像。这些图像展示了等效电路的仿真充放电结果。为了评估仿真结果的精确度，将仿真结果与实验测得的电流密度分别为 1 A/g、3 A/g、5 A/g、8 A/g、10 A/g 和 12 A/g 的恒电流充放电数据进行对比。对比结果如图 17-5 所示。

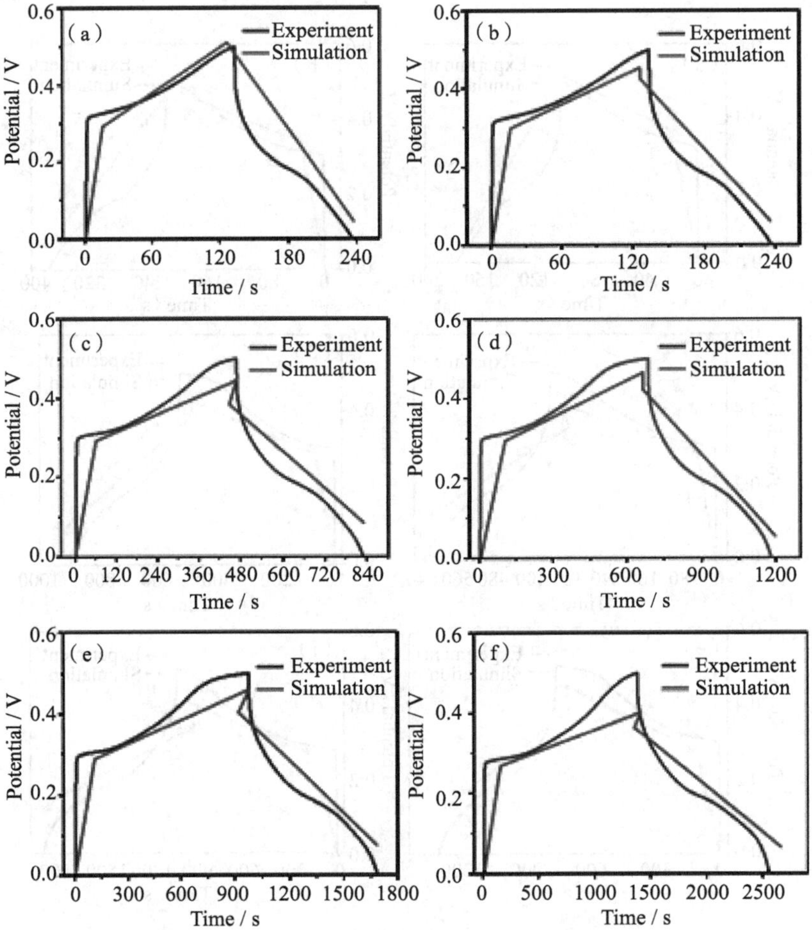

图 17-5 Sm-ZnCo₂O₄ 恒电流充放电数据对比

17.5 本章小结

用 ZSimpWin 软件对电极材料的奈奎斯特图进行阻抗拟合，将电化学测试得到的交流阻抗数据中的频率、实部和虚部三部分数据输入到 ZSimpWin 软件中，随后用修正的兰德尔等效电路模型对电极材料的奈奎斯特曲线进行阻抗拟合。随后，在 Simulink 的模型库中选择相应的仿真模块，主要有 Stair Generator、Controlled Current Source、Voltage Measurement、To Workspace、电流示波器和电压示波器。再选择对应的电路元件，将每个电路元件的参数值分别输入，连接每一部分，形成完整的电路，以实现对超级电容器储能系统的仿真和分析。搭建等效电路模型后，运行时会在电流示波器中得到等效电路中电流随时间变化的图像，在电压示波器中得到等效电路中电压随时间变化的图像。这些图像展示了等效电路的仿真充放电结果。为了评估仿真结果的精确度，将仿真结果与实验测得的不同电流密度的恒电流充放电数据进行对比。分析仿真结果图，可以看出，3% Sm-$ZnCo_2O_4$ 和 Ce-$ZnCo_2O_4$ 的实测电压和仿真电压图的误差比 $ZnCo_2O_4$ 小，说明本章所制备的电极材料比原始电极材料在超级电容器储能系统性能方面更优异。

结 论

下 篇　掺杂调控钴酸锌电极材料的电容性能优化及其储能系统仿真研究

超级电容器储能系统的研究与分析是一项关键的性能评估方法，旨在为更优异的电极材料组成的器件提供电压、电流等重要参数的准确估算，并全面评估其性能、效率和稳定性。通过本研究，得出以下结论：

（1）通过常温搅拌法，在碳纤维组成的碳布基底上制备了镍元素掺杂的钴酸锌/碳纤维复合材料，样品具有多孔网络结构、高纯度和高循环性能等优点，并对 Ni-$ZnCo_2O_4$/CF 电极材料进行了电化学性质的研究。在 1 A/g 的电流密度下，该电极具有 2102 F/g 的比电容，经过 600 次循环后，能够维持 99.5% 的比电容。在 1 A/g 条件下，对 Ni-$ZnCo_2O_4$/CF//CNTs 器件进行了 10 000 次充放电试验，其比电容稳定性达到 89.2%。上述实验证明，该电极材料在充放电过程中表现出较好的循环稳定性及较长的循环寿命。

（2）Ce 掺杂的 $ZnCo_2O_4$ 复合材料（Ce-$ZnCo_2O_4$）的制备与性能评估：采用简单的电化学沉积法成功地制备出 Ce-$ZnCo_2O_4$ 材料，该材料在电流密度为 1 A/g 时展现出优异的比电容（2380 F/g）。此外，在多次改变电流密度后，Ce-$ZnCo_2O_4$ 表现出 99.5% 的初始比电容，显示出卓越的稳定性。在循环稳定性能测试中，Ce-$ZnCo_2O_4$//CNTs 器件在 1 A/g 电流密度下展示了 181 F/g 的比电容，并在 10 000 次循环充放电测试后仍保持 84.5% 的初始比电容，验证了其长寿命和良好的循环稳定性。

（3）稀土元素对 $ZnCo_2O_4$ 电极材料性能的影响：通过水热法和电化学沉积法制备了不同 Sm 掺杂浓度（1%，3%，5%）的 $ZnCo_2O_4$ 复合材料（Sm-$ZnCo_2O_4$）。研究结果表明，适量的 Sm 掺杂提高了材料的电导率，增加的氧空位数量促进了离子转移和电子扩散。优化后的 Sm-$ZnCo_2O_4$ 电极材料展示出卓越的电容性能，特别是当 Sm 元素掺杂量为 3% 时，其在 5 A/g 电流密度下表现出 1506 F/g 的比电容，并在 700 次循环后保持 99.6% 的初始比电容。组装的 3% Sm-$ZnCo_2O_4$//CNTs 非对称固态器件在 1 A/g 电流密度下具有 181 F/g 的比电容，并在 10 000 次循环充放电测试后保持率达到 95%，证明了其良好的循环使用寿命和循环稳定性。

（4）基于 ZSimpWin 软件和 Simulink 的电极材料阻抗拟合与系统性能评估：本研究利用 ZSimpWin 软件对电极材料的奈奎斯特图进行阻抗拟合，并使用 Simulink 的模型库建立超级电容器的等效电路模型。通过将仿真充放电结果与实际测试数据进行比对，成功地获取了系统的电压、电流等重要参数，并对其性能、效率和稳定性进行了全面的评估。

综合上述研究结果，本篇所提出的仿真与分析方法为超级电容器储能系统的设计和优化提供了有效的工具和理论基础，为未来超级电容器技术的发展和应用奠定了坚实的基础。

参考文献

[1] JEON S Y. Hybrid & electric vehicle technology and its market feasibility [D]. Cambridge: Massachusetts Institute of Technology, 2010.

[2] SANTINI D J, VYAS A D. Suggestions for a new vehicle choice model simulating advanced vehicles introduction decisions (AVID): structure and coefficients [J]. Center for Transportation Analysis, Argonne National Laboratory. ANL/ESD/05-1, 2005.

[3] KALAIR A, ABAS N, SALEEM M S, et al. Role of energy storage systems in energy transition from fossil fuels to renewables [J]. Energy Storage, 2021, 3: e135.

[4] KUMAR R, SAHOO S, JOANNI E, et al. A review on the current research on microwave processing techniques applied to graphene-based supercapacitor electrodes: An emerging approach beyond conventional heating [J]. Journal of Energy Chemistry, 2022, 74: 252-282.

[5] 陈永翀. 储能未来的技术发展路径 [J]. 能源, 2019 (1): 84-85.

[6] HAUSER A, KUHN R. High-voltage battery management systems (BMS) for electric vehicles [M] //Advances in battery technologies for electric vehicles. Elsevier Science, 2015: 265-282.

[7] JIN X, SONG L, YANG H, et al. Stretchable supercapacitor at-30℃ [J]. Energy & Environmental Science, 2021, 14 (5): 3075-3085.

[8] SHARMA P, BHATTI T S. A review on electrochemical double-layer capacitors [J]. Energy conversion and management, 2010, 51: 2901-2912.

[9] 胡晓. 超级电容器行业市场分析与技术现状研究 [J]. 机电元件, 2009, 29: 17-26.

[10] 胡欣. 2014年中国超级电容器行业年会暨成果展示会召开标准和应用同步发展 [J]. 信息技术与标准化, 2014 (12): 21.

[11] 李华柏, 粟慧龙, 白昆. 混合动力汽车再生制动能量回收技术研究 [J]. 河南科学, 2019, 37 (8): 1339-1343.

[12] 曾皓月, 冯威, 杨玉欣. 柔性纤维结构超级电容器研究进展 [J]. 广州化工, 2022, 50: 15-17, 23.

[13] BOSE S, KUILA T, MISHRA A K, et al. Carbon-based nanostructured materials and their composites as supercapacitor electrodes [J]. Journal of Materials Chemistry,

2012, 22: 767-784.

[14] SIMON P, GOGOTSI Y. Materials for electrochemical capacitors [J]. Nature materials, 2008, 7: 845-854.

[15] CONWAY B E. Transition from "supercapacitor" to "battery" behavior in electrochemical energy storage [J]. Journal of The Electrochemical Society, 1991, 138: 1539.

[16] ZHAI Y, DOU Y, ZHAO D, et al. Carbon materials for chemical capacitive energy storage [J]. Advanced materials, 2011, 23: 4828-4850.

[17] SU L, GAO L, DU Q, et al. Construction of $NiCo_2O_4$@MnO_2 nanosheet arrays for high-performance supercapacitor: highly cross-linked porous heterostructure and worthy electrochemical double-layer capacitance contribution [J]. Journal of Alloys and Compounds, 2018, 749: 900-908.

[18] SONG Z, LI L, ZHU D, et al. Synergistic design of a N, O co-doped honeycomb carbon electrode and an ionogel electrolyte enabling all-solid-state supercapacitors with an ultrahigh energy density [J]. Journal of Materials Chemistry A, 2019, 7: 816-826.

[19] SIYUAN P, XIZHE L. Review on research and application of graphene in electrical field [J]. Transactions of China Electrotechnical Society, 2018, 33: 1705-1722.

[20] KESAVAN T, PARTHEEBAN T, VIVEKANANTHA M, et al. Hierarchical nanoporous activated carbon as potential electrode materials for high performance electrochemical supercapacitor [J]. Microporous and Mesoporous Materials, 2019, 274: 236-244.

[21] 赵逸晨. 碳纳米管的制备、性质和应用最新进展 [J]. 当代化工研究, 2019, 2: 150-152.

[22] 孙津清. 添加不同导电剂对超级电容器性能的影响 [D]. 天津: 天津大学, 2010.

[23] WANG Y, WANG Y, XU X, et al. Controlled chemical oxidative polymerization of conductive polyaniline with excellent pseudocapacitive properties [J]. Journal of Materials Science-Materials in Electronics, 2021, 32: 6965-6975.

[24] XU C, YANG H, LI Y, et al. Surface engineering for advanced aque-ous supercapacitors: a review [J]. ChemElectroChem, 2020, 7: 586-593.

[25] DONALISIO M, ARGENZIANO M, RITTA M, et al. Acyclovir-loaded sulfobutyl

ether-β-cyclodextrin decorated chitosan nanodroplets for the local treatment of HSV-2 infections [J]. International Journal of Pharmaceutics, 2020, 587: 119676.

[26] HU C C, WANG C C, CHANG K H. A comparison study of the capacitive behavior for sol-gel-derived and co-annealed ruthenium-tin oxide composite [J]. Electrochimica acta, 2007, 52: 2691-2700.

[27] LI Q, LIU M, HUANG F, et al. Co9S8@ MnO2 core-shell defective heterostructure for High-Voltage flexible supercapacitor and Zn-ion hybrid supercapacitor [J]. Chemical Engineering Journal, 2022, 437: 135494.

[28] ZHAO J, LI C, ZHANG Q, et al. All-solid-state hybrid supercapacitors based on $ZnCo_2O_4$ nanowire arrays and carbon nanorod electrode materials [J]. Carbon. 2017, 123: 676-682.

[29] XUE D, CHEN Y. System simulation techniques with MATLAB and Simulink [M]. John Wiley & Sons, 2013.

[30] SOBIE E A. An introduction to MATLAB [J]. Science signaling, 2011, 4: tr7-tr7.

[31] 陈庆樟, 王正义, 王康, 等. 纯电动车复合电源功率逻辑门限控制策略研究 [J]. 重庆交通大学学报（自然科学版）, 2019, 38: 133-138.

[32] DESSAINT L A, AL-HADDAD K, LE-HUY H, et al. A power system simulation tool based on Simulink [J]. IEEE Transactions on Industrial Electronics, 1999, 46: 1252-1254.

[33] 郭秀红. 混合动力电动汽车发动机建模与 MATLAB 仿真 [J]. 中国农机化学报, 2013, 34: 193-196.

[34] SARAC A S, ATES M, KILIC B. Electrochemical impedance spectroscopic study of polyaniline on platinum, glassy carbon and carbon fiber microelectrodes [J]. International Journal of Electrochemical Science, 2008, 3: 777-786.

[35] 周岳珅. 基于金属氧化物纳米材料的超级电容器电极制备与研究 [D]. 镇江: 江苏科技大学, 2019.

[36] 王宏波. 核壳结构钴酸锌基-过渡金属硫化物复合电极材料的合成研究 [D]. 天津: 天津大学, 2021.

[37] 戴子昕. MOFs 基 $ZnCo_2O_4$/C 复合纤维的制备及电化学性能研究 [D]. 无锡: 江南大学,

2021.

[38] 李昭.网状氮掺杂碳纳米片的制备及其电化学性能研究[D].绵阳:中国工程物理研究院,2019.

[39] 谢力.基于 $ZnCo_2O_4$ 复合材料应用于超级电容器电极制备及其电化学性能研究[D].镇江:江苏大学,2019.

[40] 汪晓敏.杂原子掺杂碳材料的制备及其应用于超级电容器电极材料的电化学性能研究[D].温州:温州大学,2022.

[41] ALLAGUI A,FREEBORN T J,ELWAKIL A S,et al. Reevaluation of performance of electric double-layer capacitors from constant-current charge/discharge and cyclic voltammetry[J]. Scientific reports,2016,6:38568.

[42] NAINGGOLAN I,AGUSNAR H,ALFIAN Z,et al. Sensitivity of Chitosan Film Based Electrode Modified with Reduced Graphene Oxide (rGO) for Formaldehyde Detection Using Cyclic Voltammetry[J]. South African Journal of Chemical Engineering,2024,48:184-193.

[43] LAN Y,CHANGSHI L. Reliably and accurately estimate energy in super-capacitor via a model of cyclic voltammetry[J]. Journal of Energy Storage,2024,75:109688.

[44] 张芷烙.锂离子电池负极材料钴酸锌的制备及电化学性能研究[D].大连:大连海事大学,2017.

[45] 饶永朝.基于泡沫镍生长 $ZnCo_2O_4$@NiO 复合材料及其吸波、析氢和超级电容器性能的研究[D].贵阳:贵州大学,2022.

[46] 姜高学.二维 Ti_3C_2 基层状材料的制备及其电化学性能研究[D].济南:济南大学,2020.

[47] 崔晓莉,江志裕.交流阻抗谱的表示及应用[J].上海师范大学学报(自然科学版),2001,30:53-61.

[48] FUKUNISHI G,TABUCHI M,IKEZAWA A,et al. AC impedance analysis of NCM523 composite electrodes in all-solid-state three electrode cells and their degradation behavior[J]. Journal of Power Sources,2023,564:232864.

[49] 王建斌,许秀婷,薛云升,等.含铜低碳钢在不同 pH 值的 Cl^- 环境中的腐蚀性能研究[J].材料保护,2024,57:80-87.

［50］YIN Y, LIU Q, ZHAO Y, et al. Recent progress and future directions of biomass-derived hierarchical porous carbon: Designing, preparation, and supercapacitor applications［J］. Energy & Fuels, 2023, 37（5）: 3523-3554.

［51］王钊. 碳纤维基柔性电极的电化学性能研究及在超级电容器中的应用［D］. 长春: 长春工业大学, 2023.

［52］王贵欣. MXene 基复合多孔材料结构设计及其电容性能研究［D］. 哈尔滨: 东北农业大学, 2023.

［53］肖金昊. 电厂化学水污染处理技术要点及应用研究［J］. 清洗世界, 2023, 39: 16-18.

［54］ŞAHIN M E, BLAABJERG F. A hybrid PV-battery/supercapacitor system and a basic active power control proposal in MATLAB/simulink［J］. Electronics, 2020, 9（1）: 129.

［55］王文昊, 薛裕华. 非对称超级电容器的金属氧化物电极研究进展［J］. 广州化学, 2022, 47: 1-10.

［56］李德全, 卢清杰, 张瑾, 等. 超级电容器中金属氧化物电极材料的研究进展［J］. 功能材料与器件学报, 2021, 27: 16-25.

［57］KARTHIKEYAN S, NARENTHIRAN B, SIVANANTHAM A, et al. Supercapacitor: Evolution and review［J］. Materials Today: Proceedings, 2021, 46: 3984-3988.

［58］YANG K, LUO M, ZHANG D, et al. Ti3C2Tx/carbon nanotube/porous carbon film for flexible supercapacitor［J］. Chemical Engineering Journal, 2022, 427: 132002.

［59］张藤曦. 钴酸锌纳米材料的合成及电化学性能研究［D］. 沈阳: 沈阳工业大学, 2023.

［60］李宝乐. ZnCo$_2$O$_4$-ZnO 基电极材料的制备及其超级电容器性能研究［D］. 南京: 东南大学, 2022.

［61］ZHANG Z, HUANG X, WANG H, et al. Free-standing NiCo$_2$S$_4$@VS$_2$ nanoneedle array composite electrode for high performance asymmetric supercapacitor application［J］. Journal of Alloys and Compounds, 2019, 771: 274-280.

［62］ZHANG H, YI Z, KANG L, et al. A novel supercapacitor degradation prediction using a 1D convolutional neural network and improved informer model［J］. Protection and

Control of Modern Power Systems, 2024.

[63] 王陆阳. 双金属氧化物/石墨烯复合材料合成及其电化学储锂性能研究[D]. 南宁：广西大学, 2018.

[64] ZARDKHOSHOUI A M, DAVARANI S S H. Construction of complex copper-cobalt selenide hollow structures as an attractive battery-type electrode material for hybrid supercapacitors[J]. Chemical Engineering Journal, 2020, 402: 126241.

[65] CHEN Y, YANG H, HAN Z, et al. MXene-based electrodes for supercapacitor energy storage[J]. Energy & Fuels, 2022, 36(5): 2390-2406.

[66] ZARDKHOSHOUI A M, ASHTIANI M M, SARPARAST M, et al. Enhanced the energy density of supercapacitors via rose-like nanoporous $ZnGa_2S_4$ hollow spheres cathode and yolk-shell FeP hollow spheres anode[J]. Journal of Power Sources, 2020, 450: 227691.

[67] CHEN H, JIANG G, YU W, et al. Electrospun carbon nanofibers coated with urchin-like $ZnCo_2O_4$ nanosheets as a flexible electrode material[J]. Journal of Materials Chemistry A, 2016, 4: 5958-5964.

[68] VENKATACHALAM V, ALSALME A, ALSWIELEH A, et al. Double hydroxide mediated synthesis of nanostructured $ZnCo_2O_4$ as high performance electrode material for supercapacitor applications[J]. Chemical Engineering Journal, 2017, 321: 474-483.

[69] SAINI S, CHAND P, JOSHI A. Biomass derived carbon for supercapacitor applications[J]. Journal of Energy Storage, 2021, 39: 102646.

[70] LIU B, LIU B Y, WANG Q, et al. New energy storage option: toward $ZnCo_2O_4$ nanorods/nickel foam architectures for high-performance supercapacitors[J]. ACS applied materials & interfaces, 2013, 5: 10011-10017.

[71] GAO H, WANG Y, SHEN H, et al. Facial design and synthesis of Ce doped Co-Ni oxide nanocages with cubic structure for high-performance asymmetric supercapacitors[J]. Applied Surface Science, 2023, 615: 156132.

[72] 谢辉, 王晶, 王刚, 等. La掺杂钼酸钴花状材料的制备及其降解印刷染料亚甲基蓝的研究[J]. 稀土, 2023, 44: 173-181.

[73] RAWAT S, MISHRA R K, BHASKAR T. Biomass derived functional carbon materials

for supercapacitor applications [J]. Chemosphere, 2022, 286: 131961.

[74] WANG Y, ZHANG L, HOU H, et al. Recent progress in carbon-based materials for supercapacitor electrodes: a review [J]. Journal of Materials Science, 2021, 56: 173-200.

[75] JAVED M S, HUSSAIN I, BATOOL S, et al. Energy storage properties of hydrothermally processed ultrathin 2D binder-free $ZnCo_2O_4$ nanosheets [J]. Nanotechnology, 2021, 32: 385402.

[76] SHAHEEN I, HUSSAIN I, ZAHRA T, et al. Recent advancements in metal oxides for energy storage materials: design, classification, and electrodes configuration of supercapacitor [J]. Journal of Energy Storage, 2023, 72: 108719.

[77] WANG Q, ZHU L, SUN L, et al. Facile synthesis of hierarchical porous $ZnCo_2O_4$ microspheres for high-performance supercapacitors [J]. Journal of Materials Chemistry A, 2015, 3: 982-985.

[78] HUANG Y, FENG X, LI C, et al. Construction of hydrangea-like $ZnCo_2O_4/Ni_3V_2O_8$ hierarchical nanostructures for asymmetric all-solid-state supercapacitors [J]. Ceramics International, 2019, 45: 15451-15457.

[79] SUN J, LI S, HAN X, et al. Rapid hydrothermal synthesis of snowflake-like $ZnCo_2O_4$/ZnO mesoporous microstructures with excellent electrochemical performances [J]. Ceramics International, 2019, 45: 12243-12250.

[80] LEMIAN D, BODE F. Battery-supercapacitor energy storage systems for electrical vehicles: A review [J]. Energies, 2022, 15 (15): 5683.

[81] 贾新旭. 基于$ZnCo_2O_4$纳米电极材料的电化学储能器件研究 [D]. 沈阳: 沈阳工业大学, 2020.

[82] MOLAHALLI V, CHAITHRASHREE K, SINGH M K, et al. Past decade of supercapacitor research-lessons learned for future innovations [J]. Journal of Energy Storage, 2023, 70: 108062.

[83] 戴美珍. 钴酸锌纳米复合电极材料的水热合成及性能研究 [D]. 沈阳: 沈阳工业大学, 2022.

[84] CHEN C, WANG S, LUO X, et al. Reduced $ZnCo_2O_4$@$NiMoO_4$·H_2O heterostructure

electrodes with modulating oxygen vacancies for enhanced aqueous asymmetric supercapacitors [J]. Journal of Power Sources, 2019, 409: 112-122.

[85] LI S, WANG R, XIE M, et al. Construction of trifunctional electrode material based on Pt-Coordinated Ce-Based metal organic framework [J]. Journal of Colloid and Interface Science, 2022, 622: 378-389.

[86] LIN J, YAO L, LI Z, et al. Hybrid hollow spheres of carbon@Co$_x$Ni$_{1-x}$MoO$_4$ as advanced electrodes for high-performance asymmetric supercapacitors [J]. Nanoscale, 2019, 11(7): 3281-3291.

[87] KUMAR Y A, KUMAR K D, KIM H J. Reagents assisted ZnCo2O4 nanomaterial for supercapacitor application [J]. Electrochimica Acta, 2020, 330: 135261.

[88] WANG D G, LIANG Z, GAO S, et al. Metal-organic framework-based materials for hybrid supercapacitor application [J]. Coordination Chemistry Reviews, 2020, 404: 213093.

[89] ZARDKHOSHOUI A M, DAVARANI S S H. Formation of graphene-wrapped multi-shelled NiGa$_2$O$_4$ hollow spheres and graphene-wrapped yolk-shell NiFe$_2$O$_4$ hollow spheres derived from metal-organic frameworks for high-performance hybrid supercapacitors [J]. Nanoscale, 2020, 12: 1643-1656.

[90] LIU X A, WANG J, TANG D, et al. A forest geotexture-inspired ZnO@Ni/Co layered double hydroxide-based device with superior electrochromic and energy storage performance [J]. Journal of Materials Chemistry A, 2022, 10: 12643-12655.

[91] TANG D, WANG J, LIU X A, et al. Low-Spin Fe Redox-Based Prussian Blue with excellent selective dual-band electrochromic modulation and energy-saving applications [J]. Journal of Colloid and Interface Science, 2023, 636: 351-362.

[92] YANG W D, XIANG J, ZHAO R D, et al. Nanoengineering of ZnCo$_2$O$_4$@ CoMoO$_4$ heterogeneous structures for supercapacitor and water splitting applications [J]. Ceramics International, 2023, 49: 4422-4434.

[93] WEI Y, LI Z, GAO Y, et al. The influence of Ce doping on catalytic oxidation of toluene over Co$_3$O$_4$/iron mesh monolithic catalyst [J]. Catalysis Today, 2023, 418: 114107.

[94] KUMAR N, KIM S B, LEE S Y, et al. Recent advanced supercapacitor: a review of storage mechanisms, electrode materials, modification, and perspectives [J]. Nanomaterials, 2022, 12 (20): 3708.

[95] JOSHI A, CHAND P, SAINI S. Improved electrochemical performance of rare earth doped Bi1-xMxPO4 (x= 0, 0.15; M= La, Ce, Sm) Nanostructures as electrode material for energy storage applications [J]. Journal of Alloys and Compounds, 2023, 935: 168063.

[96] WU Z, YANG X, GAO H, et al. Controllable synthesis of $ZnCo_2O_4$@ $NiCo_2O_4$ heterostructures on Ni foam for hybrid supercapacitors with superior performance [J]. Journal of Alloys and Compounds, 2022, 891: 162053.

[97] ZHANG X, WANG X, CAO Y, et al. Facile synthesis of $ZnCo_2O_4$@ $NiMoO_4$ with porous coated structures on carbon paper as stable and efficient Pt-free counter electrode materials for advanced dye-sensitized solar cells [J]. Applied Surface Science, 2023, 616: 156461.

[98] COSSUTTA M, VRETENAR V, CENTENO T A, et al. A comparative life cycle assessment of graphene and activated carbon in a supercapacitor application [J]. Journal of Cleaner Production, 2020, 242: 118468.

[99] XUAN H, LI H, GAO J, GUAN Y, et al. Construction of hierarchical core-shell $ZnCo_2O_4$@ Ni-Co-S nanosheets with a microsphere structure on nickel foam for high-performance asymmetric supercapacitors [J]. Applied Surface Science, 2020, 513: 145893.

[100] JIANG J, HUANG X, SUN R, et al. Interface engineered hydrangea-like $ZnCo_2O_4$/NiCoGa-layered double hydroxide@polypyrrole core-shell heterostructure for high-performance hybrid supercapacitor [J]. Journal of Colloid and Interface Science, 2023, 640: 662-679.

[101] DAI M, ZHAO D, LIU H, et al. Nanohybridization of Ni-Co-S nanosheets with $ZnCo_2O_4$ nanowires as supercapacitor electrodes with long cycling stabilities [J]. ACS Applied Energy Materials, 2021, 4: 2637-2643.

[102] WEI X, WU H, LI L. 3D N-doped carbon continuous network supported P-doped

ZnCo$_2$O$_4$ nanosheets with rich oxygen vacancies for high-performance asymmetric pseudocapacitor [J]. Journal of Alloys and Compounds, 2021, 861: 158544.

[103] ZHU J, WANG Y, ZHANG X, et al. MOF-derived ZnCo$_2$O$_4$@NiCo$_2$S$_4$@PPy core-shell nanosheets on Ni foam for high-performance supercapacitors [J]. Nanotechnology, 2021, 32: 145404.

[104] DHAS S D, MALDAR P S, PATIL M D, et al. Synthesis of NiO nanoparticles for supercapacitor application as an efficient electrode material [J]. Vacuum, 2020, 181: 109646.

[105] WANG H, CAI W, HE L, et al. Anchoring ternary NiCoMn-S ultrathin nanosheets on porous ZnCo$_2$O$_4$ nanowires to form core-shell composites for high-performance asymmetric supercapacitor [J]. Journal of Alloys and Compounds, 2021, 870: 159347.

[106] CUI J, YIN J, MENG J, et al. Supermolecule cucurbituril subnanoporous carbon supercapacitor (SCSCS) [J]. Nano Letters, 2021, 21 (5): 2156-2164.

[107] QIU K, LU Y, ZHANG D, et al. Mesoporous, hierarchical core/shell structured ZnCo$_2$O$_4$/MnO$_2$ nanocone forests for high-performance supercapacitors [J]. Nano Energy, 2015, 11: 687-696.

[108] GAO Z, ZHANG L, CHANG J, et al. ZnCo$_2$O$_4$-reduced graphene oxide composite with balanced capacitive performance in asymmetric supercapacitors [J]. Applied Surface Science, 2018, 442: 138-147.

[109] SHANG Y, XIE T, GAI Y, et al. Self-assembled hierarchical peony-like ZnCo$_2$O$_4$ for high-performance asymmetric supercapacitors [J]. Electrochimica Acta, 2017, 253: 281-290.

[110] SAIKIA B K, BENOY S M, BORA M, et al. A brief review on supercapacitor energy storage devices and utilization of natural carbon resources as their electrode materials [J]. Fuel, 2020, 282: 118796.

[111] DEKA S. Nanostructured mixed transition metal oxide spinels for supercapacitor applications [J]. Dalton Transactions, 2023, 52 (4): 839-856.

[112] HE D, GAO Y, YAO Y, et al. Asymmetric supercapacitors based on hierarchically

nanoporous carbon and ZnCo$_2$O$_4$ from a single biometallic metal-organic frameworks (Zn/Co-MOF) [J]. Frontiers in Chemistry, 2020, 8: 719.

[113] WANG Z, LU S, HE G, et al. In situ construction of dual-morphology ZnCo$_2$O$_4$ for high-performance asymmetric supercapacitors [J]. Nanoscale Advances, 2019, 1: 3086-3094.

[114] HOU J F, GAO J F, KONG L B. Interfacial engineering in crystalline cobalt tungstate/amorphous cobalt boride heterogeneous nanostructures for enhanced electrochemical performances [J]. ACS Applied Energy Materials, 2020, 3: 11470-11479.

[115] YANG W, XIANG J, LOY S. Core-Shell Structured NiCo$_2$O$_4$@ZnCo$_2$O$_4$ nanomaterials with high energy density for hybrid capacitors [J]. Journal of Nanoelectronics and Optoelectronics, 2021, 16: 1134-1142.

[116] MI X, TINGWU Z, XU N, et al. Construction of hierarchical ZnCo$_2$O$_4$@CoSe core-shell nanosheets on Ni foam for high-performance supercapacitor [J]. Ionics, 2021, 27: 5251-5261.

[117] YU D, TENG Y, QI H, et al. Coating of the NiMoO$_4$ nanosheets on different-morphology ZnCo$_2$O$_4$ nanoarrays on Ni foam and their application in battery-supercapacitor hybrid devices [J]. Journal of Energy Storage, 2020, 29: 101195.

[118] GONÇALVES J M, DA SILVA M I, Silva M N T, et al. Recent progress in ZnCo$_2$O$_4$ and its composites for energy storage and conversion: a review [J]. Energy Advances, 2022, 1: 793-841.

[119] XU L, ZHAO Y, LIAN J, et al. Morphology controlled preparation of ZnCo$_2$O$_4$ nanostructures for asymmetric supercapacitor with ultrahigh energy density [J]. Energy, 2017, 123: 296-304.

[120] LI M, ZHOU S, CHENG L, et al. 3D printed supercapacitor: techniques, materials, designs, and applications [J]. Advanced Functional Materials, 2023, 33 (1): 2208034.

[121] OYEDOTUN K O, IGHALO J O, AMAKU J F, et al. Advances in supercapacitor development: materials, processes, and applications [J]. Journal of Electronic Materials, 2023, 52 (1): 96-129.

[122] XU Y, LU W, XU G, et al. Structural supercapacitor composites: A review [J]. Composites Science and Technology, 2021, 204: 108636.

[123] DU C, HAN E, SUN L, et al. Template agent for assisting in the synthesis of $ZnCo_2O_4$ on Ni foam for high-performance supercapacitors [J]. Ionics, 2020, 26: 383-391.

[124] ZOU Y, CHEN C, SUN Y, et al. Flexible, all-hydrogel supercapacitor with self-healing ability [J]. Chemical Engineering Journal, 2021, 418: 128616.

[125] KUMBHAR V S, KIM D H. Hierarchical coating of MnO_2 nanosheets on $ZnCo_2O_4$ nanoflakes for enhanced electrochemical performance of asymmetric supercapacitors [J]. Electrochimica Acta, 2018, 271: 284-296.

[126] ZHU J, SONG D, PU T, et al. Two-dimensional porous $ZnCo_2O_4$ thin sheets assembled by 3D nanoflake array with enhanced performance for aqueous asymmetric supercapacitor [J]. Chemical Engineering Journal, 2018, 336: 679-689.

[127] 刘栋. 基于超级电容器的不同维度多孔碳电极材料电化学特性建模与仿真 [D]. 呼和浩特: 内蒙古工业大学, 2022.